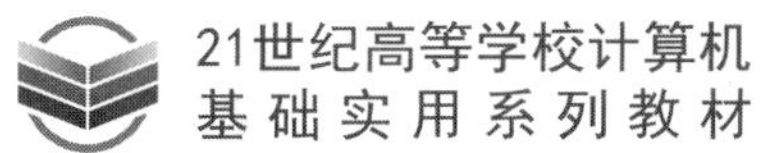

C++程序设计基础

（第2版）

◎ 揣锦华 编著

清华大学出版社
北京

内容简介

本书基于新的C++标准，从程序设计基础知识开始，系统地介绍C++语言的基本概念、语法规则和编程技术，使读者能够利用C++语言描述现实世界中的问题及其解决方法。本书力求以较为精练的语言，并按照由浅入深、循序渐进、前后贯通的原则，对每部分的知识点和难点，用精选大量例题进行讲解。本书采用发散性思维方法，对相关知识进行扩展，意在开阔视野，培养编程兴趣，使读者在循序渐进中提高编程能力。

本书可作为高等院校计算机程序设计相关课程的教材或教学参考书，也可作为程序设计人员的培训或自学参考用书。本书有配套的线上课程，适合开展线上课程的教学活动。

图书在版编目(CIP)数据

C++程序设计基础/揣锦华编著. —2版. —北京：清华大学出版社，2022.1
21世纪高等学校计算机基础实用系列教材
ISBN 978-7-302-59080-4

Ⅰ.①C…　Ⅱ.①揣…　Ⅲ.①C语言—程序设计—高等学校—教材　Ⅳ.①TP312

中国版本图书馆CIP数据核字(2021)第181046号

责任编辑：黄　芝
封面设计：刘　键
责任校对：李建庄
责任印制：宋　林

出版发行：清华大学出版社
网　　址：http://www.tup.com.cn，http://www.wqbook.com
地　　址：北京清华大学学研大厦A座　**邮　　编**：100084
社 总 机：010-62770175　**邮　　购**：010-83470235
投稿与读者服务：010-62776969，c-service@tup.tsinghua.edu.cn
质量反馈：010-62772015，zhiliang@tup.tsinghua.edu.cn
课件下载：http://www.tup.com.cn，010-83470236
印 装 者：三河市龙大印装有限公司
经　　销：全国新华书店
开　　本：185mm×260mm　**印　　张**：21　**字　　数**：513千字
版　　次：2015年2月第1版　2022年1月第2版　**印　　次**：2022年1月第1次印刷
印　　数：1～1500
定　　价：59.00元

产品编号：090882-01

第 2 版前言

随着信息技术和计算机科学的发展，程序设计已成为现代人应该掌握的基本技能。C++语言是从 C 语言发展演变而来的一种面向对象的程序设计语言，C++全面兼容 C 语言，同时提供了比 C 语言更严格且更安全的语法，从这个意义上讲，C++首先是一个更好的 C 语言。虽然 C++语言是从 C 语言发展而来的，但 C++本身也是一个完整的程序设计语言，而且它与 C 语言既有兼容又有发展。因此，将 C++作为程序设计的入门语言进行学习是完全可行的。

多年前，编者曾出版《C++程序设计基础》一书，在社会上有一定的影响，广大读者对其也提出了一些改进意见，近几年在具体的教学实践中，编者对 C++程序设计的教学内容和形式有了一些新的认识和想法。另外，随着互联网技术的不断发展，线上教学需求陡增。因此，本书增加了面向对象程序设计部分，并结合线上课程的特点，对内容进行了部分调整。

本书基于新的 C++标准，从程序设计基础知识开始，系统地介绍 C++语言的基本概念、语法规则和编程技术。针对初学者的特点，力求做到深入浅出，将复杂的概念用简洁浅显的语言讲述，使读者可以轻松地入门，循序渐进地提高。本书基于编者多年的教学实践与经验编写而成，对每部分的知识点和难点，都力求以较为精练的语言进行讲解。在介绍语法时，着重从程序设计方法的角度讲述其意义和用途。同时，精心挑选了大量例题进行辅助讲解，并对例题所采用的算法和编程技术进行了深刻的分析，旨在使读者对 C++编程技术不仅知其然，而且知其所以然。在介绍基础知识的基础上，选择了一些综合性较强的例题，对常用的数据结构和经典的算法进行详细的剖析，这些综合编程例题既方便教师安排教学，又便于读者综合运用所学知识，进一步提高编程技能。另外，书中各章均配有大量的思考题和习题，方便读者练习和自我考核。

本书可配合传统教学和线上教学，满足不同层次读者的需求，并运用发散性思维方法，对相关知识进行扩展，意在开阔视野，培养编程兴趣，使读者在循序渐进中提高编程能力。本书配套微课视频，请读者扫描封底刮刮卡内二维码，获得权限，再扫描书中二维码，即可观看视频。

全书以程序设计方法贯穿始终，从语法规则到程序设计实践，力求在掌握基本程序设计方法的同时，培养读者良好的程序设计习惯，为今后的学习打下坚实的编程基础。本书的宗旨是不仅要使读者掌握 C++语言本身，而且能够利用 C++语言描述现实世界中的问题及其解决方法。学习程序设计的关键是要深刻领会程序设计的内涵，多学多练，培养对程序设计语言的“语感”，最终掌握程序设计的“秘籍”。

本书可作为高等学校计算机程序设计相关课程的教材或教学参考书，也可作为学习程序设计人员的培训或自学参考书。

在本书的编写过程中,查阅和参考了大量文献,在此对书后所列参考文献的作者一并表示感谢。另外,对广大读者和师生对本书的诚恳建议和意见表示衷心的感谢。

由于编者水平有限,书中难免存在不足和错误之处,恳请读者批评指正。

编　者

2021年6月

目　录

第1章 程序设计基础知识

本章要点

- 计算机中数的表示与编码。
- 程序设计概念。
- 用程序流程图表示算法。

随着信息技术的迅猛发展，计算机程序设计的运用领域越来越广泛，程序设计语言也层出不穷。那么，什么是程序设计？有哪些程序设计语言？如何进行程序设计？这些都是计算机程序设计初学者首先遇到的问题。

无论什么计算机程序设计的语言，其程序设计的思想和方法都相差无几，关键是要深刻领会程序设计的内涵，广学多练，培养对程序设计语言的"语感"，逐渐掌握程序设计的"秘籍"，最终让程序设计成就你的精彩人生。

作为全书的开篇，本章从计算机中数的表示与编码开始，对程序设计的概念和所涉及的基本知识进行概括性的介绍，旨在使读者对程序设计有一个初步的认识，为后续章节的学习储备一些基础知识。下面就让我们从充满魔力的二进制数 0 和 1 开始，进入计算机程序设计的魔幻世界。

1.1 计算机中数的表示与编码

计算机最主要的功能是处理信息，如处理数值、文字、声音、图形和图像等。在计算机内部，各种信息都必须经过数字化编码后才能被传送、存储和处理。因此，掌握信息编码的概念与处理技术是至关重要的。

所谓编码，就是从一种形式或格式转换为另一种形式或格式的过程，它用预先规定的方法将文字、数字或其他对象编成数码，通常采用少量的基本符号，选用一定的组合原则，表示大量复杂多样的信息。信息编码的两大要素是基本符号的种类和这些符号的组合规则。例如，用 10 个阿拉伯数码表示数，用 26 个英文字母表示英文词汇等，都是编码的典型例子。

在计算机中，广泛采用的是由 0 和 1 两个基本符号组成的基 2 码，或称为二进制码。在计算机中采用二进制码的原因如下。

(1) 二进制码在物理上最容易实现。例如，可以只用高和低两个电平表示 0 和 1，也可以用脉冲的有无或者脉冲的正负极表示。

(2) 二进制码用来表示的二进制数，其编码、计数、加减运算比较简单。

(3) 二进制码的两个符号 0 和 1 正好与逻辑命题的两个值“是”和“否”，或“真”和“假”相对应，为计算机实现逻辑运算和程序中的逻辑判断提供便利的条件。

1.1.1 进位计数制

在日常生活中，最常用的进位计数制是我们非常熟悉的十进制。在计算机程序设计中，除十进制(Decimal)外，还有二进制(Binary)、八进制(Octonary)和十六进制(Hexadecimal)等。

1. 进位计数制的表示

在采用进位计数的数字系统中，如果只用 r 个基本符号(例如 0,1,2,…,r－1)表示数值，则称其为基 r 数制(Radix-r Number System)，r 称为该数制的基(Radix)。如常用的十进制数，就是 r=10，即基本符号为 0,1,2,…,9。如取 r=2，即基本符号为 0 和 1，则为二进制数。

对于不同的数制，它们的共同特点如下。

(1) 每种数制都有固定的符号集(Symbol Set)：如十进制数制，其符号有 10 个，分别是 0,1,2,…,9；二进制数制，其符号有两个，即 0 和 1。

(2) 每种数制都使用位置表示法(Notation)：即处于不同位置的数符所代表的值不同，其值与它所在位置的权值有关。

例如，十进制数 567.39 可表示为

$$567.39=5\times10^2+6\times10^1+7\times10^0+3\times10^{-1}+9\times10^{-2}$$

可以看出，各种进位计数制中权的值恰好是基数的某次幂(Power)。因此，对任何一种进位计数制表示的数都可以写出按其权展开的多项式之和。任意一个 r 进制数 N 可表示为

$$N=\sum_{i=m-1}^{-k} D_i\times r^i \tag{1-1}$$

式中的 D_i 为该数制采用的基本符号，i 是权，r 是基数，m 是整数部分的最大位数，k 是小数部分的最大位数。

2. 不同进制数之间的转换

计算机中通常采用二进制，所以这里重点介绍二进制与十进制之间的转换，其方法也适用于其他进位制与十进制之间的转换。

1) 二进制数转换为十进制数

式(1-1)本身就提供了将 r 进制数转换为十进制数的方法。

例如，把二进制数 11010.101 转换成相应的十进制数。

$$\begin{aligned}&(11001.101)_B\\&=1\times2^4+1\times2^3+0\times2^2+0\times2^1+1\times2^0+1\times2^{-1}+0\times2^{-2}+1\times2^{-3}\\&=(25.625)_D\end{aligned}$$

2) 十进制数转换为二进制数

这里，整数部分和小数部分的转换方法是不同的，下面分别介绍。

① 整数部分的转换。将十进制整数不断除以 2，并记下每次所得余数(余数总是 1 或 0)，所有余数连起来即为相应的二进制数。这种方法称为除 2 取余法。

例如，把十进制数 25 转换成二进制数，其除以 2 取余的过程如下：

```
2 | 2 5    余数
  2 | 1 2    1  最底位
    2 | 6    0
      2 | 3  0
        2 | 1  1
            0  1  最高位
```

所以，$(25)_D=(11001)_B$。

注意：第一位余数是最低位，最后一位余数是最高位。

② 小数部分转换。将一个十进制小数转换成二进制小数时，可将十进制小数不断乘 2 并取整，这种方法称为乘 2 取整法。

例如，将十进制数 0.375 转换成相应的二进制数，其乘 2 取整的过程如下：

```
    0.375   取整
 ×      2
 ---------
    0.750   0  最高位
 ×      2
 ---------
    1.500   1
 ×      2
 ---------
    1.000   1  最低位
```

所以，$(0.375)_D=(0.011)_B$。

注意：如果十进制数包含整数和小数两部分，则必须先将十进制小数点两边的整数和小数部分分开，分别完成相应转换，然后再把二进制整数和小数部分组合在一起。

例如，将十进制数 25.375 转换成二进制数，只要将上例整数和小数部分组合在一起即可，即 $(25.375)_D=(11001.011)_B$。

3. 非十进制数间的转换

通常两个非十进制数之间的转换方法是采用上述两种方法的组合，即先将被转换数转换为相应的十进制数，然后再将十进制数转换为其他进制数。至于二进制、八进制和十六进制数之间的转换，由于它们之间存在特殊关系，即 $8^1=2^3$，$16^1=2^4$，因此，它们之间的转换方法比较容易，如表 1-1 所示。

表 1-1　十进制、二进制、八进制和十六进制之间的关系

十进制数 (Decimal)	二进制数 (Binary)	八进制数 (Octonary)	十六进制数 (Hexadecimal)
0	0000	0	0
1	0001	1	1
2	0010	2	2
3	0011	3	3
4	0100	4	4
5	0101	5	5
6	0110	6	6
7	0111	7	7
8	1000	10	8

续表

十进制数 (Decimal)	二进制数 (Binary)	八进制数 (Octonary)	十六进制数 (Hexadecimal)
9	1001	11	9
10	1010	12	A
11	1011	13	B
12	1100	14	C
13	1101	15	D
14	1110	16	E
15	1111	17	F

根据这种对应关系,二进制数转换为八进制数十分简单,只要将二进制数从小数点开始,整数部分从右向左 3 位一组,小数部分从左向右 3 位一组,最后不足 3 位的补零,再根据表 1-1 的对应关系,即可完成转换。

例如,将二进制数 10100101.01011101 转换为八进制数。

010 100 101.010 111 010

2　4　5 . 2　7　2

所以,$(10100101.01011101)_B=(245.272)_O$。

将八进制数转换成二进制数的过程则与之相反。

二进制数与十六进制数之间的转换同二进制数与八进制数之间的转换方法一样,只是改为 4 位一组。

例如,将二进制数 10100101.01011101 转换成十六进制数。

1010 0101.0101 1101

A　5 . 5　D

所以,$(10100101.01011101)_B=(A5.5D)_H$。

有了进位计数制的知识,对于常用的存储单位及其换算就容易理解了。

1.1.2　二进制数的编码表示

1. 机器数

在计算机中,因为只有 0 和 1 两种表示形式,所以数的正(Positive)、负(Negative)号也必须以 0 和 1 表示。通常把一个数的最高位定义为符号位(Sign Bit),用 0 表示正,1 表示负,称为数符,其余位仍表示数值。机器数是将符号"数字化"的数,是数字在计算机中的二进制表示形式。因为有符号占据一位,数的形式值就不等于真正的数值,带符号位的机器数对应的数值称为机器数的真值。例如,二进制真值数－1011011,它的机器数为 11011011。

需要特别注意的是:机器数表示的范围受到字长和数据类型的限制。

例如,表示一个整数,字长为 8 位,则最大的正数为 01111111,最高位为符号位,即最大值为 127。若数值超出 127,就会"溢出"。

2. 数的定点和浮点表示

计算机内表示的数,主要分成定点数与浮点数两种类型。

1）定点数

定点数中小数点在数中的位置是固定不变的，通常有定点整数和定点小数。

① 定点整数。

定点整数的格式为：数符＋数值部分＋小数点。

对于n位二进制数，带符号的整数的表示范围为：

$$|N| \leqslant 2^{n-1}-1$$

例如，＋127的二进制数表示为：0 1 1 1 1 1 1 1。

不带符号的整数的表示范围为：

$$N \leqslant 2^{n}-1$$

例如，255的二进制数表示为：1 1 1 1 1 1 1 1。

② 定点小数。

定点小数的格式为：数符＋小数点＋数值部分。

n位二进制定点小数的表示范围为：

$$|N| \leqslant 1-2^{-n}$$

注意：定点数受字长的限制，超出范围则会溢出，所以对于比较大和比较小的数不适合用定点数表示。

2）浮点数

浮点数中小数点的位置是可以浮动的。浮点数的表示方法也称为指数法。例如，二进制数N＝110.011可表示为：

$$N=110.011=1.10011\times 2^{+10}=110011\times 2^{-11}=0.110011\times 2^{+11}$$

通常一个浮点数由两部分构成：阶码和尾数。阶码是指数，尾数是纯小数。例如：

$$N=0.110011\times 2^{+11}$$

即：浮点数＝尾数×基数^{阶码}，这时，尾数是110011，阶码为＋11。

浮点数在计算机中存储格式如下：

阶符	阶码	数符	尾数

例如，数110.011的浮点数存储如下：

0	11	0	110011

对应阶符、阶码、数符和尾数分别存储0、11、0和11011。阶码和数符的0都代表正号，即非负数。

浮点表示法表示数的范围较大，运算时可以不考虑溢出。但浮点运算、编程时，需要掌握定点数、浮点数的转换方法及浮点数规格化方法。

3. 带符号数的表示

在计算机中，带符号数可以用不同方法表示，常用的方法有原码、反码和补码。

1）原码

数X的原码记为$[X]_{原}$，如果机器字长为n，则原码表示法规定如下。

① 最高位为符号位，正数为0，负数为1，其余n－1位表示数的绝对值。

② 在原码表示中,零有两种表示形式,即$[+0]_{原}=00000000$,$[-0]_{原}=10000000$。

例如,当机器字长 n=8 时:

$[+1]_{原}=00000001$;$[-1]_{原}=10000001$;

$[+127]_{原}=01111111$;$[-127]_{原}=11111111$。

2)反码

数 X 的反码记作 $[X]_{反}$,如机器字长为 n,反码表示法规定如下。

① 正数的反码与原码相同,负数的反码通过使符号位保持不变,只需将其余 n−1 位按位求反即可得到。

② 反码表示方式中,0 有两种表示方法,即$[+0]_{反}=00000000$,$[-0]_{反}=11111111$。

例如,当机器字长 n=8 时:

$[+1]_{反}=00000001$; $[-1]_{反}=11111110$;

$[+127]_{反}=01111111$; $[-127]_{反}=10000000$。

3)补码

数 X 的补码记作$[X]_{补}$,当机器字长为 n 时,补码表示法规定如下。

① 正数的补码与原码、反码相同,负数的补码等于它的反码加 1。

② 在补码表示中,0 有唯一的编码,即$[+0]_{补}=[-0]_{补}=00000000$。

例如,当机器字长 n=8 时:

$[+1]_{补}=00000001$; $[-1]_{补}=11111111$;

$[+127]_{补}=01111111$; $[-127]_{补}=10000001$。

补码的运算方便,应用比较广泛,二进制数的减法就是通过补码的加法实现的。例如:

$$
\begin{aligned}
1-1&=[+1]_{补}+[-1]_{补}\\
&=00000001+11111111\\
&=00000000
\end{aligned}
$$

1.1.3 常用的信息编码

使用得最多、最普遍的字符编码是 ASCII(American Standard Code for Information Interchange),即美国信息交换标准代码,如表 1-2 所示。

表 1-2 7 位 ASCII 代码表

$d_3d_2d_1d_0$	$d_6d_5d_4$							
	000	001	010	011	100	101	110	111
0000	NUL	DLE	SP	0	@	P	`	p
0001	SOH	DC1	!	1	A	Q	a	q
0010	STX	DC2	"	2	B	R	b	r
0011	ETX	DC3	#	3	C	S	c	s
0100	EOT	DC4	$	4	D	T	d	t
0101	ENQ	NAK	%	5	E	U	e	u
0110	ACK	SYN	&	6	F	V	f	v
0111	BEL	ETB	,	7	G	W	g	w
1000	BS	CAN	(	8	H	X	h	x

续表

$d_3d_2d_1d_0$	$d_6d_5d_4$							
	000	001	010	011	100	101	110	111
1001	HT	EM	)	9	I	Y	i	y
1010	LF	SUB	*	:	J	Z	j	z
1011	VT	ESC	+	;	K	[	k	{
1100	FF	FS	'	<	L	\	l	|
1101	CR	GS	-	=	M	]	m	}
1110	SO	RS	.	>	N	↑	n	~
1111	SI	US	/	?	O	↓	o	DEL

ASCII 码中的每个字符用 7 位二进制数表示，其排列次序为 $d_6d_5d_4d_3d_2d_1d_0$。而一个字符在计算机内实际是用 8 位表示的，正常情况下，最高位 d_7 为 0。在需要奇偶校验时，该位可用于存放奇偶校验的值，此时称该位为校验位。

ASCII 码是由 128 个字符组成的字符集。例如，字母 A 和 a 的 ASCII 码分别为 01000001(41H 或 65)和 01100001(61H 或 97)，字符 0 的 ASCII 码是 00110000(30H 或 48)等。

1.2 程序设计及程序设计语言

1. 什么是程序设计

计算机所做的工作就是按指定的步骤执行一系列的操作，以完成特定的任务。因此，想要计算机为人类工作，就必须为它设计出一系列的操作步骤，并用计算机语言编写为程序，这就是程序设计。

程序设计也就是所谓的编程，它主要包括数据结构(即数据类型)和算法(操作步骤)的设计，所以程序设计可以简单地表示为：程序设计＝数据结构＋算法，这个等式很好地说明了程序设计的内涵。

程序设计就像盖房子，数据结构就像砖和瓦，而算法就是设计图纸。若想盖房子首先必须有原料(数据结构)，但是这些原料不能自动地建成房子，必须按照设计图纸(算法)上的说明一砖一瓦地去砌，才能拥有想要的房子。程序设计也一样，我们使用具有各种功能的语句或基本结构(它们不会自动排列成你要的程序代码)，依据特定的规则，将这些特定的功能语句和基本结构按照特定的顺序进行编排，形成一个有特定功能的程序代码，显然程序的功能就是算法的具体实现。

2. 程序设计语言

要使计算机按照人的意图进行工作，就必须让计算机理解人的意图，接受人向它发出的命令和信息，人和计算机之间的信息交流需要解决“交流语言”问题。程序设计语言就是人与计算机之间进行信息交流的桥梁和工具，将对某个实际问题的处理办法及处理步骤通过程序设计语言编写成程序，告诉计算机，计算机就会按照人的意图完成指定的操作。

程序设计语言按照语言级别可以分为低级语言和高级语言。低级语言是面向机器的语言，它依赖于机器，低级程序设计语言包括机器语言和汇编语言。高级语言是面向问题过程的语言,它独立于具体的机器,常用的 C/C++语言、Java、BASIC 等都是高级语言。

1) 机器语言

机器语言是表示成数码形式的机器基本指令集,或者是操作码经过符号化的基本指令集,由二进制代码组成。它能够被机器直接识别和执行,功效高,但使用复杂、烦琐、费时、易出差错,而且不易阅读和书写。不同类型的计算机使用不同的机器语言,所以用机器语言编写的程序移植困难。

2) 汇编语言

汇编语言相对机器语言而言是一个进步,它使用助记符表示指令和操作数地址,相比机器语言,汇编语言的阅读、书写和记忆要容易得多,但程序员必须了解计算机内部的结构和指令系统,一般只有训练有素的专业人员才能使用它。汇编语言也是一种面向机器、依赖于计算机硬件本身而设计的语言。

3) 高级语言

高级语言的表示方法要比低级语言更接近于待解问题,它独立于具体的机器,用户不必了解计算机的内部结构,只须用程序说明需要计算机完成什么工作即可。其优点是学习容易、表达算法简洁、使用方便、通用性强、便于推广与交流。但由于计算机不能识别和执行高级语言编写的程序,故需要经过解释或编译之后,变成机器代码方能被执行。比较而言,高级语言编写的程序比低级语言编写的程序执行速度要慢一些。

1.3 算法及算法表示

程序设计的目的是让计算机为我们解决问题,解决问题的方法和步骤则称为算法,它是程序设计的关键,是设计程序操作步骤的依据。因此,在学习程序设计之前,有必要了解一些有关算法的基础知识。

1. 什么是算法

算法(Algorithm)是对解题方案的准确而完整的描述,是一系列解决问题的清晰指令,算法代表着用系统的方法描述解决问题的策略机制。下面举例说明计算机算法的应用。

【例 1-1】 交换两个变量 X 和 Y 的值。

问题分析: 如果两个人交换座位,只要各自站起来坐到对方的座位即可,这是直接交换。如果要交换 A 和 B 两个容器中的不同的液体,必须要借助一个空容器,即第三个容器 C,先将容器 A 中的液体倒入容器 C 中,再将容器 B 中的液体倒入容器 A,最后将容器 C 中的液体倒入容器 B,这是间接交换。

计算机中变量的值被放在相当于容器的存储单元中,所以计算机中交换两个变量的值时不能直接交换,必须采用间接交换。因此,需定义一个中间变量 Z,以实现两个变量 X 和 Y 的值交换。具体算法如下。

Step1:将变量 X 的值存入变量 Z 中,X→Z。

Step2:将变量 Y 的值存入变量 X 中,Y→X。

Step3:将变量 Z 的值存入变量 Y 中,Z→Y。

【例 1-2】 在三个数中查找最大数。

问题分析: 设变量 a、b 和 c 存放三个整数,将其中的最大值存放在变量 max 中。具体算法如下。

Step1：输入任意三个整数，并分别赋值给变量 a、b 和 c。

Step2：先比较变量 a 和 b 的值，将较大的值存入变量 max 中。

Step3：再比较变量 c 和 max 的值，将较大的值存入变量 max 中。

Step4：输出最大值，即变量 max 的值。

2. 算法的基本特征

一个算法应具有以下 7 个重要的特征。

1）有穷性(Finiteness)

算法的有穷性是指算法必须能在执行有限个步骤之后终止。

2）确切性(Definiteness)

算法的每个步骤必须有确切的定义。

3）输入项(Input)

一个算法有 0 个或多个输入，以描述运算对象的初始情况，所谓 0 个输入是指算法本身定义初始条件。

4）输出项(Output)

一个算法有一个或多个输出，以反映对输入数据加工后的结果，没有输出的算法是毫无意义的。

5）可行性(Effectiveness)

算法中执行的任何计算步骤都是可以被分解为基本的可执行的操作步骤，即每个计算步骤都可以在有限时间内完成。

6）高效性(High Efficiency)

执行速度快，占用资源少。

7）健壮性(Robustness)

对数据响应正确。

3. 用流程图表示算法

算法描述有许多方法，如例 1-1 和例 1-2 是采用自然语言描述算法的，使用自然语言描述算法的最大优点是与人们日常习惯的语言表述方式一致，比较容易理解和接受，但也确实存在以下缺点。

(1) 比较冗长。

(2) 不够直观。如算法中有选择或循环等，这时使用文字表达就比较麻烦。

(3) 计算机不便处理。

因此，一般常用流程图描述算法，而用自然语言作为辅助方法。

程序流程图是用一些图框表示各种操作。用图框表示操作，具有简洁、直观、易于理解等优点。流程图中常用的标准符号如图 1-1 所示。其中：

- 开始/结束框表示流程开始或结束。
- 输入/输出框表示数据的输入和结果的输出。
- 处理框表示基本处理功能的描述。
- 判断框表示根据测试条件是否满足，选择流程图的路径和方向。
- 流程线表示流程图的路径和方向。

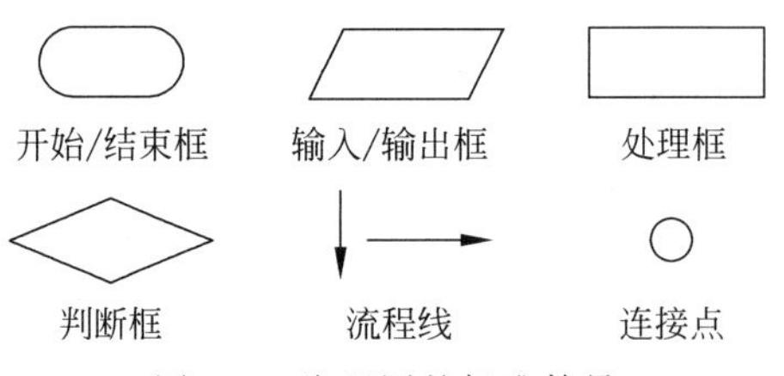

图 1-1 流程图的标准符号

• 连接点表示两个具有相同标记的“连接点”应连接成一个点。

现在采用流程图来描述例 1-1 和例 1-2 的算法,分别如图 1-2 和图 1-3 所示。

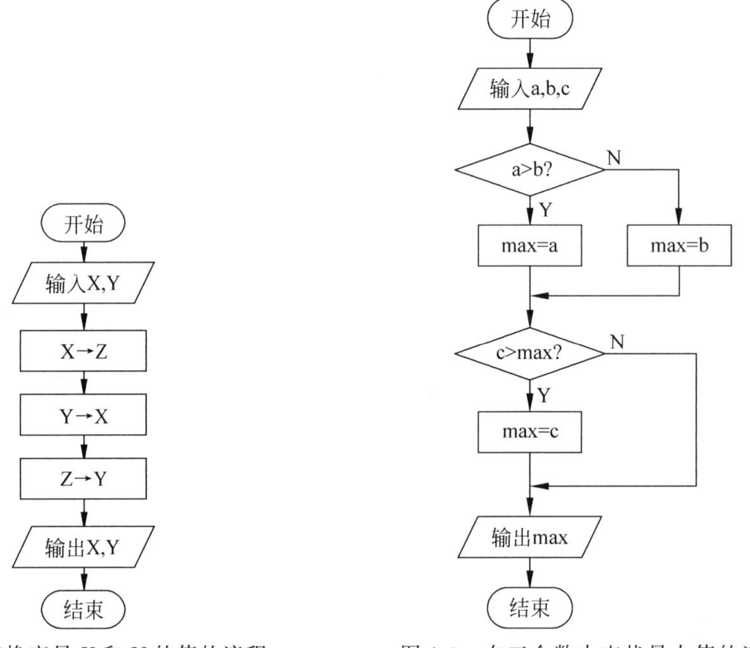

图 1-2 交换变量 X 和 Y 的值的流程　　图 1-3 在三个数中查找最大值的流程

算法是由一系列控制结构组成的,图 1-3 中就包含了选择控制结构。程序设计中最基本的控制结构有顺序、选择和循环,它们是构成复杂算法的基础。

1.4 程序设计方法

1.4.1 结构化程序设计

结构化程序设计(Structured Programming)由迪杰斯特拉(E.W.Dijkstra)在 1969 年提出,是以模块化设计为中心,将待开发的软件系统划分为若干相互独立的模块,这样使完成每个模块的工作变得单纯且明确,为设计一些较大的软件打下良好的基础。

结构化程序的基本要点如下。

① 采用自顶向下、逐步求精的程序设计方法。在需求分析、概要设计中都采用了自顶向下、逐层细化的程序设计方法。

② 使用三种基本控制结构构造程序。任何程序都可由顺序、选择和循环三种基本控制结构组成。其特点为每个基本控制结构都只有一个入口和一个出口,且上一个的出口是下一个的入口。

下面分别对顺序、选择和循环三个基本控制结构进行介绍。

1) 顺序控制结构(Sequence Control Structure)

用顺序方式对过程进行分解,关键是确定各部分的执行顺序,如图 1-4 所示。

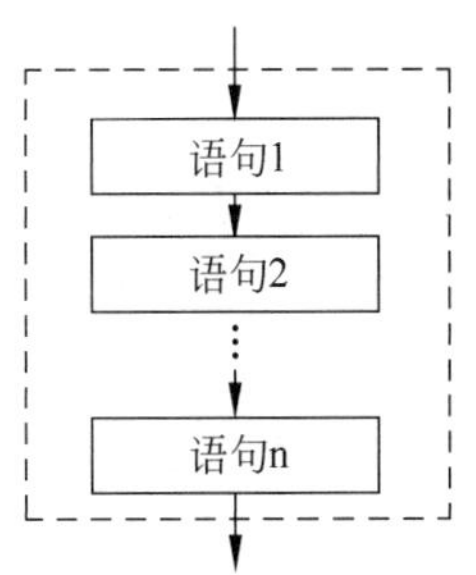

图 1-4 顺序控制结构示意

2) 选择控制结构(Select Control Structure)

用选择方式对过程进行分解,关键是确定某个部分的测试条件,以决定程序的执行方向,如图 1-5 所示。

3) 循环控制结构(Loop Control Structure)

用循环方式对过程进行分解,关键是确定某个部分进行重复的开始及结束的测试条件,如图 1-6 所示。

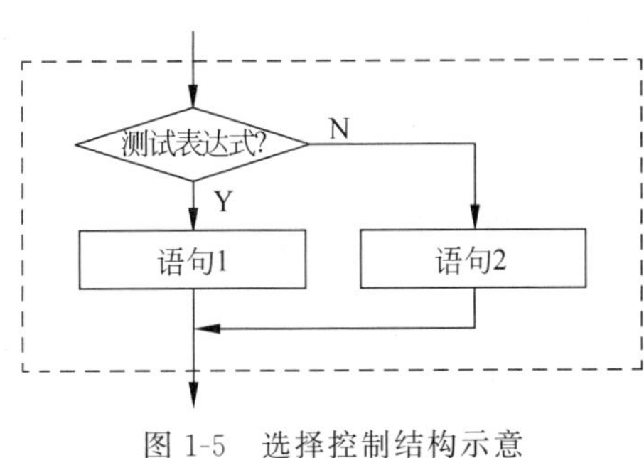

图 1-5 选择控制结构示意

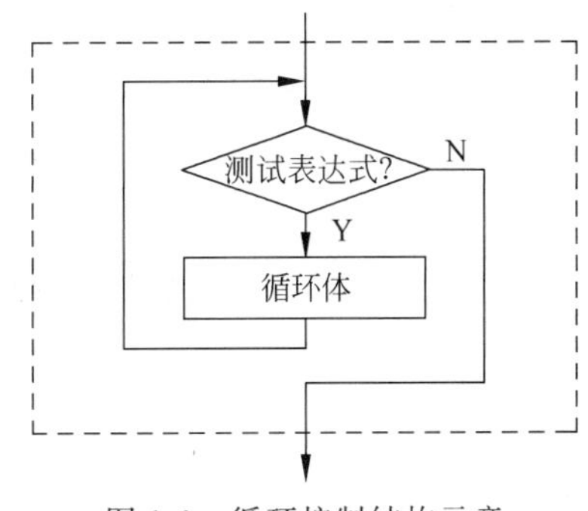

图 1-6 循环控制结构示意

对处理过程仍然模糊的部分反复使用以上分解方法,最终确定所有细节。

三种基本控制结构中,顺序控制结构是最简单的,选择和循环控制结构比较复杂,在第 3 章中将详细介绍这三种控制结构。

1.4.2 面向对象程序设计

面向对象程序设计(Object-oriented Programming)是程序设计的一种新方法,它汲取了结构化程序设计中最为精华的部分,它是软件开发的第二次变革。

要了解面向对象的概念,首先要知道什么是对象。对象在现实世界中是一个实体或一种事物的概念。现实世界中的任何一个系统都是由若干具体的对象构成的,作为系统的一个组成部分,对象为其所在的系统提供一定的功能,担当一定的角色,所以对象可以看作是一种具有自身属性和功能的构件。

我们在使用一个对象时,并不关心其内部结构及实现方法,仅关心它的功能和使用方法,也就是该对象提供给用户的接口。举个例子,对电视机这个对象来说,我们并不关心电视机的内部结构或其实现原理,只关心如何通过按钮来使用它,这些按钮就是电视机提供给用户的接口,至于电视机的内部结构原理,对用户来说是隐藏的。分析一个系统,也就是分析系统由哪些对象构成,以及这些对象之间的相互关系。

在面向对象方法中,我们采用与现实世界相一致的方式,将对象定义为一组数据及其相关代码的结合体,其中数据描述了对象的属性,对数据进行处理的操作则描述了对象的功能,而软件系统由多个对象构成。对象将其属性和操作的一部分对外界开放,作为它的对外接口,而将大部分的实现细节隐藏,这就是对象的封装性,外界只能使用接口与对象进行交互。

面向对象方法中进一步引入了类的概念。所谓类,就是同样类型对象的抽象描述,对象是类的实例。类是面向对象方法的核心,对相关的类进行分析,抽取这些类的共同特性,形成基类的概念。通过继承,派生类可以包含基类的所有属性和操作,还可以增加属于自身的一些特性。另外,可以将原来一个个孤立的类联系起来,形成清晰的层次结构关系,称为类簇。

一个系统由多个对象组成,其中复杂对象可以由简单对象组合而成,称之为聚合。对象之间存在着依存关系,一个对象可以向另一个对象发送消息,也可以接收其他对象的消息,对象之间通过消息彼此联系、共同协作。对象及对象之间的相互作用构成了软件系统的结构。

综上所述,面向对象的方法是利用抽象、封装等机制,借助于对象、类、继承、消息传递等概念进行软件系统构造的软件开发方法。

1.5 小结与知识扩展

1.5.1 小结

计算机中无论是程序还是数据都以二进制的形式存在,因此,掌握二进制数的表示及其与其他进位制数之间的转换对理解程序设计中的概念及程序设计本身都非常重要。在计算机程序设计中,除十进制、二进制外,还有八进制和十六进制等。

任意一个 r 进制数 N 按其权展开的多项式之和表示为:

$$N = \sum_{i=m-1}^{-k} D_i \times r^i$$

其实,进位制之间的转换都是依据此公式进行的。下面以十进制转换为二进制为例。

1) 整数部分的转换

把一个十进制的整数不断除以基数 2,取其余数,就能够转换成以 2 为基数的数,即除 2 取余法。

2) 小数部分转换

将一个十进制小数转换成二进制小数时,可将十进制小数不断地乘 2 并取整,称为乘 2 取整法。

二进制转换成十六进制十分简单,只要将二进制数从小数点开始,整数部分从右向左 4 位一组,小数部分从左向右 4 位一组,最后不足 4 位的补零。二进制与八进制之间的转换同二进制与十六进制之间的转换一样,只是改为 3 位一组。

程序设计主要包括数据结构(即数据类型)和算法的设计。算法是解决问题的方法和步骤,它是设计程序操作步骤的依据。利用程序流程图可以准确且完整地描述解题的算法。

1.5.2 计算机中常用存储单位及其换算

位和字节是计算机中数据存储的单位。位也称为比特(bit,b),是数据存储的最小单位。二进制数系统中的每个0或1是一位。字节(Byte,B)是数据存储的基本单位,1字节由8位组成,即

$$1\text{Byte}=8\text{bit}$$

另外,还有KB、MB等常用存储单位。

$$1\text{KB}=1024\text{B}=2^{10}\text{bit}$$

$$1\text{MB}=1024\text{KB}=1024\times1024\text{B}=2^{20}\text{bit}$$

其中:

1KB=1024B约为10^3,对应10位二进制。

1MB=1024×1024B约为10^6,对应20位二进制。

随着信息量的快速增加,存储单位也在不断扩充,为方便记忆,存储单位均以字节为基础衍生而来。常用存储单位及其换算如下:

1KB(KiloByte,千字节)=1024B=10^3B

1MB(MegaByte,兆字节)=10^6B

1GB(GigaByte,吉字节)=10^9B

1TB(TeraByte,太字节)=10^{12}B

1PB(PetaByte,拍字节)=10^{15}B

1EB(ExaByte,艾字节)=10^{18}B

1ZB(ZettaByte,泽字节)=10^{21}B

1YB(YottaByte,尧字节)=10^{24}B

1BB(BrontoByte)=10^{27}B

1NB(NonaByte)=10^{30}B

1DB(DoggaByte)=10^{33}B

1CB(CorydonByte)=10^{36}B

1XB(XeroByte)=10^{39}B

习　题

1-1　填空题

(1) 在采用进位计数的数字系统中,如果只用r个基本符号(例如0,1,2,…,r−1)表示数值,则称其为基r数制,r称为该数制的____。如日常生活中常用的十进制数,就是r=10,即基本符号为0,1,2,…,9。如取r=2,即基本符号为____和____,则为________数。

(2) 将十进制的整数转换成相应的二进制数,只要把十进制数不断除以____,并记下每次所得的________,所有余数连起来即为相应的二进制数。这种方法称为________________。

(3) 将一个十进制小数转换成r进制小数时,可将十进制小数不断地乘____并取整,这种方法称为________________。

1-2　简答题

(1) 简述计算机中采用二进制码的原因。

(2) 将下面的十进制数转换为二进制数。

① 426.125

② 6789.5

③ 65 656

④ 20 100 303

(3) 将下面的二进制数转换为十进制数。

① 1000 0000

② 0111 1111

③ 1 0000 0000

④ 1111 1111

⑤ 1000 0000 0000 0000

⑥ 0111 1111 1111 1111

⑦ 1 0000 0000 0000 0000

⑧ 1111 1111 1111 1111

(4) 列出下面带符号数的原码、反码和补码。

① −72

② 64

③ −107

④ 98

(5) 简述 ASCII 码是什么？字符'0'和'6'的 ASCII 码值分别是多少？'6'与'0'的 ASCII 码值有什么关系？

(6) 'a'和'A'的 ASCII 码值分别是多少？它们之间有什么关系？

(7) 结构化程序设计的基本结构有哪些？它们的共同特点是什么？

1-3　判断改错题

(1) 算法是对解题方案的准确且完整的描述，是一系列解决问题的清晰指令，算法代表着用系统的方法描述解决问题的策略机制。

(2) 程序流程图用一些图框表示各种操作，常用的符号包括：开始/结束框、输入/输出框、处理框和判断框。

(3) 结构化程序设计和面向对象程序设计是当前最常用的程序设计方法。

(4) 结构化程序设计的基本结构有函数、选择和循环三种基本控制结构。

第2章 C++简单程序设计

本章要点

- C++程序的基本结构和要素。
- 基本数据类型及其转换。
- 运算符和表达式。
- 简单的输入与输出控制。

C++是由C语言发展演变而来的，因此，在介绍C++之前首先介绍一下C语言。

C语言的原型是ALGOL 60语言，也称为A语言。1963年，剑桥大学将ALGOL 60语言发展成为CPL(Combined Programming Language)语言。1967年，剑桥大学的Matin Richards对CPL语言进行了简化，于是产生了BCPL语言。1970年，美国贝尔实验室的Ken Thompson对BCPL进行了修改，并为它起了一个有趣的名字——B语言，意思是将CPL语言“煮干”(Boil dry)，提炼出它的精华，并且用B语言写了第一个UNIX操作系统。1973年，B语言再一次被“煮干”，美国贝尔实验室的Dennis M.Ritchie在B语言的基础上最终设计出了一种新的语言，他取了BCPL的第二个字母作为它的名字，即C语言。

为了使UNIX操作系统推广，1977年，Dennis M.Ritchie发表了不依赖于具体机器系统的C语言编译文本《可移植的C语言编译程序》。1978年，Brian W. Kernighian和Dennis M.Ritchie出版了名著的*The C Programming Language*，从而使C语言成为目前世界上流行广泛的高级程序设计语言。随着微型计算机的日益普及，出现了许多C语言版本，由于没有统一的标准，使得C语言之间出现了一些不一致的地方。为了改变这种现象，美国国家标准学会(American National Standards Institute，ANSI)为C语言制定了一套ANSI标准。

此后，对C语言又进行不断的完善和补充，目前比较流行的C语言版本基本上都是以ANSI C为基础的。C语言具有以下优点。

(1) 语言简洁灵活。

(2) 运算符和数据结构丰富，具有结构化控制语句，程序执行效率高。

(3) 与其他高级语言相比，C语言具有可以直接访问物理地址、能进行位运算的优点。

(4) 与汇编语言相比，具有良好的可读性和可移植性。

尽管如此，C语言毕竟还是一种面向过程的编程语言，因此，与其他面向过程的编程语言一样，已经不能满足运用面向对象方法开发软件的需要。

C++是在C语言基础上为支持面向对象的程序设计而研制的一种通用的程序设计语言，20世纪80年代由美国AT&T贝尔实验室的Bjarne Stroustrup博士创建。C++包括C语言的全部特征、属性和优点，同时C++添加了对面向对象编程的完全支持。

2.1 C++程序的基本结构和要素

2.1.1 一个简单的C++程序

现在,我们来看一个简单的C++程序实例。这是一个面向过程的程序,通过这个简单的程序可以了解C++程序的结构。

【例2-1】 简单C++程序。

```
1    /************************/
2    /*  一个简单的C++程序  */
3    /************************/
4   #include<iostream>
5   using namespace std;
6   int  main()
7   {
8       cout <<"hello! "<< endl;
9       cout <<"I am a student. "<< endl;
10      return 0;
11  }
```

1. C++程序分析

上述C++程序中,第1～3行以"/*"开始、以"*/"结束,是注释语句,它是对此程序的简单说明,可有可无。

第4行的#include<iostream>是编译预处理指令,它的作用是在编译之前,将文件iostream中的代码嵌入程序中该指令所在的位置,并作为程序的一部分。由于这类文件通常被嵌入在程序的开始之处,所以被称为头文件。当使用iostream的时候,必须使用namespace std,这样才能正确使用命名空间std封装的标准程序库中的标识符cin、cout等。第5行的using namespace std是通过using编译指令使std整个命名空间的标识符可用。这就是为什么所有标准的C++程序都是从"#include<iostream>"和"using namespace std;"这两条语句开始的原因。在这个简单的C++程序中,如果没有这两条编译指令,程序中的第8～9行的cout输出语句将无法使用。

第6行是主函数main(),main()之前的int表示主函数返回值的类型是整数类型。花括号括起来的部分(第7～11行)是程序的主体,也称为主函数的函数体。函数体由语句组成,每条语句由分号";"作为结束符。该程序只有3条语句,其中,2条为cout输出语句,1条为函数返回语句return。cout是一个输出流对象,输出操作由插入运算符"<<"完成,其功能是将紧随其后的双引号中的字符串输出到标准输出设备——显示器上,在本书第9章中将对输出流做详细介绍。这里,只要知道cout可以实现在显示器上输出信息即可。

程序运行结果为:

```
hello!
I am a student.
```

2. C++程序的特点

通过例2-1可以看出,C++程序一般由头文件和函数体两部分组成,其特点如下。

（1）标准的 C++ 程序都是从“#include < iostream >”和“using namespace std;”这两条语句开始的。

（2）一个 C++ 程序可以由一个或多个函数组成，且任何一个完整的 C++ 程序都必须包含一个且只能包含一个名为 main()的函数。不管 main()处于程序的什么位置，程序总是从 main()开始执行。

（3）函数体应由花括号“{}”括起来，函数体一般包括变量定义部分和程序功能实现部分，所有的变量都要先定义后使用。

（4）每条语句的后面都要有一个分号“;”。特别需要说明的是，这里的分号必须是西文分号(;)，而不能是中文分号(；)，其他符号也必须是西文符号。对此，初学者尤其要特别注意。

（5）函数名 main 和关键字，如 int、cout、return 等都是由小写字母构成的。特别提示：C++ 程序中的标识符是大小写敏感的，所以在书写标识符的时候要注意其大小写。

3. C++ 程序的编辑、编译、连接、执行

C++ 是高级程序设计语言，需要编译之后才能执行。程序的处理过程如图 2-1 所示。

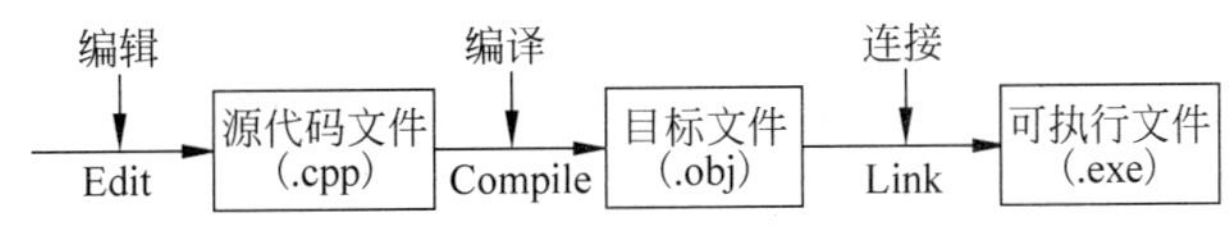

图 2-1　程序的处理过程示意

编辑完程序文本后，要将它存储在后缀名为.cpp 的文件中，此文件称为 C++ 源文件。经过编译系统的编译，再生成后缀名为.obj 的目标文件。经过连接，最后产生后缀名为.exe 的可执行文件，只有.exe 文件才能被执行并运行得出结果。

2.1.2　字符集

每种语言都是用一组字符来构造有意义的语句的，C++ 语言的字符集由下述字符构成。

（1）英文字母：A ~ Z，a ~ z。

（2）数字字符：0 ~ 9。

（3）特殊字符：空格、!、#、%、^、&、*、_(下画线)、+、=、:、-、~、<、>、/、\、‘、“、;、.、()、{}、[]。

2.1.3　词法记号

词法记号是构成语句的最小单元，以下介绍 C++ 的标识符、关键字、文字、运算符、分隔符、空白符。

1. 标识符

标识符是程序员声明的字符序列，它命名程序正文中的一些实体，如函数名、变量名、类名、对象名等。C++ 标识符的构成必须遵守的规则如下。

（1）以大写字母、小写字母或下画线(_)开始。

（2）可以由大写字母、小写字母、下画线或数字 0～9 组成。

（3）大写字母和小写字母代表不同的字符。

(4) 不能是 C++的关键字。

例如,Richad、red_line、_Nol 都是合法的标识符,而 No.1、1st 则不是合法的标识符。

注意:标识符的命名中,C++是大小写敏感的,即大写和小写字母被认为是不同的字符。例如,something、Something、SOMETHING、SomeThing 都视为不同的标识符。

2. 关键字

关键字是 C++预定义好的标识符,这些标识符对 C++编译系统有着特殊的含义。例如,int 就是关键字,表示整型数据类型。C++有许多关键字,如 cout、cin、char、bool、float、short、long、double、return、include、const、static 等,在编辑程序代码时,它们都会以蓝色显示。

3. 文字

文字是在程序中直接使用符号表示的数据,包括数字、字符、字符串和布尔文字等。

4. 运算符

运算符是用于实现各种运算的符号,例如+、-、*、/等。C++有许多运算符,2.3 节及后续章节中将会详细介绍各种运算符及其使用方法。

5. 分隔符

分隔符用于分隔各个词法记号或程序正文,常用的 C++分隔符有()、{}、,、:、;等。

分隔符不表示任何实际的操作,仅用于构造程序。例如,"{ }"用于分隔函数体,";"作为语句的分隔符,其他分隔符的具体用法会在后续章节中介绍。

6. 空白符

在程序编译时的词法分析阶段,将程序正文分解为词法记号和空白符。空白符是空格、制表符(Tab 键产生的字符)、换行符(Enter 键产生的字符)和注释的总称。

空白符用于指示词法记号的开始和结束位置,除了这一功能之外,其余的空白符将被忽略。因此,C++程序可以不必严格地按行书写,凡是可以出现空格的地方,都可以出现换行。例如:

```
int j;
```

与

```
int     j;
```

或

```
int
j
;
```

是等价的。但在书写程序时,仍要力求清晰、易读,因为一个程序不只是要让机器执行,还要供他人阅读,另外也便于日后的修改和维护。

2.1.4 注释

注释是程序员为读者写的说明,是提高程序可读性的一种手段。一般可将其分为两种:序言注释和注解注释。前者用于程序开头,说明程序或文件的名称、用途、编写时间、编写人及输入/输出说明等；后者用于程序难懂的地方的特别注解说明。

在程序的适当位置添加一些注释以注明或说明一些信息，可以增加程序的可读性。一般可以采用以下两种形式进行注释。

1. 单行注释//

单行注释为//之后的内容，直到换行。例如：

```
//输出学生信息
```

2. 多行注释/＊…＊/

多行注释是用/＊和＊/括起来的一行或多行代码。例如：

```
/**************************/
/* 一个简单的C++程序      */
/**************************/
```

一般习惯将注释放在需要注释代码的上方或右方。例如：

```
//输出学生信息
cout <<"学号"<< name << endl;                //输出学生学号
cout <<"姓名"<< name << endl;                //输出学生姓名
```

注释仅供阅读程序使用，是程序的可选部分。在生成可执行程序之前，C++忽略注释，并把每条注释都视为一个空格。在调试程序时，巧妙地运用注释将暂时不需要编译和执行的代码段“括”起来，可以方便排查错误，快速查找问题。

2.2 基本数据类型和数据

程序中最基本的元素是数据，数据有许多种类，如数值数据、文字数据、图像数据及声音数据等，但其中最基本的、最常用的是数值数据和文字数据。

确定数据的类型，才能确定数据所占内存空间的大小和其上的操作。事实上，正是C++语言的数据类型检查与控制机制，才奠定了C++语言今天的地位。无论什么数据，对其进行处理时，都要先将其存放在内存中。显然，不同类型的数据在内存中存放的格式是不相同的，甚至同一类数据，为了处理方便，也可以使用不同的存储格式。例如，数值数据就可以分为整型、短整型、长整型、浮点型和双精度型等几种。文字数据可以分为单个字符和字符串等。不同类型的数据所采用的运算方法也不相同。例如，整数和实数可以参加算术运算，字符串可以拼接，逻辑数据可以进行“与”“或”“非”等逻辑运算。因此，在程序中对各种数据进行处理之前，都要对其类型预先进行说明。这样做的目的，一是便于为数据分配相应的存储空间，二是说明了程序处理数据时应采用何种运算方法。

编写计算机程序的目的是为了解决客观世界中的现实问题。为此，计算机高级语言提供了丰富的数据类型和运算符，以供编程时使用。C++常用的数据类型如图2-2所示。

C++的数据类型分为基本类型和非基本类型。基本类型是C++编译系统内置的；非基本类型也称为用户定义数据类型，顾名思义，它们是用户自定义的数据类型，属于复合类型。本节主要介绍基本数据类型，非基本类型将在后续章节中介绍。

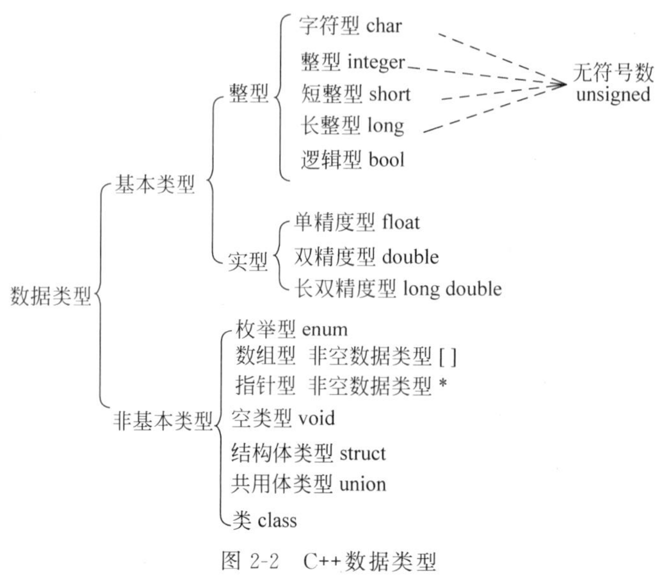

图 2-2 C++数据类型

2.2.1 基本数据类型

在依据算法编写程序时,首先要确定实现算法所需要的数据,数据通常以变量或常量的形式出现,确定数据就是确定程序中的变量和常量的数据类型。

在程序中,变量用于存储信息,它对应于某内存空间,为了便于描述,计算机高级语言中都用变量名表示其内存空间,并可以在变量中存储值,也可以从变量中取值。在定义变量时,说明变量名和数据类型(如 int、float)就是告诉编译器要为变量分配多少内存空间,以及变量中要存储什么类型的值。数据类型的定义确定了其内存所占空间大小,也确定了其表示范围。表 2-1 列出了常用基本数据类型的取值范围。

表 2-1 常用基本数据类型描述

类型	说明	长度	表示范围	备注
bool	逻辑型	1	true, false	常用 1 和 0
char	字符型	1	−128～127	$-2^{7}\sim(2^{7}-1)$
unsigned char	无符号字符型	1	0～255	$0\sim(2^{8}-1)$
short	短整型	2	−32 768～32 767	$-2^{15}\sim(2^{15}-1)$
unsigned short	无符号短整型	2	0～65 535	$0\sim(2^{16}-1)$
int	整型	4	−2 147 483 648～2 147 483 647	$-2^{31}\sim(2^{31}-1)$
unsigned int	无符号整型	4	0～4 294 967 295	$0\sim(2^{32}-1)$
float	浮点型	4	$-3.4\times10^{38}\sim3.4\times10^{38}$	7 位有效位
double	双精度型	8	$-1.7\times10^{308}\sim1.7\times10^{308}$	15 位有效位

在不同的系统中,每个变量类型所占的字节数可能有所不同,表 2-1 所列出的是目前大多数编译环境的情况。

在大多数系统中,short 表示 2 字节,short 只能修饰 int,short int 可省略为 short。long 只能修饰 int 和 double,long int 可省略为 long。unsigned 和 signed 只能修饰 int、short、 long 和 char。一般情况下，默认的 int、short、long 为 signed。实型 float 和 double 总是有符号的，不能用 unsigned 修饰。

下面通过例题说明不同数据类型所占内存空间的情况。

【例 2-2】 测试数据类型的字节数。

问题分析：C++中有一个测试数据类型长度的运算符 sizeof，专门用于测试某种数据类型在内存中所占的字节数，用法为 sizeof(类型名)或 sizeof(变量名)。程序代码如下。

```
#include <iostream>
using namespace std;
int main()
{
    int i = 2;
    char ch = 'B';                  //或:char ch = 66;
    bool t = true;
    double n = 3.14;

    cout <<"数据类型\t 字节数\n";
    cout <<"int i = "<< i <<";\t"<< sizeof(i)<< endl;
    cout <<"char ch = \'"<< ch <<"\';\t"<< sizeof(ch)<< endl;
    cout <<"bool t = "<< t <<";\t"<< sizeof(t)<< endl;
    cout <<"double n = "<< n <<";\t"<< sizeof(n)<< endl;
    return 0;
}
```

程序运行结果：

```
数据类型            字节数
int i = 2;          4
char ch = 'B';      1
bool t = 1;         1
double n = 3.14;    8
```

注意：例 2-2 程序代码中的"\t"和"\'"是转义字符(有关转义字符的内容将在 2.5 节中介绍)，转义字符的运用是为了控制输出的格式。

2.2.2 常 量

所谓常量，是指在程序运行的整个过程中其值始终不可改变的量，例如 68，3.5，'A'，"hello!"都是常量，常用的常量有以下几种。

1. 整型常量

整型常量是不含小数的数值，它是以数码形式表示的整数，包括正整数、负整数和 0。整型常量的表示形式有十进制、八进制和十六进制。

1) 十进制整型常量

十进制整型常量的形式与数学中的表示形式一样，一般形式为：

```
[±]若干 0～9 的数字
```

即符号加若干 0～9 的数字，但数字部分不能以 0(零)开头，正数前边的正号可以省略。

2）八进制整型常量

八进制整型常量的数字部分以数字0(零)开头，一般形式为：

```
[±]0 若干 0~7 的数字
```

3）十六进制整型常量

十六进制整型常量的数字部分要以0x(零和x字母)开头，字母x可以大写或小写，一般形式为：

```
[±]0x 若干 0~9 的数字及 A~F 的字母(大小写均可)
```

整型常量可以用后缀字母L(或l)表示长整型，后缀字母U(或u)表示无符号型，也可同时用后缀L和U(大小写无关)。

例如，123U，23L都是合法的常量形式。

2. 实型常量

实型常量是含小数的数值，它是以文字的形式表示的实数。在C++中，实型常量只能使用十进制表示，有一般形式(定点数)和指数形式(浮点数)两种表示形式。

1）一般形式(定点数)

例如：16.5，－13.5。

2）指数形式(浮点数)

例如：－0.565E＋2表示-0.565×10^{2}，34.4E－3表示34.4×10^{-3}。

其中，字母E可以大写或小写。当以指数形式表示一个实数时，整数部分和小数部分可以省略其一，但不能都省略。例如，12.3可以表示为.123E＋2或123.E－1，但不能写成E＋2这种形式。

实型常量默认为double型，如果有后缀F(或f)则为float型。

3. 字符常量

字符常量即为用字符构成的常量，有两种表现形式。

1）普通字符

普通字符是用单引号括起来的一个字符。例如，'a'，'G'，'?'等。事实上这些字符常量在内存中以ASCII码的形式存储，每个字符占1字节，因此可以把它看成字符所对应的ASCII码值，例如，'a'在计算机中就是以97这个数值表示的。

2）转义字符

转义字符是C++自定义的一种控制字符，以字符“\”开头，不可显示，也无法通过键盘输入。例如，“\a”为响铃，“\t”为制表符，“\n”为换行符等。表2-2列出了C++预定义的常用转义字符。

表2-2　C++预定义的转义字符

字符形式	ASCII码值(十进制)	功　能
\n	10	换行，将输出位置移到下一行开头，如\n \12 \012 \xA \xa
\t	9	横向跳格，将输出位置跳到下一个制表位置
\b	8	退格，将输出位置回退一个字符
\r	13	回车，将输出位置回退到本行开头

续表

字符形式	ASCII 码值(十进制)	功　　能
\a	7	响铃,如\a \7　\07　\007　\x7　\x07
\\	92	反斜杠字符(\)
\'	39	单引号字符(')
\"	34	双引号字符(")
\ddd	ddd(八进制)	1～3 位八进制数所代表的字符
\xhh	hh(十六进制)	1～2 位十六进制数所代表的字符

由于单引号是字符的分界符,所以单引号本身就要用转义字符表示为“\'”,同理反斜杠是用来描述转义字符的,所以反斜杠本身也要用转义字符表示为“\\”,像这样的字符还有双引号,因为双引号是字符串的分界符,所以显示双引号也要用转义字符表示为“\"”。例如:

```
cout <<"\'\\n\'表示回车换行";
```

该语句执行后,在屏幕上显示:

```
'\n'表示回车换行
```

字符数据在内存中以 ASCII 码的形式存储,每个字符占 1 字节,使用 7 个二进制位。读者可以在 ASCII 表中查找小写字母 a、大写字母 A 及数字 0 的 ASCII 码值,记住这些码值对以后编程很有好处。

下面通过例题详细说明各种常量的使用。

【例 2-3】 整型常量和实型常量的表示。

```
#include <iostream>
using namespace std;
int main()
{
    //整型常量
    int a = 3;                          //十进制整型常量
    int b = 023;                        //八进制整型常量
    int c = 0x3a;                       //十六进制整型常量
    int d = 0x3A;
    cout <<"整型常量:\n 赋值\t\t 输出\012";
    cout <<"a = 3,\t\ta = "<< a << endl;
    cout <<"b = 023,\t\tb = "<< b << endl;
    cout <<"c = 0x3a,\tc = "<< c << endl;
    cout <<"\144 = 0x3A,\t\x64 = "<< d << endl;

    //实型常量
    double e = 30000;                   //一般形式,大数
    double f = 0.00012;                 //一般形式,小数
    double g = 3.0E + 4;                //指数形式,大数
    double h = 0.12e - 3;               //指数形式,小数
    cout <<"\a\xA 实型常量: \12 赋值\t\t 输出\x0a";
    cout <<"e = 30000.0,\te = "<< e << endl;
```

```
    cout <<"f = 0.00012,\tf = "<< f << endl;
    cout <<"g = 3.0E + 4,\tg = "<< g << endl;
    cout <<"h = 0.12e - 3,\th = "<< h << endl;
    return 0;
}
```

程序运行结果：

```
整型常量:
赋值:              输出:
a = 3,             a = 3
b = 023,           b = 19
c = 0x3a,          c = 58
d = 0x3A,          d = 58

实型常量:
赋值:              输出:
e = 30000.0,       e = 30000
f = 0.00012,       f = 0.00012
g = 3.0E + 4,      g = 30000
h = 0.12e - 3,     h = 0.00012
```

注意例 2-3 的程序代码中“\a”和“\144”“\x64”的作用，以及“\n”和“\012”“\xA”“\x0a”的关系。

4. 字符串常量

字符串常量简称为字符串，是用一对双引号括起来的字符序列，例如"China"和"1234"都是字符串常量。字符串与字符是不同的，字符串在内存中的存放形式是按串中字符的排列次序顺序存放对应字符的 ASCII 码值，每个字符占 1 字节，并在字符串末尾添加'\0'作为结束标记。如图 2-3 所示是字符数据(十六进制码)及其存储形式举例。从图 2-3 中可以看出，字符串"a"与字符'a'是不同的，"a"占 2 字节，而'a'只占 1 字节。有关字符串及其应用的详细内容将在后续章节中介绍。

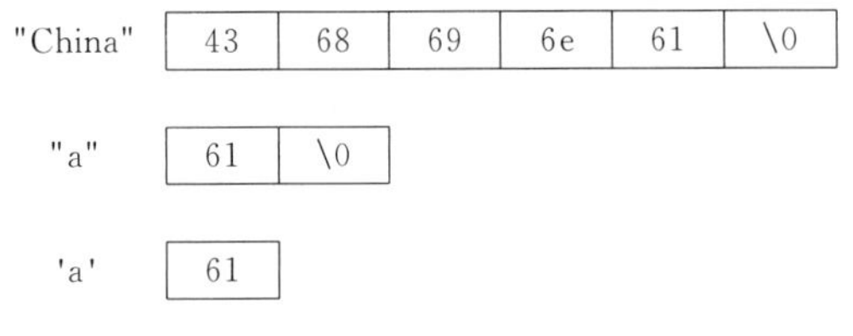

图 2-3　字符数据的存储形式

5. 布尔常量

布尔常量只有两个。

(1) 真：true 或 1 (非零都表示真，如 6,99,3.5,'a'等)。

(2) 假：false 或 0(零都表示假)。

6. 符号常量

如果程序在多个地方使用同一个常量，在 C 语言中可以用编译预处理指令 # define 定义符号常量(也称为宏)，符号常量名一般采用大写字母。例如：

```
#define PI 3.14
```

C++有一种更好的定义符号常量的格式，像定义变量一样，在类型说明前加关键字const。例如：

```
const double PI = 3.14;
const int N = 6;
```

符号常量的值必须在定义时指定，此后不能再被赋值，试图对符号常量进行赋值会导致编译错误。

符号常量定义后，可以在程序中多处出现。当符号常量的值需要更改时，只需在符号常量定义的位置对它进行修改即可，非常方便。在后面的例题中将有符号常量的应用，请注意观察。

2.2.3 变量和引用

1. 变量

在程序的执行过程中，其值可以变化的量称为变量。变量的功能就是存储数据，每个变量都有特定的类型，类型决定存储的大小和布局。变量需要用标识符来命名，所以变量在使用之前需要声明其类型和名称。

1）变量的声明

用于向程序表明变量的类型和名字。

变量声明形式如下：

<类型标识符>　变量名 1,变量名 2,…,变量名 n;

例如：

```
int i;
double n,m;
```

2）变量的定义

在声明一个变量的同时，也可以给它赋以初值，这就是变量的定义。在程序运行时，系统会给每个定义的变量分配内存空间，用于存放对应类型的数据，因而变量名也就是对相应内存单元的命名。例如：

```
int i = 2;
char ch = 'B';
bool t = true;
double n = 3.14;
```

需要特别说明的是，当对字符进行操作时，char 类型与 int 类型可以混用。例如：

```
char ch1 = 'A';     //为字符型变量赋值字符常量,变量和赋值数据类型一致
char ch2 = 65;      //为字符型变量赋值整型常量,等效于 char ch2 = 'A'
int ch3 = 'A';      //为整型变量赋值字符常量,等效于 int ch3 = 65
```

之所以可以这样混用，是因为对字符操作就是通过该字符的 ASCII 码值完成的，而 ASCII 码值是一个 0～127 的整数。

有一点值得注意,虽然 C++中有字符串常量,却没有字符串变量。那么,用什么类型的变量来存放字符串呢?后续的章节中将会介绍用字符型数组等来存储字符串变量。

2. 引用

程序设计语言的进化使用户从被迫解决细节问题中解脱出来,而转向允许用户花更多的时间来考虑“大的蓝图”。根据这种精神,C++包含了一个称为引用的特性。这里仅介绍引用的基本概念,更详细的内容及引用的应用在后面章节中陆续介绍。

引用是个别名,当建立引用时,程序用另一个目标(变量或对象)的名字初始化它,之后,引用就可以作为目标的别名来使用,对引用的改动实际上是对目标的改动。

引用的声明形式为:

```
<类型标识符> & 引用名 = 目标名
```

其中:(1) 类型标识符就是它所引用目标的数据类型。

(2) 引用名是为引用型变量所起的名字,它必须遵循变量的命名规则。

(3) 目标名可以是变量名,也可以是对象名(对象的详细内容将在第 6 章介绍)。

例如,引用一个整型变量:

```
int r;
int &qr = r;
```

上述声明 qr 是对整数 r 的引用。在这里,要求 r 必须已经声明或定义。

在此要特别说明的是,引用在声明时必须进行初始化,即指出该引用是哪个目标对象的别名。而引用一旦声明,就以对应目标的内存单元地址作为自己的地址,并且不再改变。

引用不是值,不占存储空间,声明引用时,目标的存储状态不会改变。

【例 2-4】 引用的声明和使用。

下面的程序代码是求圆的面积和周长,注意其中引用的声明和使用。

```
#include <iostream>
using namespace std;
int  main()
{
    int r = 10;
    int &qr = r;
    const double PI = 3.14;
    cout <<"圆半径:\t\tr = "<< r << endl;
    cout <<"半径 r 的引用:\tqr = "<< qr << endl;
    cout <<"圆面积:\t\tarea = "<< PI * r * qr << endl << endl;

    qr = 100;
    cout <<"半径 r 的引用:\tqr = "<< qr << endl;
    cout <<"圆半径:\t\tr = "<< r << endl;
    cout <<"圆周长:\t\tcircumference = "<< 2 * PI * r << endl;
    return 0;
}
```

程序运行结果:

```
圆半径:                r = 10
```

```
半径 r 的引用:          qr = 10
圆面积:                 area = 314

半径 r 的引用:          qr = 100
圆半径:                 r = 100
圆周长:                 circumference = 628
```

在上述程序中，声明 qr 是对整型变量 r 的引用之后，无论改变 r 或 qr，实际上都是改变 r，qr 和 r 的值始终是一样的。对引用的理解如图 2-4 所示。

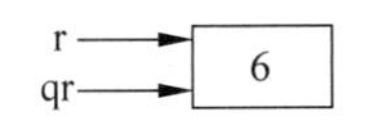

图 2-4　引用与变量的关系

注意：引用在声明时必须初始化，否则会产生编译错误。

另外，上述程序中定义了一个符号常量 PI：

```
const double PI = 3.14;
```

如果计算圆的面积和周长需要将 PI 从 3.14 变为 3.1416，这时只需在程序中符号常量 PI 定义的位置对它修改即可：

```
const double PI = 3.1416;
```

从上述程序中 PI 的运用结果可以看到符号常量在程序设计中的作用。

2.3　运算符与表达式

在任何高级程序设计语言中，表达式都是最基本的组成部分，可以说 C++程序中的大部分语句都离不开表达式。表达式由运算符、运算对象和括号组成。

1. 运算符

C++语言中定义了丰富的运算符，如算术运算符、关系运算符、逻辑运算符等。

按操作数的多少，运算符可分为如下几种。

(1) 二元运算符也称双目运算符，需要两个操作数，最为常用。例如－2＋3。

(2) 一元运算符也称单目运算符，需要一个操作数。例如 i++。

(3) 三元运算符需要三个操作数。例如，条件表达式：a＞b?a：b。

每个运算符都具有优先级与结合性。

(1) 优先级：是指当一个表达式包含多个运算符时，先进行优先级高的运算，再进行优先级低的运算。

(2) 结合性：是指当一个操作数左右两边的运算符优先级相同时，按什么样的顺序进行运算，是自左向右，还是自右向左。

例如，6＋5－2 中“＋”“－”都是同级运算符，它们的结合性是自左向右，所以先计算 6＋5，再算 11－2。

2. 表达式

可以简单地将表达式理解为用于计算的公式，用运算符将运算对象连接起来的式子称为表达式。运算对象也称操作数，可以是常量、变量等。

例如，a＋b 和 x/(y＋5)都是表达式。

表达式在使用时要注意以下几点。

(1) 一个常量或变量是最简单的表达式。

(2) 一个表达式的值可以参与其他操作,即作为其他运算符的操作数,以形成更复杂的表达式。

(3) 包含在括号中的表达式仍是一个表达式,其类型和值与未加括号时的表达式相同。

下面就从最简单的算术表达式开始,详细讲解 C++中各种运算符和表达式的用法。

2.3.1 算术表达式

算术表达式由算术运算符、数值型操作数和括号构成,算术表达式最终的结果是整型或浮点型数值。C++中的算术运算符包括基本算术运算符和自增、自减运算符。

1. 基本算术运算符

基本算术运算符有:+(加)、-(减或负号)、*(乘)、/(除)、%(取余)。其中,"+"和"-"作为正号和负号时为一元运算符,其余都为二元运算符。这些基本算术运算符的意义与数学中相应符号的意义是一致的,它们之间的相对优先级关系与数学中的也一样,即先乘除、后加减,同级运算自左向右进行。其中有两个运算符要特别注意。

(1) 取余运算符"%"只能用于整型操作数,表达式 a%b 的结果是 a/b 的余数。例如,7%2 的结果为 1,而 7.5%2 是错误的,因为参加求余运算的操作数不是整数。

(2) 当除"/"用于两整型操作数相除时,其结果取商的整数部分,小数部分被自动舍弃。例如,表达式 1/2 的结果为 0,而 1.0/2 的结果为 0.5。

2. 自增"++"和自减"--"运算符

C++中的自增"++"、自减"--"运算符是使用方便且效率很高的两个运算符,它们都是一元运算符,这两个运算符都有前置和后置两种使用形式。前置形式,如++n 或--n;后置形式,如 n++或 n--。

注意:

(1) 自增和自减运算符的操作数只能是整型变量,不能是常量或表达式。例如,++5 和++(n+6)都是非法的。

(2) 前置和后置的区别。在使用中前置和后置运算符的区别。下面以自增为例进行说明。

```
int i = 1, j = 1;
i++ ; ++j;
cout << i << endl;
cout << j << endl;
```

这里,前后置的自增运算符单独执行,当变量 i 和 j 都赋值为 1 时,计算表达式 i++和++j 后,i 和 j 的值都为 2,前置和后置运算符没有区别。但当自增或自减运算的结果被用于参与其他操作时,前置与后置的情况就完全不同了。观察下面的语句。

```
int i = 1, j = 1;
cout << i++<< endl;
cout <<++j << endl;
```

这时,变量 i 和 j 同样赋值为 1,i++和++j 直接作为输出项,结果是:后置运算符先输出 i 当前的值 1,然后 i 自增;而前置运算符先自增 j 当前的值,然后输出 j 自增后的值 2。

下面通过例题进一步说明各种算术运算符的作用。

【例 2-5】 测试算术运算符。

```
#include<iostream>
using namespace std;
int main()
{
//  除运算符"/"
    cout<<"除运算符/"<<endl;
    cout<<"1/2 = "<<1/2<<endl;
    cout<<"1.0/2 = "<<1.0/2<<endl;

    //取余运算符"%"
    cout<<"\n取余运算符%"<<endl;
    cout<<"17%10 = "<<17%10<<endl;
//  cout<<"17.0%10 = "<<17.0%10<<endl;              //错误

//  前后置自增运算符"++"
    cout<<"\n前后置自增运算符++"<<endl;
    int i = 2,j = 3;
//  i++;++j;
    cout<<"i:"<<i<<",i++:"<<i++<<endl;
    cout<<"j:"<<j<<",++j:"<<++j<<endl;
    return 0;
}
```

程序运行结果：

```
除运算符"/"
1/2 = 0
1.0/2 = 0.5

取余运算符"%"
17%10 = 7

前后置自增运算符"++"
i:2,  i++:2
j:3,  ++j:4
```

2.3.2 赋值表达式

1. 赋值运算符

C++提供了若干赋值运算符，最简单的是单等号赋值运算符“＝”。带有赋值运算符的表达式被称为赋值表达式。例如，n＝m＋6 是一个赋值表达式。赋值表达式的作用是将等号“＝”右边表达式的值赋给左边的变量。所以赋值运算符的结合性为自右向左，赋值运算符的优先级是除逗号“,”运算符以外最低的。

赋值表达式的类型为“＝”左边变量的类型，表达式的结果是“＝”左边变量被赋值后的值。例如：

```
n = 1                         //表达式的结果为 1
```

```
a = b = c = 2             //等价于 a = (b = (c = 2))
a = 3 + (c = 4)           //表达式的结果为 7
```

第一个赋值表达式比较简单,其值为 1。

第二个赋值表达式从右向左运算,在 c 被赋值为 2 后,赋值表达式 c=2 的结果为 2,接着 b 被赋值为 2,最后 a 被赋值为 2。

第三个赋值表达式有括号则先计算括号内的,首先将 4 赋值给 c,赋值表达式 c=4 的结果为 4,再计算 3+4,之后将结果 7 赋值给 a,整个表达式最终的结果为 7。注意:这里的圆括号"()"是必需的,如果没有括号,a=3+c=4,这时,c 左边加号"+"的优先级高于右边赋值运算符"=",此表达式无法运算。

2. 复合赋值运算符

除了赋值运算符"="以外,C++还提供了 10 种复合的赋值运算符:+=,-=,*=,/=,%=,<<=,>>=,&=,^=,|=。

其中,前 5 个运算符由赋值运算符与算术运算符复合而成,后 5 个运算符由赋值运算符与位运算符复合而成。这 10 种运算符的优先级与赋值运算符相同,结合性也是自右向左。下面举例说明复合赋值运算符的功能,例如:

```
b += 2                   //等价于 b = b + 2
x *= y + 3               //等价于 x = x * (y + 3)
x += x -= x * x          //等价于 x = x + (x = x - x * x)
```

3. 赋值语句

如果在赋值表达式后面加上分号";",便成了赋值语句。例如:

```
b = b + 2;
```

这是一个赋值语句,它实现的功能与赋值表达式相同。赋值表达式与赋值语句的不同在于赋值表达式可以作为一个更复杂表达式的一部分,继续参与运算,而赋值语句则不能。

2.3.3 逗号表达式

在 C++中,逗号也是一个运算符,它将两个或两个以上的式子连接起来,构成逗号表达式,它的使用形式为:

```
<表达式 1>,<表达式 2>, … ,<表达式 n>
```

逗号表达式的求解顺序为先求解表达式 1,再求解表达式 2,最后求解表达式 n,逗号表达式的最终结果为表达式 n 的值。逗号运算符的结合性是自左向右,它的优先级是所有运算符中最低的。例如:

```
x = 2 * 5,x * 4;
```

先将 2×5 的结果 10 赋值给变量 x,再计算 10×4,表达式的最终结果为 40。

下面举例说明各种赋值运算符和逗号运算符的使用方法。

【例 2-6】 使用赋值和逗号运算符。

```
#include <iostream>
```

```
using namespace std;
int main()
{
    //赋值
    int a = 1,c = 2,n,m;
    n = 2 - (a = 3);
//     n = 2 - a = 3;                           //错误
    n += m -= a * a;
    cout <<"c + 2 = "<< c + 2 << endl;
//  cout << n = m = a << endl;                  //错误

    a = (c = 5,c + 5,c/2);
    cout <<"a = "<< a << endl;                  //a = 2,注意 c + 5 并没给 c 赋值
//  cout << a = (c = 5,c + 5,c/5)<< endl;       //错误
//  cout << a - c + 5 << endl;

    int i = 12;
    i += i -= i * = i;
    cout <<"i = "<< i << endl;
    n = m = a;
    cout <<"n = "<< n <<",m = "<< m << endl;
    return 0;
}
```

程序运行结果：

```
C + 2 = 4
a = 2
i = 0
n = 2,m = 2
```

2.3.4 关系表示式

1. 关系运算符

关系运算符即比较符。关系运算符及其优先次序为：

<(小于)、<=(小于或等于)、>(大于)、>=(大于或等于)（优先级相同(较高)）、==(等于)、!=(不等于)（优先级相同(较低)）

2. 关系表达式

用关系运算符将两个表达式连接起来就是关系表达式。例如，以下都是关系表达式。

```
x > 5
x + y <= 20
c == a < b
```

注意：等于运算符“==”是连续的两个等号，不要误写为赋值运算符“=”。

关系表达式一般用于判断是否符合某一条件，关系表达式的结果类型为 bool 类型，值只能是 true 或 false，条件满足为 true，条件不满足为 false。例如，当 i=100 时，i<100 的结

果就为 false。

2.3.5 逻辑表达式

简单的关系比较是远不能满足编程需要的,通常需要用逻辑运算符将简单的关系表达式连接起来,构成较复杂的逻辑表达式。

1. 逻辑运算符

逻辑运算符及其优先次序如下:

!(非) &&(与) ||(或)

高 → 低

逻辑运算符"!"是一元运算符,优先级最高,其次是逻辑运算符"&&",最后是逻辑运算符"||"。

逻辑运算符的运算规则可以用如表 2-3 所示的真值表表示。

表 2-3 逻辑运算符的真值表

a	b	! a	a&&b	a||b
true	true	false	true	true
true	false	false	false	true
false	true	true	false	true
false	false	true	false	false

! 是一元运算符,它的作用是对操作数取反。如果操作数 a 的值为 true,则取反后为 false;如果操作数 a 的值为 false,则取反后为 true。

&& 是二元运算符,它的作用是求两个操作数的逻辑与。逻辑与好比一条道路上设置了两个串联的闸口,只有两个闸口都开放时,这条道路才通畅;反之,只要有一个闸口不开放,这条道路就不通。所以在"与"运算中,只有当两个操作数的值都为 true 时,"与"运算结果才为 true;其他情况下,"与"运算结果均为 false。

||也是二元运算符,它的作用是求两个操作数的逻辑或。逻辑或则好比一条道路上设置了两个并联的闸口,只要任意一个闸口开放,这条道路就通畅。所以在"或"运算中,只有当两个操作数的值都为 false 时,"或"运算结果才为 false;其他情况下,"或"运算结果均为 true。

2. 逻辑表达式

逻辑表达式通常用于判断是否符合某一复杂条件,逻辑表达式的类型是 bool 型,所以结果只能为 true 或 false。

例如:x>=0&&x<=100,表示当满足条件 x 大于或等于 0 并且 x 小于或等于 100 时,此逻辑表达式的结果为 true。

复杂的逻辑表达式中通常包含关系表达式和算术表达式等,这时,分清运算符的优先级是非常重要的,除一些一元运算符,如!(非)等之外,一般算术运算符的优先级高于关系运算符，而关系运算符的优先级普遍高于逻辑运算符，逻辑“与”又优先于逻辑“或”。

例如，闰年的判别条件为：年份可以被400整除，或能被4整除而不能被100整除的为闰年，否则就不是闰年。假设年份存放到变量year中，它的逻辑表达式如下：

```
year % 400 == 0||year % 4 == 0&&year % 100!= 0
```

其中，year％400＝＝0是判断year除以400后余数是否为0，即表示可以被400整除；同理，year％4＝＝0表示能被4整除，year％100！＝0表示不能被100整除。这里先进行算术运算，将得到的算术表达式的结果进行关系运算，最后将关系表达式的结果，即获得的逻辑值进行逻辑运算，在进行逻辑运算时，虽然逻辑“或”在逻辑“与”之前，但逻辑“与”优先级比较高，所以首先进行逻辑“与”，再进行逻辑“或”，最后得到逻辑表达式的结果。例如，当year为2000时，经过以上运算过程，逻辑表达式的结果为true；当year为2020时，结果为false。

在比较复杂的逻辑表达式中适当添加一些括号“()”，可以更清晰地表明表达式的逻辑关系。例如：

```
(year % 400 == 0)||(year % 4 == 0&&year % 100!= 0)
```

由此可见，判别闰年的逻辑表达式增加两对括号后，逻辑关系更加清晰，更好理解了。

2.3.6 条件表达式

条件运算符“?:”是C++中唯一的三元运算符，它能够实现简单的选择功能。条件表达式的使用形式为：

<测试表达式>?<表达式1>:<表达式2>

其中，测试表达式的值通常是bool类型，表达式1和表达式2可以是任何类型。

条件表达式的执行顺序是：先求解测试表达式，若测试表达式的值为true，则求解表达式1，且表达式1的值为条件表达式的结果；若测试表达式的值为false，则求解表达式2，且表达式2的值为条件表达式的结果。例如：

```
a > b?a:b      //获取 a 和 b 两个数中的较大数
```

注意：条件运算符的优先级高于赋值运算符，低于逻辑运算符；结合方向为自右向左。

例如，将变量a和b中的较大数赋给变量max的表达式为：

```
max = (a > b)?a:b
```

将变量a、b和c中的最大数赋给变量max的表达式为：

```
max = (a > b?a:b)> c?(a > b?a:b):c
```

显然，适当地加入一些括号，条件表达式的逻辑关系也会更清晰一些。读者可以试试下面两个表达式是否也可以找出a,b和c三个数中的最大数，为什么？

```
max = a > b?a:b > c?a > b?a:b:c
max =  b > c?a > b?a:b:c
```

2.3.7 sizeof 运算符

sizeof 运算符用来计算某种数据类型在内存中所占的字节数。该操作符使用的语法形式为：

```
sizeof(类型名)
```

或

```
sizeof(表达式)
```

注意：sizeof(表达式)仅仅计算表达式结果的类型所占的字节数，并不对括号中的表达式本身进行求值运算。

2.3.8 位运算

一般的高级语言处理数据的最小单位只能是字节，C++语言却能对数据按二进制位进行操作。C++中提供了 6 个位运算符，可以且只能对整型数据(即 int 类型，不包括 char 类型)进行位操作。

1. 按位与“&”

按位与操作的作用是将两个操作数对应的每一位分别进行逻辑与操作。例如，计算 3&5：

```
3         0 0 0 0 0 0 1 1
5(&)      0 0 0 0 0 1 0 1
---------------------------
3&5       0 0 0 0 0 0 0 1
```

可以看出，与 0 按位与，具有清零的作用；与 1 按位与维持不变。使用按位与操作可以将操作数中的若干位清零(其他位保持不变)，或取操作数中的若干指定位。例如：

```
a = a&0xfe;            //将 char 型变量 a 的最低位清零


c = a&0377;            //取出 a 的低 4 位，并放置于 c 中
```

2. 按位或“|”

按位或操作的作用是将两个操作数对应的每一位分别进行逻辑或操作。例如，计算 3|5：

```
3       0 0 0 0 0 0 1 1
5(|)    0 0 0 0 0 1 0 1
-------------------------
3|5     0 0 0 0 0 1 1 1
```

由此可见，与 1 按位或，具有置 1 的作用，与 0 按位或则维持不变。使用按位或操作可以将操作数中的若干位的值置为 1(其他位保持不变)。例如，将 int 型变量 a 的低 4 位置 1：

```
a  = a|0xff;
```

3. 按位异或“^”

按位异或操作的作用是将两个操作数对应的每一位进行异或，具体运算规则是：若对应

位相同,则该位的运算结果为 0;若对应位不同,则该位的运算结果为 1。例如,计算 071 ^052:

```
071          0 0 1 1 1 0 0 1
052(^)       0 0 1 0 1 0 1 0
------------------------------
071^052      0 0 0 1 0 0 1 1
```

可以看出,与 1 按位异或,具有取反的作用,与 0 按位异或则维持不变。使用按位异或操作可以将操作数中的若干指定位取反,如果使某位与 0 异或,结果是该位的原值;如果使某位与 1 异或,则结果与该位原来的值相反。

例如,要使 01111010 低 4 位翻转,可以与 00001111 进行按位异或:

```
     0 1 1 1 1 0 1 0
(^)  0 0 0 0 1 1 1 1
---------------------
     0 1 1 1 0 1 0 1
```

4. 按位取反"~"

按位取反是一个单目运算符,其作用是对一个二进制数的每一位取反。例如:

```
 025       0 0 0 1 0 1 0 1
~025       1 1 1 0 1 0 1 0
```

5. 移位

C++中有两个移位运算符——左移运算符(<<)和右移运算符(>>),它们都是二元运算符。移位运算符左边的操作数是需要移位的数值,右边的操作数是左移或右移的位数。左移是按照指定的位数将一个数的二进制值向左移位。左移后,低位补 0,移出的高位舍弃。右移是按照指定的位数将一个数的二进制值向右移位。右移后移出的低位舍弃。如果是无符号数则高位补 0;如果是有符号数,则高位补符号位。下面举例说明。

例如,假设 short a=65,现求表达式 a>>1 的结果。变量 a 存放的 65,在内存中表示为二进制数 0000000001000001,于是右移 1 位后,即表达式 a>>1 的值为 0000000000100000,对应 32。a>>1 右移位操作的过程示意如下。

```
移位前:0 0 0 0 0 0 0 0 0 1 0 0 0 0 0 1
移位后:0 0 0 0 0 0 0 0 0 0 1 0 0 0 0 0 1(划去)
       ↑补1位0                        ↑舍弃低1位
```

再如,表达式 2<<4 的值为 32。2<<4 左移位操作的过程示意如下。

注意:移位运算的结果是位运算表达式的值,而被移位变量中的值保持不变。例如,a>>1 运算后,移位运算符左边的变量 a 的值本身并不会被改变,也就是 a>>1 之后,变量 a 中保存的仍是 65。

【例 2-7】 运用位运算。

```
#include<iostream>
using namespace std;
int main()
{
    //字符按位与运算
    cout <<"字符按位与运算\n";
    char ch1 = 'B';                    //01000001
    ch1 = ch1&0xff;                    //11111111
    cout <<"B&0xff:\t"<< hex << ch1 << endl;

    //字符按位或运算
    cout <<"\n字符按位或运算\n";
    char ch2 = 'A';                    //01000001
    ch2 = ch2|0x03;                    //00000011
    cout <<"A|0x03:\t"<< hex << ch2 << endl;

    //移位运算
    cout <<"\n移位运算\n";
    int n,m;
    n = 65 >> 1;
    m = 2 << 4;
    cout <<"65 >> 1:\t"<< hex << n << endl;
    cout <<"2 << 4:\t"<< hex << m << endl;

    return 0;
}
```

程序运行结果:

```
字符按位与运算
B|0xff:    B

字符按位或运算
A|0x03:    C

移位运算
65 >> 1:   20
2 << 4:    20
```

2.3.9 运算符的优先级和结合性

一个表达式中可以有多个运算符,不同的运算符具有不同的优先级,优先级决定了运算符在表达式中运算的先后顺序。例如,算术运算符乘(*)和除(/)的优先级高于加(+)和减(−),但加(+)和减(−)的优先级又高于关系运算符(<),而关系运算符的优先级又高于逻辑运算符与(&&)和或(||)等。

运算符还具有结合性。例如,算术运算符加(+)是从左向右结合的,而赋值运算符(=)则是从右向左结合的。

表 2-4 列出了 C++中所有运算符及其优先级与结合性，除“ • ” “ * ”“ - >”运算符外，大部分运算符都已在本章介绍。优先级数字越小，表示运算符的优先级别越高。

表 2-4　运算符优先级

优先级	运算符	结合性
1	[] () . - > 后置++ 后置--	左→右
2	前置++ 前置-- sizeof & * +(正号) -(负号) ~ !	右→左
3	强制转换类型	右→左
4	• * - >	左→右
5	*(乘) / %	左→右
6	+(加) -(减)	左→右
7	<<(左移) >>(右移)	左→右
8	< > <= >=	左→右
9	== !=	左→右
10	&	左→右
11	^	左→右
12	|	左→右
13	&&	左→右
14	||	左→右
15	?:	右→左
16	= *= /= %= += -= <<= >>= &= ^= |=	右→左
17	,	左→右

2.4　数据类型转换

2.4.1　赋值时的类型转换

C++允许将一种类型的值赋给另一种类型的变量，下面举例说明。

【例 2-8】　赋值时的类型转换。

程序代码如下：

```
#include <iostream>
using namespace std;
int main()
{
    //整型和实型的赋值
    int i = 3.56;                   //i 被赋值为 3
    int j = 1.8E12;                 //数值超出类型取值范围,j 不能正确赋值
    float n = 5;                    //n 被赋值为 5.0
    cout <<" int i = "<< i << endl;
    cout <<" int j = "<< j << endl;
    cout <<" float n = "<< n <<", n/2 = "<< n/2 << endl;

    //bool 类型的赋值
    bool t1 = 19,t2 = 0;            //t1 被赋值为 true,t2 被赋值为 false
    cout <<" bool t1 = "<< t1 <<", bool t2 = "<< t2 << endl;
```

```
    //取值范围不同类型的赋值
    short s1 = 50;
    long l1 = s1;
    cout <<" short s1 = "<< s1 <<", long l1 = "<< l1 << endl;
    long l2 = 35000;
    short s2 = l2;                    //数值超出类型取值范围,s2 不能正确赋值
    cout <<" long l2 = "<< l2 <<", short s2 = "<< s2 << endl;
    double d = 3.4E50;
    float f = d;                      //数值超出类型取值范围,f 不能正确赋值
    cout <<" double d = "<< d <<", float f = "<< f << endl;
    return 0;
}
```

程序运行结果:

```
int i = 3
int j = 408702976
float n = 5, n/2 = 2.5
bool t1 = 1, bool t2 = 0
short s1 = 50, long l1 = 50
long l2 = 35000, short s2 = -30536
double d = 3.4e+050, float f = 1.#INF
```

下面结合以上程序详细介绍初始化和赋值时的类型转换。

1. 赋值运算

赋值运算要求左值(赋值运算符左边的值)与右值(赋值运算符右边的值)的类型相同。如果类型不同,系统会自动进行类型转换,其转换的规则是将赋值运算符的右值的类型转换为左值的类型。例如:

```
int i = 3.56;                         //i 被赋值为 3
int j = 1.8E12;                       //数值超出类型取值范围,j 不能正确赋值
float n = 5;                          //n 被赋值为 5.0
cout <<" int i = "<< i << endl;
cout <<" int j = "<< j << endl;
cout <<" float n = "<< n <<", n/2 = "<< n/2 << endl;
```

输出 i=3,表示将一个小数赋值给整数类型变量时,小数部分丢弃,而没有进行四舍五入。

输出 j=408702976,表示整型变量 j 无法存储浮点数 1.8E12,导致 j 不能被正确赋值。

输出 n=5, n/2=2.5 表示 n 虽然被赋值为整数 5,但 n 实际为实数 5.0,因此才有 n/2=2.5,而不是 n/2=2。

2. bool 类型的赋值

将非 0 赋值给 bool 变量时,非 0 值将被转换为 true;将 0 赋值给 bool 变量时,0 值将被转换为 false。例如:

```
bool t1 = 19,t2 = 0;
cout <<" bool t1 = "<< t1 <<", bool t2 = "<< t2 << endl;
```

输出 t1=1,表示将非 0 值 19 转换为 true,用 1 表示;输出 t2=0,表示将 0 转换为 false,

用 0 表示。

3. 取值范围不同的赋值

将一个值赋给取值范围更大的类型通常不会导致错误。例如：

```
short s1 = 50;
long l1 = s1;
cout <<" short s1 = "<< s1 <<", long l1 = "<< l1 << endl;
long l2 = 35000;
short s2 = l2;                    //数值超出类型取值范围,s2 不能正确赋值
cout <<" long l2 = "<< l2 <<", short s2 = "<< s2 << endl;
double d = 3.4E50;
float f = d;                      //数值超出类型取值范围,f 不能正确赋值
cout <<" double d = "<< d <<", float f = "<< f << endl;
```

上述代码将输出 s1=50,l1=50,表示将一个值赋给取值范围更大的类型是允许的；而输出 l2=35000,s2=－30536 和 d=3.4e050,f=1.#INF 表示无论是整型还是实型,试图将一个值赋给取值范围更小的类型都将导致不能正确赋值。

2.4.2 表达式中隐含转换

当表达式中出现了多种类型数据的混合运算时,首先需要进行类型转换,其次才进行运算,最终得到表达式的值。

在混合运算时,对于二元运算符要求两个操作数的类型一致,若参加运算的操作数类型不一致,系统将自动对数据进行转换,即隐含转换。具体的规则如下。

(1) 算术运算和关系运算转换的基本原则是：将低类型数据转换为高类型数据。类型越高的数据表示范围越大,精度也越高,所以这种转换是安全的,各种类型的高低顺序如下。

char short int unsigned long unsigned-long float double

低 ——————————————→ 高

(2) 逻辑运算符要求参与运算的操作数必须是 bool 类型,如果操作数是其他类型,则系统自动将其转换为 bool 类型。转换方法是：非 0 数据转换为 true,0 转换为 false。

2.4.3 强制类型转换

强制类型转换又称为显式转换,是通过类型标识符和括号来实现的,其语法形式有两种：

```
<类型标识符>(表达式)
```

或

```
(类型标识符)<表达式>
```

强制类型转换的作用是将表达式结果的类型转换为类型标识符所指定的类型。例如：

```
cout << 7 % (int)2.5;             //7 % (int)2.5 等价于 7 % 2
8 <<(int)2.6;                     //8 <<(int)2.6 等价于 8 << 2
float n = 9.74, m;
int k = int(n);                   //将 float 型转换为 int 型时,只取整数部分,舍弃小数部分
m = n - k;                        //用 n 减去其整数部分,得到小数部分
```

使用强制类型转换时,应该注意:

(1) 将高类型数据转换为低类型时,数据精度会受到损失。

(2) 强制类型转换是暂时的、一次性的。例如,上述中 int(n)只是将 float 型变量 n 的值转换为 int 型,然后赋给 k,而变量 n 仍是原来的 float 型。

2.5 简单的输入与输出控制

2.5.1 C++的输入与输出

C++中数据的输入与输出是通过输入/输出流(I/O 流)来实现的,I/O 流输入或输出的是一系列字节。相对 C 语言的 I/O 格式控制函数 printf()和 scanf(),cout 和 cin 有明显的优势,它能够自动识别类型,使用时更灵活方便。

1. cout

当程序需要在屏幕上显示输出时,可以使用插入符(<<)向 cout 输出流中插入字符,cout 是预定义的流类对象,"<<"是预定义的插入符,通常把由 cout 和插入符(<<)实现输出的语句称为输出语句或 cout 语句。cout 语句的一般格式为:

```
cout <<表达式<<表达式 …
```

例如:

```
cout <<"\"This is a sample.\",he said.\n";
```

其输出结果为:

```
"This is a sample.",he said.
```

2. cin

当程序需要从键盘输入时,可以使用提取符(>>)从 cin 输入流中抽取字符,通常把由 cin 和提取符(>>)实现输入的语句称为输入语句或 cin 语句。cin 语句的一般格式为:

```
cin >>变量名>>变量名 …
```

cin 是预定义的流类对象,>>是预定义的提取符,cin 能够自动识别输入的数据类型。例如:

```
int a;
char c;
cin >> a >> c;
```

要求从键盘上输入两个变量的值,两个数之间可以空格、Tab 键或 Enter 键进行分隔。若输入

```
4    8↙
```

这时,变量 a 获取的值为 4,变量 c 获取的值为数字字符'8'的 ASCII 码值 38(十六进制),这是因为变量 c 的数据类型为 char。

2.5.2 使用 I/O 流控制符控制输出格式

可以看出，当用 cin 和 cout 进行数据的输入和输出时，无论处理的是什么类型的数据，都能够自动按照默认格式处理。但经常还是会需要设置特殊的格式。设置格式有很多方法，本节只介绍最简单的格式控制，更多内容将在第 9 章中详细介绍。

C++的 I/O 流类库提供了一些控制符，可以直接嵌入到输入和输出语句中以实现 I/O 格式控制。表 2-5 列出了几个常用的 I/O 流类库格式控制符。

表 2-5 常用的 I/O 流控制符

控 制 符	含 义
dec	数值数据采用十进制
hex	数值数据采用十六进制
oct	数值数据采用八进制
ws	提取空白符
endl	插入换行符，并刷新流
ends	插入空字符
setprecision(int)	设置浮点数的有效数字个数
setw(int)	设置域宽

其中，dec、hex、oct、endl 和 ends 等控制符在头文件 iostream 中定义，而 setw()和 setprecision()是在头文件 iomanip 中定义的，所以使用 setw()和 setprecision()时，首先必须在程序的开头包含头文件 iomanip。

在使用流控制符时，还要特别注意以下几点。

(1) dec、hex、oct 只对整数有效，且影响其后的数值输出，直到出现变化为止。

(2) setw()仅影响下一个数值输出，换句话说，使用 setw()设置的间隔方式并不保留其效力(其他格式控制符也如此)。例如：

```
cout << setw(8)<< 10 << 20 << endl;
```

运行结果为：

```
______1020
```

运行结果中的下画线表示空格，可以看出，整数 20 并没有按宽度 8 输出。setw()的默认宽度为 0，意思是按输出数值表示的宽度输出，所以 20 就紧挨着 10 了。

(3) 如果一个输出量需要比 setw()确定的字符数更多的字符，则该输出量将使用它所需要的宽度。例如：

```
float amount = 3.14159;
cout << setw(4)<< amount << endl;
```

其运行结果为：3.14159。它并不按 4 位宽度输出，而是按实际宽度输出。

【例 2-9】 I/O 流控制符的使用。

问题分析： 首先用 cin 输入十进制整数 k 和实数 n 的值，然后对整数 k 分别按十进制、十六进制和八进制的格式输出，对实数 n 按设定的宽度输出。

注意：在使用 setw()和 setprecision()时，需要首先包含头文件 iomanip。

程序代码如下。

```
#include <iostream>
#include <iomanip>
using namespace std;
int main()
{
    double n = 123.456;                                    //数据所需宽度为 7

    //dec、hex、oct 影响其后的整数输出,直到出现变化为止
    cout <<"使用 dec、hex 和 oct 控制数据输出:\\n"<< 10 << setw(6)<< 20
        <<"\\tHexadecimal:"<< hex << 10 << setw(6)<< 20
        <<"\\tOctal:"<< oct << 10 << setw(6)<< 20 << endl;

    //setw()仅影响紧随其后的数值输出
    cout << 30 << setw(6)<< 40 <<"\\tDecimal:"<< dec << 30 << setw(6)<< 40 << endl;

    //setw()设置的宽度应大于数据所需宽度
    cout <<"setw(10):"<< setw(10)<< n << endl;             //setw(10)有效,10 > 7
    cout <<"setw(5):"<< setw(5)<< n << endl;               //setw(5)无效,5 < 7

    //setprecision()设置浮点数的有效数字个数可小于整数部分的位数
    cout <<"setprecision(4)设置 123.456 的有效数字个数:"<< setprecision(4)<< n << endl;
    cout <<"setprecision(4)设置 12345.6 的有效数字个数:"<< setprecision(4)<< n * 100 << endl;

    return 0;
}
```

程序运行结果：

```
使用 dec、hex 和 oct 控制数据输出:
10    20        Hexadecimal:a     14        Octal:12    24
36    50        Decimal:30        40
setw(10):    123.456
setw(5):123.456
setprecision(4)设置 123.456 的有效数字个数:123.5
setprecision(4)设置 12345.6 的有效数字个数:1.235e + 004
```

2.6 C++基础知识综合编程案例

【**例 2-10**】 自增自减运算符的优先级及结合性。

```
#include <iostream>
using namespace std;
int main()
{
//  自增自减
    int i = 2, j = 3, n = 4, m = 5;
    i++;++j;
```

```
    cout <<"i:"<< i << endl;
    cout <<"j:"<< j << endl;
    cout <<"i++:"<< i++<< endl;
    cout <<"++j:"<<++j << endl;
    cout <<"n-- :"<< n-- << endl;
    cout <<"--m:"<< --m << endl;
    cout << i++ - j + (++n)<< endl;              //后置优先于前置,注意 i++中只是用到 i
    cout <<"i:"<< i << endl;
    cout << i++ - j++ + n << endl;
    return 0;
}
```

程序运行结果：

```
i:3
j:4
i++:3
++j:5
n-- :4
--m:4
3
i:5
4
```

【例 2-11】 位运算综合练习。

```
#include <iostream>
using namespace std;
int main()
{
    int l = 85;
    cout <<"85 的十六进制\n";
    cout <<"85(hex):"<< hex << l << endl;        //01010101

    //按位与运算
    cout <<"\n 按位与运算\n";
    l = 85&0xf0;                                 //01010101&11110000 = 01010000
    cout <<"85&0xf0:"<< hex << l << endl;        //01010000

    //按位异或运算
    cout <<"\n 按位异或运算\n";
    l = 85 ^ 0xf0;                               //01010101 ^ 11110000 = 10100101
    cout <<"85 ^ 0xf0:"<< hex << l << endl;      //10100101

    //按位非运算
    cout <<"\n 按位非运算\n";
    l = ~85;
    cout <<"~85:\t"<< hex << l << endl;          //10101010

    //负数位运算
    cout <<"\n 负数位运算\n";
    int k;
```

```
    cout <<" - 8(hex):"<< hex << - 8 << endl;       //11111000
    k = - 8 << 1;
    cout <<" - 8 << 1:\t"<< hex << k << endl;       //11110000
    k = - 8 >> 1;
    cout <<" - 8 >> 1:\t"<< hex << k << endl;       //11111100

    return 0;
}
```

程序运行结果:

```
85 的十六进制
85( hex):     55

按位与运算
85&0xf0:     50

按位异或运算
85 ^ 0xf0:     a5

按位非运算
~85:          ffffffaa

负数位运算
- 8( hex):     fffffff8
- 8 << 1:      fffffff0
- 8 >> 1:      fffffffc
```

2.7　小结与知识扩展

2.7.1　小结

本章的内容主要包括三方面：C++程序编辑、编译、连接和执行的过程，数据类型，表达式。

对于 C++程序，要明确其书写形式及其编辑、编译、连接和执行的过程。每个 C++程序都必须包含一个且只能包含一个名为 main()的函数，程序总是从 main()函数开始执行。

数据类型确定了数据在内存所占空间的大小，也确定了其表示的范围。C++中的数据类型分为基本类型和非基本类型。基本类型是 C++编译系统内置的；非基本类型也称为用户定义数据类型，属于复合类型，即由多个基本数据类型复合而成。

C++表达式由运算符、运算对象和括号组成。表达式中的运算符是关键，每个运算符都具有优先级与结合性，表达式的运算就是根据其中所包含的运算符的优先级和结合性确定计算顺序，最终得到表达式的运算结果，运算结果的类型也就是表达式的类型。

2.7.2　C 语言的 printf()和 scanf()函数

printf()和 scanf()是 C 语言中最常用的格式输出与输入函数。

1. printf()函数

格式输出函数 printf()的一般形式为:

```
printf("格式控制符",输出列表);
```

(1) 格式控制符。

① 格式说明符：由%和格式字符组成，例如，%d 的作用是将输出的数据按指定的十进制格式输出。常见的格式字符及其含义如表 2-6 所示。

表 2-6 printf 格式字符

格式字符	含　　义
d	以十进制形式输出整数(正整数不输出符号)
o	以八进制形式输出整数(不输出前导符 0)
x,X	以十六进制形式输出整数(不输出前导符 0x)
u	以无符号十进制形式输出整数
f	以小数形式输出实数,小数部分为 6 位
e,E	以指数形式输出实数,小数部分为 6 位
g,G	用 f 和 e 格式中输出宽度较短的一种格式输出实数
c	以字符形式输出单字符
s	输出以'\0'结尾的字符串

② 转义字符：例如\n,常用的转义字符如表 2-2 所示。

③ 普通字符：除格式说明符和转义字符之外的需要原样输出的字符。

(2) 输出列表。

输出列表中可以有常量、变量和表达式。如果有多个数据,其顺序必须与对应的格式说明符一一对应,并且需要用逗号(,)将相邻的数据进行分隔。例如：

```
printf("x = %d y = %f\n",x,y);
cout <<"x = "<< x <"y = "<< y;
```

(3) printf()附加的格式说明字符,如表 2-7 所示。

表 2-7 printf()附加的格式说明字符

附加的格式说明字符	含　　义
l	对整数指定输出数据为 long 类型,对实数指定输出数据为 double 类型
h	对整数指定输出数据为 short 类型
m	指定输出数据的最小宽度。m 为正(负)时,输出数据右(左)对齐
.n	当输出实数时,n 指定小数位数；输出字符串时,n 指定截取的字符个数
−	输出的数据在域内向左靠
＋	指定有符号的正数前显示正号＋
0	输出数值时,指定左边空位置处自动用 0 填充
#	在八进制和十六进制数前显示前导符 0 或 0x

2. scanf()函数

格式输入函数 scanf()的一般形式为：

```
scanf("格式控制符",地址列表);
```

scanf()函数的作用是读取从外部设备(如键盘)向计算机输入的各种数据。

(1) 格式控制符。

这里的格式控制符基本上同 printf()函数一致,其格式字符含义如表 2-8 所示,附加的格式说明字符的含义如表 2-9 所示。

表 2-8 scanf()格式字符

格式字符	含义
d	以十进制形式输入整数
u	以无符号十进制形式输入整数
o	以八进制形式输入整数(不输入前导符 0)
x	以十六进制形式输入整数(不输入前导符 0x)
f(或 e)	输入实数
c	输入单字符
s	输入字符串

表 2-9 scanf()附加的格式说明字符

附加的格式说明字符	含义
l	对整数指定输入数据为 long 类型,对实数指定输入数据为 double 类型
h	对整数指定输入数据为 short 类型
m	指定输入数据的最小宽度为 m
*	表示本输入项不赋值给相应的变量

(2) 地址列表:由若干地址组成,这些地址可以是变量的地址,也可以是字符串等的首地址。

【例 2-12】 使用 C 语言的 printf()和 scanf()函数进行格式输入与输出。

```
#include <iostream>
using namespace std;
int main()
{
    int k;
    float n;
    char ch;
    printf("Input k,n,ch:");
    scanf("%d%f,%c",&k,&n,&ch);
    printf("k=%d, n=%f, ch=%c\n",k,n,ch);
    return 0;
}
```

程序运行结果:

```
Input k,n,ch:5 3.14,a
k=5, n=3.14, ch=a
```

2.7.3 C 语言的 getchar()和 putchar()函数

C 语言中单字符输入与输出除了可以使用函数 scanf()和 printf()完成外,还可以通过函数 getchar()和 putchar()实现。

【例 2-13】 使用 C 语言的 getchar()和 putchar()函数实现单字符输入与输出。

```
#include <iostream>
using namespace std;
int main()
{
    char ch;
    printf("Input ch:");

    //scanf()和 printf()
    scanf(" %c",&ch);
    printf("ch = %c\n",ch);

    //getchar()和 putchar()
//  ch = getchar();
//  putchar(ch);
//  putchar('\n');

    return 0;
}
```

程序运行结果：

```
Input ch:A
ch = A
```

2.7.4 数据溢出

C++中所有数据都是有类型的，每种数据类型所占字节数是固定的。例如有符号的短整型 short，占 2 字节总共 16 位，第一位为符号位，正数为 0，负数则为 1。所以，对于 short 类型的数据，最大的正数的第一位为 0，其后的 15 位全为 1(即 $2^{15}-1$)，转换为十进制数也就是 32 767；负数的第一位为 1，所以最小的负数为负的 2 的 15 次方(即 -2^{15})，转换为十进制也就是 −32 768。因此，short 类型数据的取值范围是 −32 768～32 767。同样，int 类型占 4 字节总共 32 位，取值范围是 −2 147 483 648～2 147 483 647，如果超出数据类型的取值范围，数据结果将会出错。

【例 2-14】 测试数据溢出。

```
#include <iostream>
using namespace std;
int main()
{
    short a = 32767,b;
    cout <<"Input b:";
    cin >> b;
    a = a + b;
    cout <<"sizeof = "<< sizeof(short)<< endl;
    cout <<"a = "<< a <<",b = "<< b << endl;
    return 0;
}
```

程序运行结果：

```
测试用例 1
Input b:0
sizeof = 2
a = 32767, b = 0

测试用例 2
Input b:1
sizeof = 2
a = - 32768, b = 1

测试用例 3
Input b:2
sizeof = 2
a = - 32767, b = 2
```

从以上运行结果可以看出，输入 b 为 0 时，输出结果正确；输入 b 为 1 或 2 时，a+b 超出 short 类型数据的取值范围，出现数据溢出，输出结果错误。

习　　题

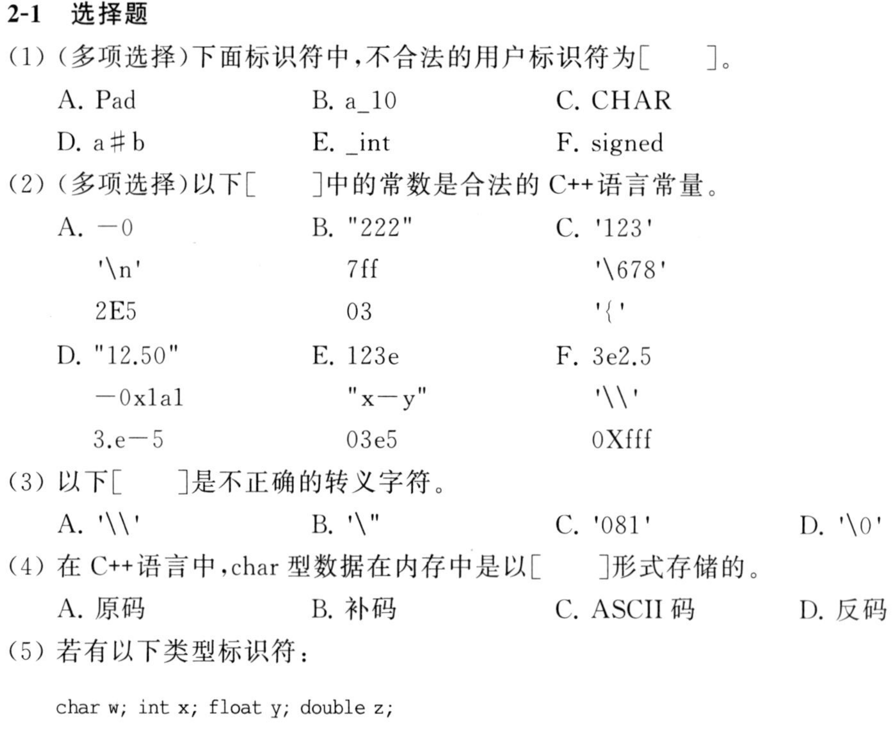

2-1　选择题

(1)（多项选择）下面标识符中，不合法的用户标识符为[　　]。

A. Pad　　B. a_10　　C. CHAR

D. a#b　　E. _int　　F. signed

(2)（多项选择）以下[　　]中的常数是合法的 C++语言常量。

A. −0　'\n'　2E5

B. "222"　7ff　03

C. '123'　'\678'　'{'

D. "12.50"　−0x1a1　3.e−5

E. 123e　"x−y"　03e5

F. 3e2.5　'\\'　0Xfff

(3) 以下[　　]是不正确的转义字符。

A. '\\'　　B. '\"　　C. '081'　　D. '\0'

(4) 在 C++语言中，char 型数据在内存中是以[　　]形式存储的。

A. 原码　　B. 补码　　C. ASCII 码　　D. 反码

(5) 若有以下类型标识符：

```
char w; int x; float y; double z;
```

则表达式 w * x+z−y 的结果类型为[　　]。

A. float　　B. char　　C. int　　D. double

(6) 若 w、x、y、z 均为 int 型变量，则执行下面语句后，w=[1]，x=[2]，y=[3]，z=[4]。

```
w = 5; x = 4;
y = w++ * w++ * w++;
z = --x* --x* --x;
```

[1]A. 8 B. 7 C. 6 D. 24

[2]A. 4 B. 3 C. 2 D. 1

[3]A. 150 B. 125 C. 210 D. 336

[4]A. 64 B. 1 C. 6 D. 24

(7) (多项选择)设 x,y 为 float 型变量,则以下[ ]是不合法的赋值语句。

A. `++x;` B. `y = float(3);` C. `y = (x % 2)/10;`

D. `x* = y + 8;` E. `x = y = 0;` F. `*x = 10;`

(8) 若有 w=1,x=2,y=3,z=4,则条件表达式 w>x? w:y<z? y:z 的结果为[ ]。

A. 1 B. 4 C. 表达式不合法 D. 3

(9) 执行语句“cout << "The programe's name is c:\\tools\book.txt";”后的输出是[ ]。

A. `The programe's name is c:tools book.txt`

B. `The programe's name is c:\tools book.txt`

C. `The programe's name is c:\\tools book.txt`

D. `The programe's name is c:\toolook.txt`

(10) 若 a、b、c 均为 int 型变量,则执行以下语句后的 a 值为[①],b 值为[②],c 值为[③]。

```
a = b = c = 1;
++a||++b&&++c;
```

① A. 不正确 B. 0 C. 2 D. 1

② A. 1 B. 2 C. 不正确 D. 0

③ A. 0 B. 1 C. 2 D. 不正确

2-2 填空题

(1) 若采用十进制数的表示方法,则常量 077 是________,0111 是________,0x29 是________,0XAB 是________。

(2) 设 a,c,x,y,z 均为 int 型变量,请在下面对应的[ ]中写出各表达式的值。

① `a = (c = 5,c + 5,c/2)` [ ]

② `x = (y = (z = 6) + 2)/5` [ ]

③ `18 + (x = 4) * 3` [ ]

(3) 设 x,y,z 均为 int 型变量,且 x=3,y=-4,z=5,请在下面对应的[ ]中写出各表达式的结果。

① `(x&&y) == (x || z)` [ ]

② `!(x>y) + (y!= z) || (x + y)&&(y - z)` [ ]

③ `x++ - y + (++z)` [ ]

(4) 设 x、y 和 z 均为 int 型变量,请用 C++语言描述下列命题。

① x 和 y 中至少有一个小于 z。 [ ]

② x、y 和 z 中有两个为负数。 [ ]

③ y 是奇数。 [ ]

(5) 写出下面数学描述的 C++语言表达式。

① 0≤x≤10 [ ]

② x<10 或 x>10 [ ]

③ x 为大于 100 的偶数 [ ]

④ x 不等于 0 [ ]

(6) 设 a=12,n=5,写出下面表达式运算后的 a 值。

① a+=a [ ]

② a-=a [ ]

③ a*=2*3 [ ]

④ a/=a+a [ ]

⑤ a%=(n%=2) [ ]

⑥ a+=a-=a*=a [ ]

(7) 设 a=34,b=5,c=6,写出下面逻辑表达式的值。

① a+b>c&&b==c [ ]

② a||b+c&&b-c [ ]

③ !(a>b)&&!c||1 [ ]

④ 0&&(c==a)&&(c==b) [ ]

⑤ !(a+b==c)&&b+c/2 [ ]

(8) 设 ch='B';int n=65,写出下面位运算的结果。

① ch&0377 [ ]

② ch|0x03 [ ]

③ ch^0x14 [ ]

④ n>>2 [ ]

⑤ n<<4 [ ]

2-3 简答题

(1) 变量和引用的关系是什么?为什么引用在声明时必须进行初始化?

(2) C++中可以实现数据类型转换的情况有哪几种?

(3) 常用的 I/O 流控制符有哪些?它们的作用分别是什么?

2-4 编程题

(1) 输入苹果的单价及购买的数量,计算总价,分别显示总价的整数部分和四舍五入后的整数部分。

(2) 输入一个人的身高,计算其标准体重。标准体重的计算公式:

标准体重(千克)=(身高(厘米)-150)×0.6+48

(3) 输入 3 个不同的整数,编程找出其中最大的数和中间的数,并输出结果。

第3章　程序控制结构

本章要点

- 顺序控制。
- 选择控制及其嵌套。
- 多路选择控制。
- 循环控制及循环嵌套。
- 输入信息控制循环。

在学习了C++的数据类型、表达式和简单的输入/输出控制之后，就能够编写一些可以完成一定功能的程序了。在程序设计中，算法的实现都是由一系列控制结构完成的。在经典的结构化程序设计中，最基本的控制结构有顺序、选择和循环，它们是构成复杂算法的基础。

3.1　顺序控制结构

C++程序由若干语句构成，程序中的大部分语句都是按顺序执行的。顺序控制结构是系统预置的，除非特别指定，计算机总是按指令编写的顺序一条一条地执行，顺序控制的流程如图3-1所示。

从图3-1可以看出，在顺序控制结构中，语句按先后顺序依次执行语句1，语句2，…，语句n。

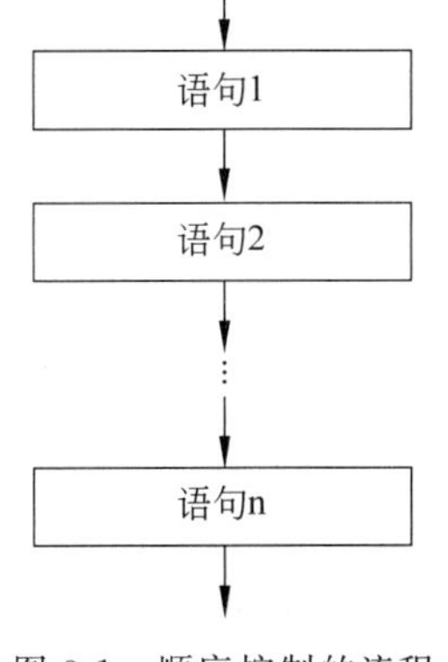

图3-1　顺序控制的流程

例如，下面的程序代码将一个三位整数n的百位数、十位数和个位数分别取出，并分别赋值给变量i、j和k。

```
int n,i,j,k;                  //声明四个整型变量n、i、j和k
cout <<"输入一个三位整数:";    //屏幕显示输入提示信息
cin >> n;                     //键盘输入数据并存入n中
i = n/100;                    //获取n的百位数,并赋值给i
j = (n/10) % 10;              //获取n的十位数,并赋值给j
k = n % 10;                   //获取n的个位数,并赋值给k
```

这段程序代码是典型的顺序控制。假设输入n的值为567，则n/100的结果为整数5，所以i=5；这时n只是被使用，并没有被重新赋值，因此n仍为567，则n/10为56，56%10的结果为6，所以j=6；因为n仍为567，n%10的结果为7，所以k=7。

3.2 选择控制结构

设计程序的关键是使程序具有决策能力,C++提供了多种选择控制语句来支持程序选择决策,这些选择控制语句构成了适合不同情况下使用的选择控制结构。例如,当某一条件满足时,程序执行某一操作;条件不满足时,则执行另一个操作。又例如,如何根据用户选择的菜单项执行特定的程序代码等。

下面就从最简单的if…else语句开始,看看C++如何使用各种不同的选择控制语句进行选择操作。

3.2.1 选择控制语句 if…else

使用if…else语句可以让程序根据测试表达式的值决定执行两条语句中的哪一条。这种语句对于二者选择其中之一很好用,其语法形式为:

```
if(测试表达式)      语句 1
else                语句 2
```

if…else语句的执行顺序是:首先计算测试表达式的值,若测试表达式的值为true,则执行语句1;否则执行语句2,执行流程如图3-2(a)所示。

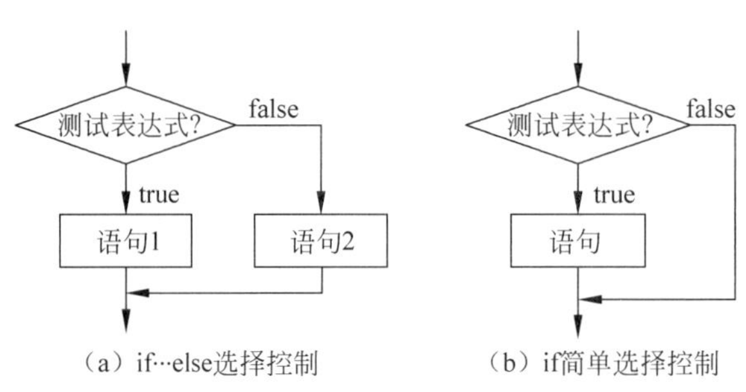

图 3-2 if…else语句控制流程

例如,如下的if…else语句可以根据x的值是否大于或等于0,实现分别给y赋值为1或−1的功能。

```
if(x >= 0)
    y = 1;          //语句 1
else
    y = -1;         //语句 2
```

在使用if…else选择控制语句时,应注意以下两点。

(1) 其中的语句1和语句2可以是一条语句,也可以是由花括号({})括起来的语句序列,称为复合语句或语句块。

(2) 当语句2为空时,else可以省略,构成if简单选择控制语句,其语法形式如下:

```
if(测试表达式)      语句
```

if简单选择控制语句的执行顺序与if…else语句基本相同,只是当测试达式的值为

false 时，不执行任何语句，直接结束选择控制，如图 3-2(b)所示。

例如，以下的 if 简单选择控制语句可以判断变量 x 的值是否为偶数：

```
if(x % 2 == 0)
    cout <<"x 是偶数";
```

【例 3-1】 在两个数中找较大值。

问题分析：使用 if…else 语句可以很容易地实现在两个数中找较大值。假设有两个数 a 和 b，则测试表达式为 a>b，程序代码如下：

```
#include < iostream >
using namespace std;
int main()
{
    int a,b,max;
    cout <<"Input a,b:";
    cin >> a >> b;
    if(a > b)
        max = a;
    else
        max = b;
    cout <<"The max is :"<< max << endl;
    return 0;
}
```

程序运行结果：

```
Input a,b:4    5
The max is :5
```

3.2.2 条件运算符(?:)代替 if…else 语句

C++中常用条件运算符(?:)代替 if…else 语句来实现选择控制。例如，用语句

```
max = a > b?a:b;
```

替换例 3-1 中的 if else 语句，即

```
if(a > b)
    max = a;
else
    max = b;
```

程序运行后，结果是相同的。

例 3-1 是在两个数中找较大值，如果是在三个数中找最大值，程序又应如何实现呢？程序代码如下：

```
#include < iostream >
using namespace std;
int main()
{
```

```
    int a,b,c,max;
    cout <<"Input a,b,c:";
    cin >> a >> b >> c;
/*  if(a > b)           max = a;
    else              max = b;
    if(c > max)       max = c;
*/  max = (a > b?a:b)> c?(a > b?a:b):c;                          //用?:运算符实现
    cout <<"The max is :"<< max << endl;
    return 0;
}
```

请读者注意程序中用条件运算符(?:)实现的语句:

```
max = (a > b?a:b)> c?(a > b?a:b):c;
```

与if…else语句相比,条件运算符"?:"更简洁,但对初学者来说并不容易理解。虽然,一般情况下条件运算符"?:"都可以代替if…else语句,但这两种方法之间也有区别。条件运算符"?:"生成一个表达式,因此是一个值,可以将其放入另一个更大的表达式中或将其赋给变量,在三个数中找最大值的程序中就将条件表达式a>b?a:b放入另一个更大的表达式中,并将更大的条件表达式(a>b?a:b)>c?(a>b?a:b):c的值赋给了变量max。

注意:上述程序的if…else语句采用了紧凑格式。使用C++语言的紧凑格式虽然可以简洁、灵活、方便地编写程序,但是使用紧凑格式要有度。例如:

```
if(a > b)max = a;
else     max = b;
if(c > max)  max = c;
```

或

```
cout <<"The max is :"
```

都是允许的。但以下代码是不允许的:

```
cout <<"The max
    is :"<< max << endl;
cout <<"The max is :"<  < max << endl;
```

初学者最好使用规范的格式书写程序,因为程序的可读性是非常重要的,真正的商业程序是绝对规范的。张三写的程序和李四写的程序格式应大致相同,各种标识符的命名规则一致,否则大家都看不懂其他人编写的程序。

规范的格式应包括长标识符命名、代码缩进和一对大括号范围不超过一屏幕等。

3.2.3 if…else 语句的嵌套

在编程中,有许多问题是一次简单的判断所解决不了的,需要进行多次判断。这时需要**嵌套的if语句**,其形式有以下两种。

形式1:

```
if(测试表达式1)
    if(测试表达式2)          语句1
```

```
    else                    语句 2
else
    if(测试表达式 3)         语句 3
    else                    语句 4
```

形式 2：

```
if(测试表达式 1)             语句 1
else if(测试表达式 2)        语句 2
    …
else if(测试表达式 n)        语句 n
else                        语句 n + 1
```

可以看出，形式 1 的嵌套分别发生在 if 和 else 之后的再选择，形式 2 的嵌套则仅发生在 else 后的再选择。形式 2 的 if…else if 语句的执行流程如图 3-3 所示，读者可以依此试着画出形式 1 的 if…else 的执行流程图。

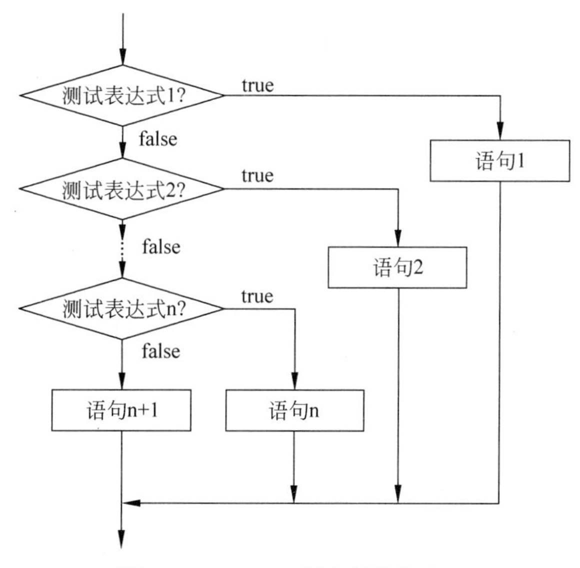

图 3-3　if…else if 语句的执行流程

无论是何种形式，应当注意的是 if 与 else 的配对关系，else 总是与它上面最近的 if 配对，如果省略了某个 else，if 与 else 的数目就不一样了，这时为实现程序设计者的意图，有必要用花括号“{}”括起该层的 if 语句，以确定层次关系。例如：

```
if( )
{    if()  语句 1     }
else       语句 2
```

其中，花括号({})限定了内嵌 if 语句的范围，因此，这里的 else 与第一个 if 配对。

另外，在多层 if 嵌套中简化逻辑关系是非常重要的。

【例 3-2】 考试成绩分级。

问题分析：首先输入一个考试成绩(整数)，通过“处理”输出相应的五分制成绩。设 90 分以上为 A，80～89 分为 B，70～79 分为 C，60～69 分为 D，60 分以下为 E。程序代码如下：

```
#include<iostream>
using namespace std;
int main()
{
    int score;
    char result;

    cout<<"请输入学生百分制成绩(0~100):";
    cin>>score;

    if(score>=90)
        result='A';
    else
        if(score>=80)
            result='B';
        else
            if(score>=70)
                result='C';
            else
                if(score>=60)
                    result='D';
                else
                    result='E';

    cout<<"百分制成绩"<<score<<"对应的成绩等级为:"<<result<<endl;
    return 0;
}
```

程序运行结果：

```
请输入学生百分制成绩(0~100):87↵
百分制成绩87对应的成绩等级为:B
```

上述程序是从90分以上为A开始向下筛选，直到60分以下为E为止。也可以从60分以下为E开始向上筛选，直到90分以上为A为止。相应的程序代码如下：

```
…
if(score<60)
    result='E';
else
    if(score<70)
        result='D';
    else
        if(score<80)
            result='C';
        else
            if(score<90)
                result='B';
            else
                result='A';
…
```

3.2.4 多路选择控制语句 switch

如果在算法中需要进行多次判断选择，但都是判断同一个表达式的值，这时就没有必要在每个嵌套的 if 语句中都计算一次表达式的值。为此，C++中的 switch 语句专门来解决这类问题。switch 语句的语法形式如下：

```
switch(测试表达式)
{
    case    常量表达式 1:              语句 1
    case    常量表达式 2:              语句 2
    …
    case    常量表达式 n:              语句 n
    default:                           语句 n + 1
}
```

switch 语句的执行顺序是：首先计算 switch 语句中的测试表达式的值，然后在 case 语句中寻找值相等的常量表达式，并以此为入口标号，开始顺序执行。如果没有找到相等的常量表达式，则从"default:"开始执行。

使用 switch 语句时应注意下列问题。

(1) switch 后面括号内的"测试表达式"的值只能是整型、字符型、枚举型。例如：

```
float f = 4.0;
switch(f)                                    //错误,测试表达式 f 的值应该为整型
{
    //…
}
```

代码中错误地用浮点型作为 switch 的表达式，将会引起编译错误。

(2) 各常量表达式的值不能相同，且次序不影响执行结果。例如，下面的代码中出现相同的常量值：

```
case 'A':     cout <<"this is A\n";
case 65:     cout <<"this is 65\n";              //错误,'A'等值于 65
```

(3) 每条 case 语句只是一个入口标号，通常只需执行一个 case 后的语句，因此，每个 case 选择的最后应该加 break 语句，用来结束整个 switch 结构。否则，将会从入口点开始一直执行到 switch 结构的结束点。

(4) 当若干选择需要执行相同操作时，可以使多个 case 选择共用一组语句。

现在用 switch 语句重做例 3-2。程序代码如下：

```
#include <iostream>
using namespace std;
int main()
{
    int score;
    char result;
    cout <<"请输入学生百分制成绩(0～100):";
    cin >> score;
```

```
    switch(score/10)
    {
        case 10:
//              result = 'A';
        case 9:
            result = 'A';
            break;
        case 8:
            result = 'B';
            break;
        case 7:
            result = 'C';
            break;
        case 6:
            result = 'D';
            break;
        default:
            result = 'E';
    }
    cout <<"百分制成绩"<< score <<"对应的成绩等级为: "<< result << endl;
    return 0;
}
```

程序运行结果:

```
请输入学生百分制成绩(0～100): 95 ↵
百分制成绩 95 对应的成绩等级为: A
```

上述程序中,用 score/10 作为 switch 语句的测试表达式,score 是整型,所以 score/10 的结果默认取整。例如,当成绩 score 为 95 时,score/10＝9,与 case 9 相匹配,因此,执行其后的顺序语句系列“result＝'A';”和“break;”,之后跳出 switch 语句,输出结果。从这段程序可以看出,使用多路选择控制语句 switch 进行编程,逻辑关系更加清晰,程序可读性也更强。

3.3　循环控制结构

循环控制结构是 C++提供的另一种决策方式,它支持程序中需要重复执行的操作。

循环一般分有限次循环和无限循环。有限次循环是指循环次数确定的循环;无限循环则是指循环次数未知的循环,无限循环的极致就是死循环。死循环是指程序的控制流程一直在重复运行某一段代码,并且无法退出的情形,在程序设计中要尽量避免死循环的发生。

C++中有三种循环控制语句:while,do…while 和 for 语句。下面将一一讨论这些语句及其使用方法。

3.3.1　while 语句

while 语句中没有初始化和循环控制变量的更新,只有测试条件和循环体。while 语句的语法形式如下：

```
while(测试表达式) 循环体
```

其中，循环体是一条语句或由花括号({})括起来的复合语句。

while 语句的执行流程如图 3-4 所示，具体执行顺序如下。

(1) 首先判断测试表达式的值是否为 true，以此决定是否应当进入和执行循环体。

(2) 如果测试表达式的值为 false，结束循环；如果测试表达式的值为 true，则执行循环体。

(3) 返回(1)，对测试表达式进行重新计算和评估，以决定是否继续循环。

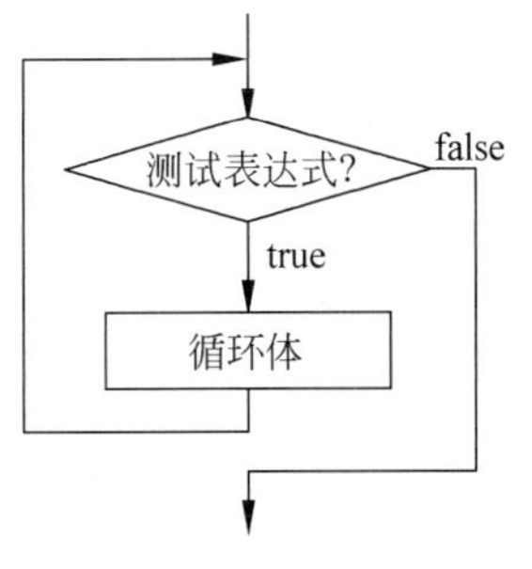

图 3-4　while 语句的执行流程

应用 while 语句构成循环时应特别注意：如果希望循环最终可以结束，循环体中的代码必须完成某种可以影响测试表达式取值为 false 的操作，否则便会造成死循环。

【例 3-3】 求自然数 1～100 之和。

问题分析：本例题需要用累加操作，累加操作是一个典型的循环过程，可以用 while 语句实现。程序代码如下：

```
#include<iostream>
using namespace std;
int main()
{
    int i = 1, sum = 0;
    while(i <= 100)
    {
        sum += i;
        i++;
    }
    cout <<"sum = "<< sum << endl;
    return 0;
}
```

程序运行结果：

```
sum = 5050
```

上述程序中，累加操作被控制执行 100 次。这里变量 i 是关键，它控制了循环的次数，因此 i 被称为循环控制变量。循环控制变量一般在 while 语句之前定义且赋初值，本例题为循环控制变量 i 赋初值 1，循环的测试表达式为 i <= 100，循环体中包含了 i++，这样每执行一次循环体，循环控制变量 i 的值都加 1，以此影响循环测试表达式的值。在循环 100 次之前(包括第 100 次)，i 虽然每次加 1，但测试表达式 i <= 100 的值一直为 true，循环继续；当循环 100 次之后，i 值加 1 后变为 101，这时测试表达式 i <= 100 的值变为 false，循环结束。

上述程序中的代码段：

```
while(i <= 100)
{
```

```
        sum += i;
        i++;
    }
```


还可以用以下更简洁的代码替代：

```
while(i <= 100)
    sum += i++;
```

控制循环次数是实现有限次循环，是初学者必须掌握的编程技巧。读者可以想想，例 3-3 中，同样是实现循环 100 次，程序代码还可以怎样编写？

3.3.2 do…while 语句

do…while 语句结构使循环至少执行一次。do…while 语句的语法形式如下：

```
do    循环体
while{测试表达式};
```

do…while 语句的执行流程如图 3-5 所示，其具体的执行顺序为：当程序流程执行到 do 时，立即执行循环体，与 while 语句一样，循环体由一条语句或花括号({})定义的语句块组成，然后判断测试表达式的值。当测试表达式的值为 true 时，继续执行循环体；当测试表达式的值为 false 时，结束循环。

现在用 do…while 重做例 3-3，程序代码如下：

```
#include <iostream>
using namespace std;
int main()
{
    int i = 1, sum = 0;
    do{
        sum += i;
        i++;
    }while(i <= 100);
    cout <<"sum = "<< sum << endl;
    return 0;
}
```

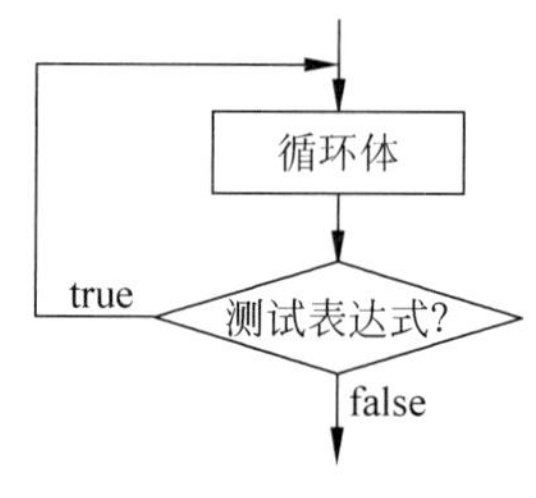

图 3-5 do…while 语句执行流程

同 while 语句一样，一般在 do…while 语句之前也需要定义一个循环控制变量且赋初值(如上述程序中的变量 i)，且在循环的测试表达式中包含该循环控制变量，并配合在循环体中包含类似 i++ 这样的操作更新循环控制变量的值，以此影响循环测试表达式的值，用于决定循环是否结束。

do…while 与 while 语句都可以实现循环控制结构，两者的区别是：while 语句先判断测试表达式的值，值为 true 时，再执行循环体；而 do…while 语句是先执行循环体，再判断测试表达式的值。在大多数情况下，如果循环控制条件和循环体中的语句都相同，while 语句和 do…while 语句的结果是相同的。但是如果开始时循环测试表达式的值就为 false，那么这两种循环的执行结果就不同了，do…while 语句至少执行一次循环体，while 语句却一次都不执行。

在例 3-3 中,i = 1; i < = 100; i++三者联合,实现了循环 100 次。其实,i = 0; i < 100; i++也可以实现循环 100 次。同理,i = 100;i > 0;i-- 和 i = 99;i > = 0;i-- 都可以实现循环 100 次。

由此可见,循环控制的实现与程序中循环控制变量初始化、循环结束条件和循环控制变量更新三者紧密相关,它们是控制有限次循环的关键。因此,循环控制变量初始化、循环结束条件和循环控制变量更新被称为有限次循环的三要素。

3.3.3 for 语句

for 语句的使用最为灵活,它将有限次循环的三要素,即循环控制变量初始化、循环结束条件和循环控制变量更新集中描述,使得程序既精炼又可读。for 语句的语法形式如下:

```
for(初始化表达式;测试表达式;更新表达式)
    循环体
```

for 语句的执行流程如图 3-6 所示,其具体的执行顺序如下。

(1) 求解初始化表达式的值。

(2) 计算测试表达式的值,并判断是否为 true,以此决定是否进入和执行循环体。

(3) 如果测试表达式的值为 false,则退出循环;如果测试表达式的值为 true,则执行一次循环体。

(4) 求解更新表达式的值。

(5) 转回(2),判断测试表达式,以决定是否继续执行循环。

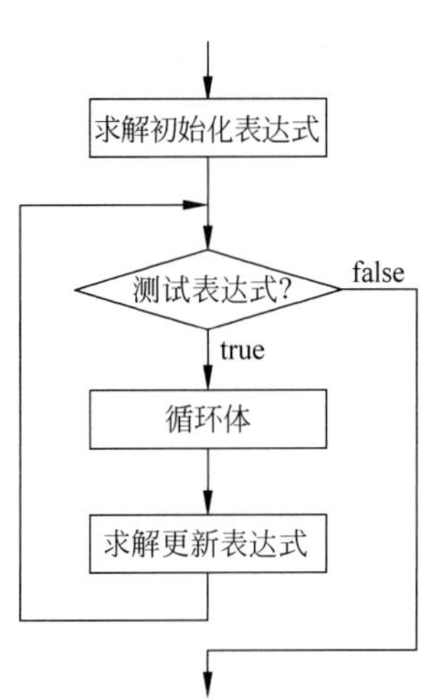

图 3-6　for 语句的执行流程

现在用 for 语句重做例 3-3,程序代码如下:

```
#include <iostream>
using namespace std;
int main()
{
    int i,sum = 0;
    for(i = 1;i <= 100;i++)
    {
        sum += i;
    }
    cout <<"sum = "<< sum << endl;
    return 0;
}
```

关于 for 语句有以下几点需要特别说明。

(1) 更新表达式用于改变循环控制条件,为了遍历数据,一般设置本次循环与下次循环间的步长为 1,如 i++。步长也可以根据需要设定为大于 1 的整数,如 i=i+2 和 i=i+10 分别表示步长为 2 和 10。

(2) for 语句中,测试表达式是循环控制条件,所以一般不能省略。如果省略,将会出现死循环。

(3) 初始化表达式和更新表达式在一定条件下可以省略,并可以是任何表达式。例如,可以将上述程序中有关循环的代码缩写成如下形式:

```
for(sum = 0,i = 1;i <= 100;) sum += i++;
```

这里的 for 语句中省略了更新表达式,但前面的分号(;)不能随之省略,另外初始化表达式为逗号表达式,除了给循环变量初始化为 1 之外,还为存取求和结果的变量 sum 进行清零。

没有最好,只有更好,不断地优化、精简程序可以提高编程水平,相信有一天,你会突然发现自己编写的程序越来越专业了。

3.3.4 循环嵌套

如果程序要解决更大的问题,实现更复杂的算法,单循环是远远不够的。在很多情况下需要循环嵌套,即一个循环体内包含另一个完整的循环结构,构成多重循环。while、for 和 do…while 三种循环语句可以自己嵌套或互相嵌套,但要求内循环必须被完全包含在外循环的循环体中。

【例 3-4】 输出九九乘法表。

×	1	2	3	4	5	6	7	8	9
1	1	2	3	4	5	6	7	8	9
2	2	4	6	8	10	12	14	16	18
3	3	6	9	12	15	18	21	24	27
4	4	8	12	16	20	24	24	32	36
5	5	10	15	20	25	30	35	40	45
6	6	12	18	24	30	36	42	48	54
7	7	14	21	28	35	42	49	56	63
8	8	16	24	32	40	48	56	64	72
9	9	18	27	36	45	54	63	72	81

问题分析:九九乘法表是一个二维表,在屏幕上输出九九乘法表相当于从上到下、从左到右,如扫描一般输出内容。其中,从上到下是输出每一行,从左到右是输出一行中的每一列。因此,需要构成双重循环,外循环控制行,内循环控制列。程序代码如下:

```
#include <iostream>
using namespace std;
int main()
{
    int i,j;

    cout <<"*\t";
    for(i = 1;i <= 9;i++)
        cout << i <<"\t";

    cout <<"\n----------------------------------"
        <<"------------------------------------------\n";
```

```
    for(i = 1;i <= 9;i++)
    {
        cout << i <<"\t";
        for(j = 1;j <= 9;j++)
            cout << i * j <<"\t";
        cout << endl;
    }

    return 0;
}
```

上述程序中，for(i = 1;i <= 9;i++){…}是外循环，从第 1 行开始“遍历”每一行；for(j = 1;j <= 9;j++){…}是内循环，被完全包含在外循环体中，它是外循环体的一部分，对第 i 行，从第 1 列开始“遍历”每一列。

如果想输出如下所示的九九乘法表，上述程序需要怎样修改呢？

×	1	2	3	4	5	6	7	8	9
1	1								
2	2	4							
3	3	6	9						
4	4	8	12	16					
5	5	10	15	20	25				
6	6	12	18	24	30	36			
7	7	14	21	28	35	42	49		
8	8	16	24	32	40	48	56	64	
9	9	18	27	36	45	54	63	72	81

这时，上述程序基本保持不变，只需将程序中内循环用如下代码替换即可：

```
for(j = 1;j <= i;j++)
    cout << i * j <<"\t";
```

3.4 程序控制进阶

在比较复杂的程序设计中，顺序、选择和循环通常是混合应用的，三种控制结构中，比较难掌握的是循环控制。

下面首先介绍在选择和循环中常用的三个控制语句，之后再讲解如何通过输入信息控制循环。

3.4.1 其他控制语句

1. break 语句

break 语句只用于 switch 语句或循环体中，其作用是使程序从 switch 语句内跳出或结束循环，继续执行逻辑上的下一条语句。

2. continue 语句

continue 语句仅用于循环体中，其作用是结束本次循环，接着开始判断循环条件，决定是否继续执行下一次循环。

在实际的程序设计中,break 和 continue 语句应用得比较多,为了更好地理解 break 和 continue 语句在控制循环中的作用和区别,我们将循环比作在操场上跑圈,循环 10 次就是跑 10 圈,每跑完一圈计数器加 1。假如你现在跑到第 5 圈的一半,此时因为某种原因,触发了执行 break 语句的条件,这时意味着剩下的 4 圈半你不需要再跑了;如果触发的是执行 continue 的条件,则意味着第 5 圈剩下的半圈不用跑,但你还需要从第 6 圈开始继续跑。

灵活运用 break 和 continue 语句可以实现一些特殊功能,使程序运行时更"智能"。下面对考试成绩分级程序进行修改,使之可以多次输入成绩,并进行成绩分级处理,直到输入−1 时,结束程序。注意程序中 while、break 和 continue 语句的使用。程序代码如下:

```
#include <iostream>
using namespace std;
int main()
{
    int score;
    char result;
    while(true)
    {
        cout <<"请输入学生百分制成绩(0～100,输入 - 1 结束):";
        cin >> score;
        if(score == - 1)
            break;
        if(score < 0||score > 100)
        {
            cout <<"输入学生百分制成绩有错,请重新输入!"<< endl;
            continue;
        }
        switch(score/10)
        {
        case 10:
        case 9:
            result = 'A';
            break;
        case 8:
            result = 'B';
            break;
        case 7:
            result = 'C';
            break;
        case 6:
            result = 'D';
            break;
        default:
            result = 'E';
        }
        cout <<"百分制成绩"<< score <<"对应的成绩等级为: "
```

```
            << result << endl;
    }
    return 0;
}
```

上述程序用 while(true){}构建一个无限循环，在此循环内，首先用 if 简单语句判断输入的成绩 score 是否等于－1，如果等于－1，则执行 break 语句结束循环。之所以用－1，是因为－1 不可能是一个成绩的值。之后，通过另一个 if 简单语句判断输入的成绩是否为 0～100，如果不是，则显示“输入学生百分制成绩有错，请重新输入！”，并执行 continue 语句退出本次循环，并开始下一次循环。重新输入成绩，如果输入的成绩为 0～100，则继续执行下面的 switch 语句，对成绩进行多分支处理。运行这段程序可实现多次输入成绩，并完成成绩分级，直到输入－1，结束程序。

3. goto 语句

goto 语句的作用是使程序的执行流程跳转到语句标号所指定的语句。goto 的语法形式如下：

```
goto <语句标号>
```

其中，“语句标号”是用来表示语句的标识符，放在语句的最前面，并用冒号“:”与语句分开。例如，上述程序中的 continue 语句就可以用 goto 语句替代，程序代码如下：

```
…
    while(true)
    {
a1:
    cout <<"请输入学生百分制成绩(0～100,输入 - 1 结束):";
    cin >> score;
    if(score == - 1)
        break;
    if(score < 0||score > 100)
    {
        cout <<"输入学生百分制成绩有错,请重新输入!"<< endl;
        goto  a1;
    }
    …
}
…
```

程序段中的 a1 为标识符，goto a1 表示转至 a1: cout <<"请输入学生百分制成绩(0～100，输入－1 结束):"处。

【例 3-5】 一元二次方程求解。

问题分析：对于一元二次方程 $ax^2+bx+c=0$，系数 a 不能为 0，否则需要重新输入系数。程序代码如下：

```
#include < iostream >
#include < math.h >
using namespace std;
int main()
```

```
{
    double a,b,c,d,x1,x2;
    cout <<"一元二次方程: ax * x + bx + c = 0\n 请输入系数 a,b,c:";
n1:cin >> a >> b >> c;
    if(a == 0)
    {
        cout <<"请重新输入系数 a,b,c:";
        goto n1;
    }
    else
    {
        d = b * b - 4 * a * c;
        if(d >= 0)
        {
            x1 = ( - b + sqrt(d))/(2 * a);
            x2 = ( - b - sqrt(d))/(2 * a);
            cout <<"x1 = "<< x1 << endl;
            cout <<"x2 = "<< x2 << endl;
        }
        else
            cout <<"此方程无解!\n";
    }
    return 0;
}
```

程序运行结果 1:

```
一元二次方程:ax * x + bx + c = 0
请输入系数 a,b,c:1  5  6
X1 = - 2
X2 = - 3
```

程序运行结果 2:

```
一元二次方程:ax * x + bx + c = 0
请输入系数 a,b,c:1  2  3
此方程无解!
```

注意:goto 语句的使用会破坏程序的结构,应该少使用或不用。

3.4.2 输入信息控制循环

输入信息控制循环通常控制的是无限循环,无限循环是循环次数不确定的循环。当遇到利用条件反复判断确定何时结束任务的时候,借助构建无限循环和跳出循环的方法,可以有效地避免死循环,这样做的好处是比传统的解决方法编写的代码精简且容易理解。

通常采用 while 或 do…while 语句构建无限循环,在循环体内输入信息,并通过循环控制语句的测试表达式确定是否跳出循环,以实现输入信息控制循环的目的。

【例 3-6】 统计输入的字符数。

```
#include < iostream >
using namespace std;
```

```
int main()
{
    char ch;
    int count = 0;
    cout <<"输入字符串,以#结束: ";
    while(true)
    {
        cin >> ch;
        if(ch == '#')
            break;
        count++;
    }
    cout <<"共输入"<< count <<"个字符。"<< endl;
    return 0;
}
```

程序运行结果：

```
输入字符串,以#结束:abcdefg#
共输入 7 个字符。
```

上述程序中，while 语句的测试表达式为 true，也就是循环条件始终满足，如果没有其他干预，循环将不停地继续，不会自动结束。所以在循环体中，用 cin 输入的单字符 ch 控制循环是否结束。当输入非'#'字符时，选择语句 if 的测试表达式 ch == '#'的值为 false，计数变量 count 加 1，并继续循环。再次输入单字符，直到输入'#'字符，选择语句 if 的测试表达式 ch == '#'的值变为 true，这时执行 break 语句，跳出循环。

以下的程序代码同样可以实现统计输入字符数的功能，注意观察与前者的区别。

```
#include <iostream>
using namespace std;
int main()
{
    char ch;
    int count = 0;
    cout <<"输入字符串,以#结束: ";
    cin >> ch;                              //循环外输入
    while(ch!= '#')                         //以 ch!= '#'作为循环结束条件
    {
        count++;
        cin >> ch;
    }
    cout <<"共输入"<< count <<"个字符."<< endl;
    return 0;
}
```

这段程序中，巧妙地用 ch! = '#'作为 while 语句的测试表达式。在 while 之前首先用 cin 输入单字符，当输入非'#'字符时，测试表达式 ch! = '#'的值为 true，进入循环体，计数变量 count 加 1，再次输入单字符，并继续循环，直到输入'#'字符，测试表达式 ch! = '#'的值变为 false，结束循环。

3.5 程序控制综合编程案例

【例 3-7】 输入一个年份,判断是否为闰年。

问题分析:闰年的年份可以被 4 整除而不能被 100 整除,或者能被 400 整除。因此,首先输入年份存放到变量 year 中,如果表达式((year % 4 == 0&&year % 100!= 0) || (year % 400 == 0))的值为 true,则为闰年,否则就不是闰年。程序代码如下:

```
#include< iostream >
using namespace std;
int main()
{
    int year;
    bool IsLeapYear;
    cout <<"Input a year:";
    cin >> year;
    IsLeapYear = ((year % 4 == 0&&year % 100!= 0)||(year % 400 == 0));
    if(IsLeapYear)
        cout << year <<" is leap year"<< endl;
    else
        cout << year <<" is not leap year"<< endl;
    return 0;
}
```

程序运行结果:

```
Input a year:2000
2000 is a leap year
```

【例 3-8】 计算相应图形的面积。

问题分析:首先需要构造如下的菜单。

```
图形类型:
1-圆形
2-长方形
3-正方形
请输入你的选择(1~3):
```

然后,通过 cin 键盘输入 1~3 中的任意整数作为选项,之后再通过多路选择控制语句 switch 根据选项选择不同的图形,并计算相应图形的面积。程序代码如下:

```
#include< iostream >
using namespace std;
const double PI = 3.1416;
int main()
{
    int iType;
    double radius, a, b, area;
    cout <<"图形类型:\n1 - 圆形\n2 - 长方形\n3 - 正方形\n 请输入你的选择(1~3): ";
```

```
    cin >> iType;
    switch(iType)
    {
    case 1:
        cout <<"\n 圆的半径为: ";
        cin >> radius;
        area = PI * radius * radius;
        cout <<"面积为: "<< area << endl;
        break;
    case 2:
        cout <<"\n 矩形的长为: ";
        cin >> a;
        cout <<"矩形的宽为: ";
        cin >> b;
        area = a * b;
        cout <<"面积为: "<< area << endl;
        break;
    case 3:
        cout <<"\n 正方形的边长为: ";
        cin >> a;
        area = a * a;
        cout <<"面积为: "<< area << endl;
        break;
    default:
        cout <<"\n 不是合法的输入值!"<< endl;
    }
    return 0;
}
```

程序运行结果:

```
图形类型:
1 - 圆形
2 - 长方形
3 - 正方形
请输入你的选择(1～3): 1

圆的半径为: 2
面积为: 12.5664
```

【例 3-9】 求水仙花数。如果一个三位整数的个位数、十位数和百位数的立方和等于该数自身,则称该数为水仙花数。

问题分析:要求在 100～999 内寻找水仙花数,所以必须对这个范围内所有的数据进行一一检验,看是否符合水仙花数的条件。而判断一个三位整数是否为水仙花数的关键是得到这个整数 n 的百位数、十位数和个位数,假设 i 为其百位数、j 为其十位数、k 为其个位数,则:

```
i = n/100;
j = (n/10) % 10;
k = n % 10;
```

显然,这是一个确定循环次数的循环,故可以使用 for 语句。程序代码如下:

```
#include<iostream>
using namespace std;
int main()
{
    int n,i,j,k;
    for(n=100;n<=999;n=n+1)
    {
        i=n/100;                        //取出 n 的百位数
        j=(n/10)%10;                    //取出 n 的十位数
        k=n%10;                         //取出 n 的个位数
        if(n==i*i*i+j*j*j+k*k*k)
            cout<<n<<"="
                <<i<<"^3+"
                <<j<<"^3+"
                <<k<<"^3\n";
    }
    return 0;
}
```

程序运行结果:

```
153=1^3+5^3+3^3
370=3^3+7^3+0^3
371=3^3+7^3+1^3
407=4^3+0^3+7^3
```

【例 3-10】 输出图形:

```
    A
   A A
  A B A
 A B B A
A B B B A
 A B B A
  A B A
   A A
    A
```

问题分析:在打印机和屏幕上输出二维图形,就像"扫描"一样,从左到右、从上到下输出图形,所以一般都需要用到循环嵌套,外循环控制行,内循环控制列。程序代码如下:

```
#include<iostream>
#include<iomanip>
using namespace std;
const int N=4;
int main()
{
    int k,n,i,j;

    do{
```

```
        cout <<"请输入菱形的行数(奇数): ";
        cin >> k;
        if(k % 2 == 0)
        {
            cout <<"输入数据有错,请重新输入!";
            continue;
        }
        else
            break;
    }while(true);

    //菱形的上三角
    n = (k + 1)/2;
    for(i = 0;i < n;i++)
    {
        for(j = 0;j < n - i - 1;j++)            //输出每行前面的空格
            cout <<"  ";

        cout << setw(N)<<'A';                   //输出左边的 A

        for(j = 1;j < i;j++)                    //输出中间的 B
            cout << setw(N)<<'B';

        if(i!= 0)cout << setw(N)<<'A';          //输出右边的 A
        cout << endl;
    }

    //菱形的下三角
    n = n - 1;
    for(i = n;i > 0;i -- )
    {
        for(j = 0;j < n - i + 1;j++)
            cout <<"  ";

        cout << setw(N)<<'A';

        for(j = 2;j < i;j++)
            cout << setw(N)<<'B';

        if(i!= 1)cout << setw(N)<<'A';
        cout << endl;
    }
    return 0;
}
```

【例 3-11】 求 a～b 的数段内所有的素数。

问题分析：本例题分两步考虑：首先判断给定的一个正整数 m 是否为素数，然后求数段 a～b 内所有的素数。

(1) 判断任意给定的一个正整数 m 是否为素数。

素数是指只能被 1 和它自己整除的数。如果正整数 m 依次除以 2,3,…,m－1,结果都除不尽(有余数),则 m 肯定是一个素数;反之,如果正整数 m 能被 2,3,…,m−1 中的任何一个数整除(只要除法中有一次余数为零),则 m 肯定不是一个素数。其实数学已经证明:只要正整数 m 不能被 2～$\sqrt{m}$内的数整除,则 m 就是素数。程序代码如下:

```
#include<iostream>
#include<math.h>
using namespace std;
int main()
{
    long m;
    cout<<"Input a number:";
    cin>>m;
    double sqrtm = sqrt(m);          //该函数包含在 math.h 中
    for(int i = 2;i <= sqrtm;i++)
        if(m % i == 0)               //只要正整数 m 能被一个数整除,就退出此循环
            break;                   //此时,i <= sqrtm 或 i > sqrtm 的值肯定为 false
    if(i > sqrtm)                    //当 i > sqrtm 时,表示上述循环正常结束,没有被中断过
        cout << m <<" is prime.\n";
    else
        cout << m <<" is not prime.\n";
    return 0;
}
```

程序测试 1:

```
Input a number:53
53 is prime.
```

当输入值为 53 时,sqrtm=sqrt(53)=7.28,i=int(sqrt(53))+1=7+1=8,所以 i>sqrtm。因此输出“53 is prime.”。

程序测试 2:

```
Input a number:9
9 is not prime.
```

当输入值为 9 时,sqrtm=sqrt(9)=3,当 i=3 时,9%3==0,退出循环,所以 i=sqrtm,即 i>sqrtm 的值为 false。因此输出“9 is not prime.”。

程序测试 3:

```
Input a number:81
81 is not prime.
```

当输入值为 81 时,sqrtm=sqrt(81)=9,当 i=3 时,81%3==0,退出循环,所以 i<sqrtm,即 i>sqrtm 的值为 false。因此输出“81 is not prime.”。

(2) 求数段 a～b 内所有的素数。

因为要求找出数段 a～b 内的所有素数,所以需要对 a～b 内的所有奇数(偶数能被 2 整除,所以肯定不是素数)都进行上述是否为素数的判断,这时只需要在上述判断素数的程序代码外加一个循环,即循环嵌套,就可以实现查找数段 a～b 内所有素数的目的。程序代码如下:

```
#include <iostream>
#include <math.h>
#include <iomanip>
using namespace std;
int main()
{
    long a,b,m;
    int i,l = 0;

    cout <<"Input two number:";
    cin >> a >> b;
    cout <<"Primes from "<< a <<" to "<< b <<" is:";
    if(a % 2 == 0)
        a++;
    for(m = a;m <= b;m += 2)
    {
        double sqrtm = sqrt(m);
        for(i = 2;i <= sqrtm;i++)
            if(m % i == 0)
                break;
        if(i > sqrtm)
        {
            if(l++ % 10 == 0)          //10 个数换行
                cout << endl;
            cout << setw(5)<< m;
        }
    }
    cout << endl;
    return 0;
}
```

程序运行结果：

```
Input two number:2  10
Primes from 2to 10 is:
    3    5    7
```

【例 3-12】 输出三角数列。

（1）输出以下简单的三角数列。

```
          1
        1   1
      1   2   1
    1   3   3   1
  1   4   4   4   1
1   5   5   5   5   1
          …
```

问题分析：输出这个三角数列需要双层循环，外循环控制行，内循环控制列。每行又分为两部分，首先输出每行前面的空格，其次输出该行的数字。这个三角数列之所以比较简单是因为三角形的左右两边都是1，中间的数字正好是其所在的行号。程序代码如下：

```
#include<iostream>
#include<iomanip>
using namespace std;
const int N=4;
int main()
{
    int n,i,j;
    cout<<"请输入三角数列的行数: ";
    cin>>n;
    for(i=0;i<n;i++)
    {
        for(j=0;j<n-i-1;j++)      //输出每行前面的空格
            cout<<"";

        cout<<setw(N)<<1;         //输出左边的1,此宽度是上面的2倍

        for(j=1;j<i;j++)          //输出中间的数
            cout<<setw(N)<<i;

        if(i!=0)cout<<setw(N)<<1; //输出右边的1
        cout<<endl;
    }
    return 0;
}
```

（2）输出以下杨辉三角数列。

```
          1
        1   1
      1   2   1
    1   3   3   1
  1   4   6   4   1
1   5   10  10  5   1
          …
```

问题分析：杨辉三角数列与上面介绍的三角数列差不多，只是杨辉三角数列中间的数字的规律比较复杂。程序代码如下：

```
#include<iostream>
#include<iomanip>
using namespace std;
int main()
{
    int n,i,j,c;
    cout<<"请输入扬辉三角的行数: ";
    cin>>n;

    for(i=0;i<n;i++)
    {
        for(j=0;j<n-i-1;j++)      //输出每行前面的空格
            cout<<"  ";
```

```
        cout << setw(6)<< 1;            //输出左边的 1

        for(j = 1,c = 1;j <= i;j++)     //输出右边的各数
        {
            c = c * (i - j + 1)/j;
            cout << setw(6)<< c;
        }

        cout << endl;
    }
    return 0;
}
```

3.6 小结与知识扩展

3.6.1 小结

在经典的结构化程序设计中,最基本的控制结构有顺序、选择和循环,它们是构成复杂算法的基础。

(1) 顺序控制结构比较简单,它是系统预置的,是指按程序编写的顺序一条一条地执行语句。

(2) 选择控制结构根据测试表达式的值决定程序的执行方向,常用的语句有以下两种。

① 基本的 if…else 选择语句,其形式如下:

```
if(测试表达式)              语句 1
else                        语句 2
```

② switch 语句用于多路选择,其形式如下:

```
switch(测试表达式)
{
    case    常量表达式 1:  语句 1
    case    常量表达式 2:  语句 2
    …
    case    常量表达式 n:  语句 n
    default:               语句 n + 1
}
```

(3) 循环控制结构支持程序中需要重复执行的操作,循环分有限次循环和无限循环。

有限次循环就是循环次数确定的循环,构造有限次循环的三要素为循环控制变量初始化、循环结束条件和循环控制变量更新。for 语句的形式如下:

```
for(初始化表达式;测试表达式;更新表达式)
    循环体
```

它将有限次循环的三要素集中描述,使用更灵活,程序更精练,可以根据编程需要灵活运用。例如,以下组合都可以实现 N 次循环:

```
i = 1; i <= N; i++
i = 0; i < N; i++
i = N; i > 0; i--
i = N - 1; i >= 0; i--
```

这里的大写字母 N 通常是一个已定义的符号常量。

无限循环就是循环次数不确定的循环。当遇到利用条件反复判断确定何时结束任务的时候,借助构建无限循环和跳出循环的方法,可以有效地避免死循环。构建无限循环通常采用 while 语句,其形式为:

```
while(测试表达式)
    循环体
```

或 do…while 语句,其形式为:

```
do
    循环体
while(测试表达式);
```

一般采用在循环体内输入信息,再通过选择控制语句的测试表达式确定是否跳出循环。

3.6.2 字符函数库

C++从 C 语言继承了一个与字符相关的、非常方便的函数软件包,它可以简化诸如确定字符是否为大写字母、数字、标点符号等操作。这些函数的原型都在 cctype 头文件中定义。常用的字符函数如表 3-1 所示。

表 3-1 常用的字符函数

函数名称	返回值
isalnum()	如果参数是字母或数字,函数返回 true
isalpha()	如果参数是字母,函数返回 true
iscntrl()	如果参数是控制字符,函数返回 true
isdigit()	如果参数是数字,函数返回 true
isgraph()	如果参数是除空格之外的打印字符,函数返回 true
islower()	如果参数是小写字母,函数返回 true
isprint()	如果参数是打印字符,函数返回 true
ispunct()	如果参数是标点符号,函数返回 true
isspace()	如果参数是标准空白字符,如空格、回车、制表符等,函数返回 true
isupper()	如果参数是大写字母,函数返回 true
isxdigit()	如果参数是十六进制数字,函数返回 true
tolower()	如果参数是大写字母,则函数返回其小写字母,否则返回该参数
toupper()	如果参数是小写字母,则函数返回其大写字母,否则返回该参数

使用这些函数比使用逻辑运算符更方便。例如,下列两个语句都可以测试字符变量 ch 是否为字母字符。

```
if((ch >= 'a'&&ch <= 'z')||(ch >= 'A'&&ch <= 'Z')         //使用逻辑运算符 && 和 ||
```

```
if(isalpha(ch))                                  //使用 isalpha()
```

显然,使用字符函数的语句更为简练。

【例 3-13】 字符函数的使用。

程序代码如下:

```
#include <iostream>
#include <cctype>
using namespace std;
int main()
{
    int space = 0,digits = 0,chare = 0,punct = 0,others = 0;
    char ch;
    cout <<"请输入一个字符串,以@结束: ";
    cin.get(ch);
    while(ch!= '@')
    {
        if(isalpha(ch))                          //如果是字母
            chare++;
        else if(isspace(ch))                     //如果是空格
            space++;
        else if(isdigit(ch))                     //如果是数字
            digits++;
        else if(ispunct(ch))                     //如果是标点符号
            punct++;
        else                                     //如果是其他字符
            others++;
        cin.get(ch);
    }
    cout << chare <<" letters,"
        << space <<" space,"
        << digits <<" digits,"
        << punct <<" punctuations,"
        << others <<" others.\n";
    return 0;
}
```

习　　题

3-1　选择题

(1) 设 i、j、k 均为 int 型变量,则执行完以下 for 循环语句后,k 的值是[　　]。

```
for(i = 0,j = 10;i <= j;i++,j --)
    k = i + j;
```

A. 100　　　　B. 10　　　　C. 12　　　　D. 7

(2) while(!x)中的(!x)与下列条件[　　]等价。

A. x == 0　　　　B. x == 1　　　　C. x!= 1　　　　D. x!= 0

(3) 若 x、y 是 int 型变量,则执行以下语句后,x 的值为[　　]、y 的值为[　　]。

```
for(y = 1,x = 1;y < = 50;y++)
{    if(x > = 10)break;
         if(x % 2 == 1)
             {x += 5;continue;}
        x -= 3;
}
```

[1] A. 1　　B. 6　　C. 7　　D. 10

[2] A. 6　　B. 2　　C. 4　　D. 8

3-2　简答题

(1) if(x = 3)和 if(x == 3)两条语句的差别是什么?

(2) 简述 break 语句在循环语句和 switch 语句中的作用。

(3) 用流程图表示以下问题的求解算法。

① 找出两个数中不能被 2 和 3 整除的数。

② 找出三个数 a、b、c 中最大的数。

③ 求 n!(分别用三种循环语句)。

④ 考试成绩分级(分别利用 if…else 嵌套和 switch 语句)。

⑤ 求两个数 m 和 n 的最大公约数和最小公倍数。

3-3　阅读下列程序,写出程序运行结果

(1) 程序代码如下:

```
#include < iostream >
using namespace std;
int main()
{
    int m,sum = 0;
    for(m = 10;m < = 100;m++)
    {
        if(m % 3 == 0||m % 2 == 0) continue;
            cout << m <<"\t";
    }
    cout << endl;
    return 0;
}
```

程序运行结果:

(2) 程序代码如下:

```
#include < iostream >
using namespace std;
int main()
{
    int m = 8,n = 12,r,p,temp;
```

```
    if(m > n)
    {
        temp = m;
        m = n;
        n = temp;
    }
    p = n * m;
    while(m!= 0)
    {
        r = n % m;
        n = m;
        m = r;
    }
    cout << n << endl;
    cout << p/n << endl;
    return 0;
}
```

程序运行结果：

3-4 阅读下列程序说明和程序代码，填空完成程序

(1) 下列程序的作用是求以下算式中 X、Y、Z 的值，请填入正确的内容。

$$XYZ+YZZ=532$$

程序代码如下：

```
#include < iostream >
using namespace std;
int main()
{
    int x,y,z,i,result = 532;
    for(x = 1; ___①___ ;x++)
        for(y = 1; ___②___ ;y++)
            for(z = ___③___ ; ___④___ ;z++)
            {
                i = ( ___⑤___ ) + (100 * y + 10 * z + z);
                if(i == result)
                    cout <<"x = "<< x <<"    y = "<< y <<"    z = "<< z << endl;
            }
    return 0;
}
```

(2) 有 1020 个西瓜，第一天卖一半多两个，以后每天卖剩下的一半多两个，问几天以后能卖完？完成下列程序。

```
#include < iostream >
using namespace std;
int main()
{
```

```
    int day,x1,x2;
    day = 0;x1 = 1020;
    while( ① )
    {     x2 = ② ;x1 = x2;day++;      }
    cout <<"day = "<< day << endl;
    return 0;
}
```

(3) 根据以下函数关系,对输入的每个 x 值,计算出相应的 y 值。完成下列程序。

$$y=\begin{cases}0, & x<0\\ x, & 0\leqslant x<10\\ 10, & 10\leqslant x<20\\ -0.5x+20, & 20\leqslant x<40\\ -2, & 40\leqslant x\end{cases}$$

```
#include < iostream >
using namespace std;
int main()
{
    int x,c;
    float y;
    cin >> x;
    if( ① )c = -1;
    else c = ② ;
    switch ③
    {
        case ④ :y = 0;break;
        case 0:y = x;break;
        case 1:y = 10;break;
        case 2:
        case 3:y = -0.5 * x + 20;break;
        default: ⑤ ;
    }
    cout <<"y = "<< y << endl;
    return 0;
}
```

3-5 编程题

(1) 有一函数:

$$y=\begin{cases}-1 & (x<0)\\ 0 & (x=0)\\ 1 & (x>0)\end{cases}$$

编程实现输入一个 x 值,输出对应的 y 值。

(2) 编程求 1000 之内的所有"完数"。所谓"完数"是指一个数恰好等于它的因子之和。例如 6 是完数,因为 6=1+2+3。

(3) 打印三个相邻的字母。

(4) 猴子吃桃问题：有一天，猴子摘了一些桃子，吃了一半，觉得不过瘾，就多吃了一个。以后每天如此，到第十天想吃时，发现就只剩下一个桃子。请计算第一天猴子摘了多少桃子。

(5) 小学生算术加法测试：随机自动生成 10 道小学生算术加法试题(100 以内)，学生每做对一道加 10 分，并给出“正确”信息；做错时，提示“错误，再做一遍”，最后给出学生的测试成绩(使用 cstdlib 中的函数 rand())。

(6) 换硬币：将一个 1 元人民币换成 5 分、2 分、1 分的硬币，有多少种换法？

(7) 谁打烂了玻璃：有四个孩子踢球，不小心打烂了玻璃，老师问是谁干的？

A 说：不是我。

B 说：是 C。

C 说：是 D。

D 说：C 胡说。

现已知三个孩子说的是真话，一个孩子说谎。根据这些信息，编程找出打烂玻璃的孩子。

(8) 输入一个日期，如 20151226，计算这天是当年的第几天。

第4章　函　数

本章要点

- 函数的定义与调用。
- 函数中参数的传递方式。
- 函数的嵌套调用及递归函数的运用。
- 内联函数、带默认值的函数、函数重载、函数模板。

大多数实用的C++程序远比我们所能想象的更大、更复杂。为了使大型程序便于开发和管理,可以采用更好的策略,将一个大型程序按功能划分成一个主模块,称为主函数和若干子模块,称为子函数,每一模块完成相对独立且易于实现的功能。合理分解模块后,程序可以由多人同时开发。因此,函数是大型复杂程序设计的重要手段。

C++语言中的函数一般分为三种,一是主函数(即 main()函数);二是系统提供的标准函数,又称库函数,标准函数由系统定义,在程序中可以直接调用;三是用户自定义的函数,即我们通常说的子函数。

使用函数不仅可以提高程序设计的效率,还可以大大减少相同程序段的重复编辑和编译。本章主要介绍自定义函数的设计和使用。

4.1　函数的定义与调用

在编辑一个大型程序时,即使各函数的前后顺序不同,程序执行的开始点永远是主函数。主函数按照调用与被调用的关系调用子函数,子函数如果与其他子函数又存在调用与被调用的关系,还可以再调用其他子函数。

在一对调用与被调用关系中,把调用其他函数的函数称为主调函数,被其他函数调用的函数称为被调函数。在一个较为复杂的大型程序中,一个函数很可能同时扮演两种不同的角色——主调函数与被调函数,既调用别的函数又被另外的函数调用。

在介绍函数的有关内容之前,先来看一个简单的求 n!的例题。

【例 4-1】　求 n!。

问题分析:求阶乘运算是一个典型的乘积运算,可以通过循环 n 次完成 1×2…×n 的运算。程序代码如下:

```
#include<iostream>
using namespace std;
int main()
{
```

```
    int result = 1,n;
    cout <<"Input n :";
    cin >> n;
    for(int i = 1;i < = n;i++)
        result * = i;
    cout << n <<"!= "<< result << endl;
    return 0;
}
```

程序运行结果：

```
Input n:5
5!= 120
```

在主函数中，首先声明整型变量 result 和 n，其中，result 被赋初值为 1，用于与其他整数相乘，并存放阶乘的结果。程序运行时，键盘输入一个整数 n，通过循环 n 次完成 1×2…×n 的求阶乘运算，最后输出阶乘的结果。

下面结合求 n!的程序讲解函数的定义及调用的有关内容。

4.1.1 函数定义

1. 函数定义的语法形式

函数定义的一般语法形式为：

```
<类型标识符><函数名>(形式参数表)
{
    语句序列
}
```

一个完整的函数定义由两部分组成，即函数首与函数体。函数首是指上述格式中的<类型标识符><函数名>(形式参数表)。其中，函数名可由函数设计者定义，可以是任何一个不重复的合法的标识符(唯一的例外是主函数必须命名为 main)。函数体是指上述格式中被一对花括号"{}"括起的部分，函数所实现的功能由这部分中相应的语句序列完成。

下面使用函数编程实现求 n!。对例 4-1 求 n!的程序稍作修改，将主函数中求阶乘运算的循环语句放入另一个子函数中，而输入和输出仍在主函数 main()中完成。程序代码如下：

```
#include < iostream >
using namespace std;
int factorial(int m)                              //函数首
{                                                 //函数体
    int result = 1;
    for(int i = 1;i < = m;i++)
        result * = i;
    return result;
}
int main()
{
    int n;
```

```
    cout <<"Input n :";
    cin >> n;
    cout << n <<"!= "<< factorial(n)<< endl;        //函数调用作为表达式出现在语句中
    return 0;
}
```

这时,程序从主函数开始运行,首先提示用户输入一个整数 n,然后通过调用子函数 factorial()完成求 n!的运算。程序运行结果与例 4-1 的运行结果完全相同。

2. 函数的返回值及其类型

函数首部分的类型标识符规定了函数的返回值类型。函数的返回值是返回给主调函数的处理结果,由函数体中的 return 语句返回。例如:

```
return result;
```

或

```
return (result);
```

return 后也可以是一个表达式,该表达式的结果必须是一个确定的值,且类型必须与函数返回类型一致。例如:

```
return result + 2;
```

无返回值的函数不必有 return 语句,这时函数的类型标识符必须为 void。通常在函数只包含输出语句或函数已将结果输出的情况下,函数可以省略 return 语句,因为结果已输出,没有什么需要再返回主调函数了。

例如,对上述求 n!的程序进行再修改,将之前主函数中输出阶乘运算结果的语句放入子函数中,输入在主函数 main()中进行,这时的函数调用是一个单独的语句。程序代码如下:

```
#include < iostream >
using namespace std;
void factorial(int m)                          //函数返回值的类型为 void,表示无须返回数据
{
    int result = 1;
    for(int i = 1;i <= m;i++)
        result *= i;
    cout << m <<"!= "<< result << endl;
}
int main()
{
    int n;
    cout <<"Input n :";
    cin >> n;
    factorial(n);                              //函数调用语句
    return 0;
}
```

3. 形式参数

形式参数,简称形参,是用来实现主调函数与被调函数之间数据联系的,通常将函数所

处理的数据、影响函数功能的因素等作为形参。函数首部分的形参表如下：

```
类型 1 形参名 1,类型 2 形参名 2, … ,类型 n 形参名 n
```

其中,类型 1,类型 2,…,类型 n 是类型标识符,表示形参的数据类型(如 int、double、float、char、bool 等)。形参名 1,形参名 2,…,形参名 n 是形式参数的名称,同其他自定义标识符一样,它们必须是合法的标识符。对于无形参的函数,其形参表的内容应该为空,但代表函数的小括号对“()”不能省略。

函数在没有被调用的时候,其形参只是一个符号,它标志着在形参出现的位置应该有一个什么类型的数据,只有在函数被调用时,才由主调函数将实际参数,简称实参,赋予形参。从这一点上说,C++中的函数与数学中的函数概念极其相似。例如,数学中的一元二次函数形式如下：

$$f(x)=3x^2+5x-2$$

这个函数只有当自变量 x 被赋予确定的值以后,才能计算出函数的值。例如,$x=1$,$f(1)=6$。

4.1.2 函数调用

函数应遵守先定义后调用的原则。否则,应在主调函数中或所有函数之前进行函数原型声明。

1. 函数原型声明

函数原型声明的形式如下：

```
<类型标识符><函数名>(形式参数表);
```

例如,如果将求阶乘的子函数 factorial()的定义放在主函数之后,这时必须在调用前(通常放在主函数之前)对子函数 factorial()进行声明,告诉编译系统,后面有一个已定义的子函数,只有这样,在主函数中才可调用该子函数。程序代码如下：

```
#include <iostream>
using namespace std;
int factorial(int m);                           //函数原型声明
int main()
{
    int n;
    cout <<"Input n :";
    cin >> n;
    cout << n <<"!= "<< factorial(n)<< endl;    //函数调用
    return 0;
}
int factorial(int m)
{
    int i,result = 1;
    for(i = 1;i <= m;i++)
        result *= i;
    return result;
}
```

在进行函数原型声明时,需要注意以下几点。

(1) 函数原型声明是一个独立的语句,其后要加分号(;)。

(2) 声明时,形式参数表中可以省略形参名,即只有类型名。例如:

```
int factorial(int);
```

(3) 如果在所有函数之前声明函数原型,那么该函数在本程序文件中的任何地方都有效,也就是说在本程序文件中的任何地方都可以调用该函数。如果在某个主调函数内部声明被调函数原型,那么该被调函数则只在这个函数内部有效。

2. 函数的调用形式

声明了函数原型之后,便可以按如下形式调用子函数:

```
<函数名>(实参名 1,实参名 2,…,实参名 n)
```

实参列表中应给出与函数原型中形参个数相同、类型相符的实参,每个实参都可以是常量、变量或表达式三者之一,实参与实参之间用逗号作为分隔符,逗号在这里不是顺序求值运算符。函数调用可以作为一条语句,这时函数没有返回值;函数调用也可以出现在表达式中,这时则必须有一个明确的返回值。例如,例 4-1 中的函数调用:

```
cout << n <<"!= "<< factorial(n)<< endl;
```

3. 函数调用及返回过程

一个 C++的源程序经过编译以后,形成与源程序主名相同但后缀名为.exe 的可执行文件,存放在外存储器中。当该.exe 可执行文件被运行时,首先从外存中将程序代码装载到内存的代码区,然后从函数 main()的起始处开始执行。程序在执行过程中,如果遇到对其他函数的调用,则暂停当前函数的执行,并保存下一条指令的地址,即返回地址,作为从子函数返回后继续执行的入口点,同时保存现场,主要是一些寄存器的内容,然后转到子函数的入口地址,执行子函数。当遇到 return 语句或子函数结束时(没有 return 语句),则恢复之前保存的现场,并从先前保存的返回地址开始继续执行。图 4-1 描绘了函数调用和返回的过程,图中的标号标明了程序的执行顺序。

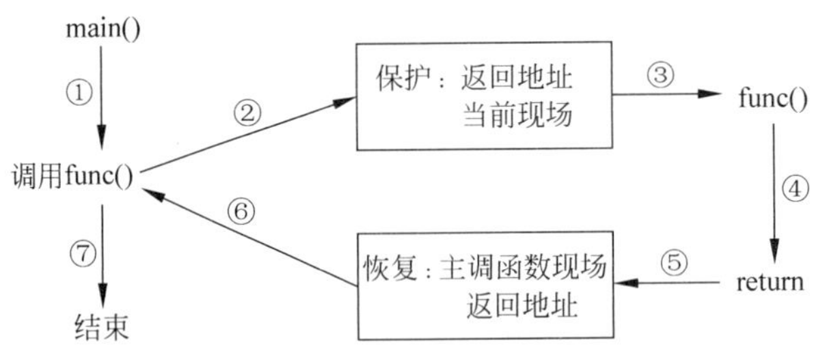

图 4-1 函数调用和返回过程

尽管多个函数的定义是平行的,但是函数的调用允许嵌套。如果函数 1 调用函数 2,函数 2 再调用函数 3,便形成了函数的嵌套调用。

【例 4-2】 求 N 个事件中每次抽取 2,4,6,8 个事件的组合数,即

$$C_N^X=\frac{N!}{X!\ (N-X)!}$$

设 N=10,X=2,4,6,8。

问题分析:这个问题需要反复利用以下两个公式:

(1) N!。

(2) N!/X!/(N-X)!。

因此,设计两个函数:求整数的阶乘的函数 factorial()和求组合数的函数 comb()。由主函数 main()调用函数 comb(),函数 comb()又调用函数 factorial()。程序代码如下:

```
#include <iostream>
using namespace std;
int factorial(int n);                              //函数原型声明
long comb(int n, int x);                           //函数原型声明
int main()
{
    int i,x;
    do
    {
        cout <<"请输入事件数(大于或等于 10):";
        cin>> i;
    }while(i < 10);
    for(x = 2;x < 10;x += 2)
        cout <<"C("<< i <<","<< x <<") = "<< comb(i,x)<< endl;
    return 0;
}

int factorial(int n)
{
    for(int i = 1,result = 1;i <= n;i++)
        result * = i;
    return result;
}

long comb(int n, int x)
{
    return factorial(n)/factorial(x)/factorial(n - x);
}
```

程序运行结果:

```
请输入事件数(大于或等于 10):11
C(11,2) = 55
C(11,4) = 330
C(11,6) = 462
C(11,8) = 165
```

4.2 函数的参数传递

函数的参数用于在调用函数与被调用函数之间进行数据传递,其具体实现是通过形参与实参的结合完成的。当函数未被调用时,编译系统并没有给函数的形参分配相应的

内存空间,函数的形参更不会有实际的值。只有在函数被调用时,编译系统才为形参分配实际的存储空间,并将实参与形参结合。实参可以是常量、变量或表达式,其类型必须与形参相符。

函数的参数传递指的是形参与实参结合(简称形实结合)的过程。在实际的程序设计中,参数传递的方式有许多种,如数值传递、引用传递和地址传递。本章只介绍数值传递和引用传递两种方式,地址传递将在第 7 章中介绍。

4.2.1 数值传递

数值传递是指当发生函数调用时,编译系统为形参分配相应的存储空间,并且直接将实参的值复制给形参,这样形参和实参就各自拥有不同的存储单元,且形参是实参的副本。因此,数值传递的过程是参数值的单向传递过程,一旦形参获得了与实参相同的值,就与实参脱离关系,以后无论形参发生什么改变,都不会影响实参。

【例 4-3】 从键盘输入两个整数,使用数值传递交换这两个数。

程序代码如下:

```
#include<iostream>
using namespace std;
void swap(int,int);
int main()
{
    int x,y;
    cout<<"Input x,y:";
    cin>>x>>y;
    cout<<"Before swap"<<endl;
    cout<<"x = "<<x<<"      y = "<<y<<endl;
    swap(x,y);
    cout<<"After swap"<<endl;
    cout<<"x = "<<x<<"      y = "<<y<<endl;
    return 0;
}
void swap(int a,int b)
{
    int t;
    t = a;
    a = b;
    b = t;
}
```

程序运行结果:

```
Input x,y:5          8
Before swap
x = 5      y = 8
After swap
x = 5      y = 8
```

程序分析:从上面的程序运行结果可以看出,并没有达到交换两数的目的。程序执行主函数 main()中的函数调用语句 swap(x,y)后,编译系统将实参 x 中的值 5 传递给形参 a,将实参 y 中的值 8 传递给形参 b,在函数 swap()中,a、b 中的值完成了互换,但返回主函数后,实参 x、y 中的值不受形参 a、b 的影响,并未进行交换,所以 x 还等于 5,y 仍等于 8。这是因为采用的传递方式不合乎问题的要求。在单向值传递方式中,形参值虽然进行了交换,但这些改变对实参不起任何作用。

显而易见,数值传递时,参数的传递方式是实参单向复制其值给形参,如果想使子函数中对形参所做的任何更改也能及时反映给主函数中的实参,即希望形参与实参的影响是互相的或双向的,又该怎么办呢?这就需要改变参数的传递方式,即采用引用传递方式。

4.2.2 引用传递

用引用作为形参的函数调用,称为引用传递。首先复习一下引用的概念及用法。

引用是某一个变量的别名,一个引用一旦被初始化后,就不能改变关联对象。例如:

```
int r;
int &qr = r;
```

这里声明 qr 是对整型变量 r 的引用,即 qr 是 r 的别名,以后无论对 r 或对 qr 操作,实际上都是对 r 的操作。

引用作为形参的情况与变量的引用稍有不同。这是因为形参的初始化不在类型说明时进行,而是在执行主调函数中的调用语句时,才为形参分配内存空间,同时用实参初始化形参,这样定义为引用类型的形参就通过形实结合成为实参的一个别名,对形参的任何操作就会直接作用于实参,同样对实参的任何操作也会直接作用于形参。

现在,使用引用传递重做例 4-3,实现两数的真正互换。程序代码如下:

```
#include < iostream >
using namespace std;
void swap(int &a, int &b);
int main()
{
    int x, y;
    cout <<"Input x, y:";
    cin >> x >> y;
    cout <<"Before swap"<< endl;
    cout <<"x = "<< x <<"     y = "<< y << endl;
    swap(x, y);
    cout <<"After swap"<< endl;
    cout <<"x = "<< x <<"     y = "<< y << endl;
    return 0;
}
void swap(int &a, int &b)
{
    int t;
    t = a;
    a = b;
    b = t;
}
```

程序运行结果:

```
Input x,y:5        8
Before swap
x = 5     y = 8
after  swap
x = 8     y = 5
```

程序分析:现在子函数 swap()的两个参数都是引用,当被调用时,它们分别被初始化为 a 和 b 的别名。因此,在子函数 swap()中将两个形参的值进行交换后,交换的结果可以影响实参 x 和 y,实现两数的真正互换。

4.2.3 使用 const 说明参数

使用引用或指针(指针在第 7 章中介绍)作为函数参数时,如果在被调函数体内对该参数进行修改,返回主调函数后,相关联的实参的值就会一并进行修改。但在程序设计中,会有一些特别的需求,即希望从主调函数通过实参传递到被调函数中形参的数据只能使用,不允许修改,这时可以使用 const 说明该参数,以保证实参在被调函数内部不被改动。

【例 4-4】 求圆周长(使用 const 说明参数)。

程序代码如下:

```
#include<iostream>
using namespace std;
void func(const double k,double &l);
const double PI = 3.14159;
int main()
{
    double r,perimeter = 0;
    cout <<"Input r:";
    cin >> r;
    cout <<"main:\\tr = "<< r <<"\\tperimeter = "<< perimeter << endl;
    func(r,perimeter);
    cout <<"main:\\tr = "<< r <<"\\tperimeter = "<< perimeter << endl;
    return 0;
}
void func(const double k,double &l)
{
//    k = k * 2;                                  //不允许
    l = 2 * PI * k;
    cout <<"func:\\tr = "<< k <<"\\tperimeter = "<< l << endl;
}
```

程序运行结果:

```
Input r:10
main:     r = 10     perimeter = 0
func:     r = 10     perimeter = 62.8318
main:     r = 10     perimeter = 62.8318
```

程序中定义的子函数 func()有两个参数,一个是用 const 说明的半径,另一个是声明为引用的圆周长,在主函数中,首先键盘输入半径 r 的值,之后调用子函数,通过这两个参数分别将半径 r 和圆周长 perimeter 传递给子函数中的 k 和 l。此程序编译时,会显示子函数中语句“k=k * 2;”有错,将该语句注释后程序方可正常运行。

可以看出,主函数中的圆周长在子函数调用前后发生了改变,而半径 r 被保护,其值始终没变。

4.2.4 默认参数值的函数

在函数定义中通过赋值运算就可指定默认参数值。程序在调用该函数时,如果给出实参,则用实参初始化形参;如果没有给定实参,则编译系统自动以预先赋值的默认参数值作为传入数值。一般情况下,将调用该函数时经常用到的常量作为默认参数值,这样在调用时就无须每次都给定该值了。指定默认参数值可以使函数的使用更为简单,同时也增强了函数的可重用性。

【例 4-5】 求 x 的 n 次方。

问题分析:求 x 的 n 次方实际就是将 n 个 x 相乘,如定义以下函数。

```
int power(int x,int n)
{
    for(int i = 1,result = 1;i <= n;i++)
        result * = x;
    return result;
}
```

x 的 n 次方也可以用以下公式表示:

$$x^n = \begin{cases} 1 & (n=0) \\ x & (n=1) \\ x \cdot x^{n-1} & (n>1) \end{cases}$$

显然,这是一个递归问题,所以可以用递归函数实现(递归函数编程方法在 4.3 节中介绍)。

在设计求 x 的 n 次方的递归函数 int power(int x,int n)时,因为 n=2 时,即求 x 的平方最常用,所以设计该函数的第二个形参的默认值为 2。程序代码如下:

```
#include <iostream>
using namespace std;
int main()
{
    int power(int x,int n = 2);
    int x,n;
    cout <<"Input x,n:";
    cin >> x >> n;

    cout << x <<"^"<< n <<" = "<< power(x,n)<< endl;
    cout << x <<"^2 = "<< power(x)<< endl;

    return 0;
}
```

```
int power(int x, int n = 2)                    //第二个形参具有默认值
{
    if(n == 0)
        return 1;
    else if(n == 1)
        return x;
    else
        return (power(x, n - 1) * x);
}
```

程序运行结果：

```
Input x, n:2        5
2 ^5 = 32
2 ^2 = 4
```

上述程序中，在调用函数 power()时，当给定两个实参 2 和 5 时，函数通过形实结合，完成计算 2^5 的功能。当只给定一个实参 2 时，函数的第一个形参 x 被赋予实参 2，函数的第二个形参 n 则自动取默认值 2，函数完成计算 2^2。

需要特别说明的是，默认形参值必须按从右向左的顺序定义，即在有默认值的形参右面，不能出现无默认值的形参。这是因为在函数调用时，实参对形参的初始化是按从左向右的顺序进行的。例如：

```
void try(int j = 3, int k)                     //非法
void try(int j, int k = 2, int m)              //非法
void try(int j, int k = 7)                     //合法
void try(int j, int k = 2, int m = 3)          //合法
void try(int j = 3, int k = 2, int m = 3)      //合法
```

另外，具有默认参数值的函数也可以进行函数原型声明，但必须采用局部函数原型声明。例如：

```
int main()
{
    int power(int x, int n = 2);               // 局部默认形参值
    …
    return 0;
}
int power(int x, int n = 2)                    //形参具有默认值
{
    …
}
```

4.3 递归函数

递归函数又称为自调用函数，其特点是在函数内部直接或间接地自己调用自己，即调用自身。

所谓直接调用自身，是指在一个函数的函数体中出现了对自身的调用语句，例如：

```
void func1(void)
{
    ...
    func1();                                    //func1()调用 func1()自身
    ...
}
```

所谓间接自身调用，是一个函数 func1()调用另一个函数 func2()，而函数 func2()中又调用函数 func1()，于是构成间接递归。下面的例子中函数 func1()就是通过函数 func2()实现间接递归的。

```
void func1(void)
{
    ...
    func2();                                    //func1()调用 func2()
    ...
}
void func2(void)
{
    ...
    func1();                                    //func2()调用 func1()
    ...
}
```

递归算法的实质是将原问题分解为新问题，而解决新问题时又用到了原问题的解法。按照这一原则分解下去，每次出现的新问题都是原问题简化的子集，而最终分解出来的问题，是一个已知解的问题，这便是有限的递归调用。只有有限的递归调用才是有意义的，无限的递归调用永远得不到解，没有实际意义。为了防止自身调用过程无休止地继续下去，在函数内必须设置某种条件(通常用 if 语句表示)，当条件满足时，终止自身调用过程，并使用 return 语句返回主调函数。

下面举例说明递归过程的两个阶段。

第一阶段：递推。将原问题不断分解为新的子问题，即规模不断变小，逐渐从未知向已知推进，最终达到已知的条件，即递归结束的条件，这时递推阶段结束。例如，求 5!可以分解如下：

5!=5×4!　4!=4×3!　3!=3×2!　2!=2×1!　1!=1×0!　0!=1

未知——————————————————————→已知

第二阶段：回归。从已知的条件出发，按照递推的逆过程，逐一求值回归，最后达到递推的开始处，结束回归阶段，完成递归调用。例如，求 5!的回归阶段如下：

5!=5×4!=120　4!=4×3!=24　3!=3×2!=6　2!=2×1!=2　1!=1×0!=1　0!=1

未知←——————————————————————已知

下面通过例题详细说明递归函数的编写方法。

【例 4-6】 使用递归函数求 n!。

问题分析：计算 n! 的公式如下：

$$n! = \begin{cases} 1 & (n = 0) \\ n(n-1)! & (n > 0) \end{cases}$$

这是一个典型的递归公式,在描述 n! 算法时,又用到了(n−1)!,即 n!= n(n−1)!,递归结束的条件是 n=0,即 0!=1。程序代码如下。

```
#include <iostream>
using namespace std;
int factorial(int n);
int main()
{
    int n;
    cout <<"Input n :";
    cin >> n;
    cout << n <<"!= "<< factorial(n)<< endl;
    return 0;
}
int factorial(int n)
{
    int result;
    if(n == 0)
        result = 1;                         //递归的结束条件
    else
        result = n * factorial(n - 1);      //参数减 1 进行递归调用
    return result;
}
```

程序运行结果:

```
Input n :5
6!= 120
```

上述程序中,在主函数中输入一个整数值 n,通过调用递归函数实现求 n!。

【例 4-7】 有 5 个人坐在一起,问第 1 个人多少岁,他说比第 2 个人大 2 岁。问第 2 个人多少岁,他说比第 3 个人大 2 岁。问第 3 个人多少岁,他说比第 4 个人大 2 岁。问第 4 个人多少岁,他说比第 5 个人大 2 岁。最后问第 5 个人,他说 12 岁。请问第 1 个人多少岁?

问题分析:这是一个递归问题,每个人的年龄都比其后的那个人的年龄大 2 岁,即:

```
age(1) = age(2) + 2
age(2) = age(3) + 2
age(3) = age(4) + 2
age(4) = age(5) + 2
age(5) = 12
```

用公式表示如下:

$$age(n)=\begin{cases}12 & (n=5)\\ age(n+1)+2 & (n<5)\end{cases}$$

程序代码如下:

```
#include <iostream>
using namespace std;
int age(int n);
```

```
int main()
{
    cout <<"第一个人的年龄为"<< age(1)<<"岁"<< endl;
    return 0;
}
int age(int n)
{
    int result;
    if(n == 5)   result = 12;                    //递归的结束条件
    else   result = age(n + 1) + 2;              //以参数加 1 的方式继续递归
    return result;
}
```

程序运行结果：

```
第一个人的年龄为 20 岁
```

采用递归函数编写程序的关键是通过分析问题，找到递归变化的规律，总结并归纳递推公式和递归结束条件，然后使用选择语句实现递推和结束递归。

4.4 函数探幽

4.4.1 内联函数

所有函数被调用时都会产生一些额外的开销，主要是系统栈的保护、代码的传递、系统栈的恢复以及参数传递等。对于一些函数体很小，但又经常使用的函数，由于被调用的频率较高，这种额外开销也就很可观，有时甚至会对运行效率产生本质的影响。内联函数的引入很好地解决了这个问题。

内联函数在定义时使用关键字 inline 区别于一般函数，其语法形式为：

```
<inline><类型标识符><函数名>(含类型说明的形参表)
{
    语句序列
}
```

关键字 inline 是一个编译指令，编译程序在遇到这个指令时将记录下来，在处理内联函数的调用时，编译程序试图产生扩展码。例如：

```
int main()
{
    …
    test(1)
    …
    test(2)
    …
    test(3)
    …
}
inline void test(int n)
```

```
{
    for(int i = 0;i <= n;i++)
        cout <<"test!";
    cout << endl;
}
```

当程序中出现 test(1)、test(2)和 test(3)的函数调用时，编译程序会将其扩展为如下的程序代码：

```
int main()
{
    …
    for(int i = 0;i <= 1;i++)
        cout <<"test!";
    cout << endl;
    …
    for(int i = 0;i <= 2;i++)
        cout <<"test!";
    cout << endl;
    …
    for(int i = 0;i <= 3;i++)
        cout <<"test!";
    cout << endl;
    …
}
```

显然，内联函数不是在调用时发生转移，而是在编译时将函数体嵌入到每一个调用语句处，这样就相对节省了参数传递、系统栈的保护与恢复等的开销。

从使用者的角度来看，内联函数在语法上与一般函数没有什么区别，只是在编译程序生成目标代码时才区别处理。但需要特别注意以下几点。

(1) 内联函数体内一般不能有复杂的循环语句和 switch 语句。

(2) 内联函数声明和定义前都必须加关键字 inline。

(3) 内联函数不能进行异常接口声明。

如果违背了上述中的任意一项，编译程序则无视关键字 inline 的存在，像处理一般函数一样处理它，不生成扩展代码。因此，只有很简单且使用频率很高的函数才适合说明为内联函数。另外，内联函数会扩大目标代码，使用时要谨慎。

【例 4-8】 使用内联函数找到最大值。

程序代码如下：

```
#include <iostream>
#include <iomanip>
using namespace std;
inline int max(int a,int b);
int main()
{
    int a,b,c,d,result;
    cout <<"Input a,b,c:";
```

```
    cin >> a >> b >> c;
    d = max(a,b);
    result = max(d,c);
    //编译时两次调用处均被替换为 max 函数体语句
    cout <<"The biggest of"
        << setw(5)<< a
        << setw(5)<< b
        << setw(5)<< c <<" is "<< result << endl;
    return 0;
}
inline int max(int a,int b)
{
    if(a > b)
        return a;
    else
        return b;
}
```

程序运行结果：

```
Input a,b,c:210    150    10
The biggest of   210   150   20   is   210
```

上述程序将简单的在两数中找到最大值的函数定义为内联函数，提高了整个程序的运行效率。

4.4.2 函数重载

函数重载也称多态函数。C++编译系统允许为两个或两个以上的函数命名相同的函数名，但是形参的个数或者形参的类型至少有一个不同，编译系统会根据实参和形参的类型及个数的最佳匹配，自动确定调用哪一个函数，这就是所谓的函数重载。

【例 4-9】 使用函数重载实现两个数据或三个数据相加。

问题分析：无论是两个数据相加还是三个数据相加，所进行的都是加法运算，只是相加数据的个数不同而已，这种情况很适合用函数重载。因此，设计通过重载 add()函数实现两个数据或三个数据的相加。程序代码如下：

```
#include < iostream >
using namespace std;
int add(int x,int y)
{
    return x + y;
}
int add(int x,int y,int z)
{
    return x + y + z;
}
int main()
{
    int x,y,z;
    cout <<"Input x,y,z:";
```

```
    cin >> x >> y >> z;
    cout <<"x + y = "<< add(x, y)<<"\nx + y + z = "<< add(x, y, z)<< endl;
    return 0;
}
```

程序运行结果:

```
Input x, y, z:1     3     5
x + y = 4
x + y + z = 9
```

以上运行结果显示,对除参数个数不同外,其他都相同的两个函数 int add(int x,int y)和 int add(int x,int y,int z),C++会自动按参数个数确定需调用的函数。

对于没有重载机制的 C 语言,每个函数必须有其不同于其他函数的名称,即使操作是相同的,仅仅数据的类型不相同,也需要定义名称完全不同的函数,这样就显得重复且效率低下。例如,定义求和函数,就必须对整数之和、浮点数之和以及双精度数之和分别用不同的函数名:

```
int iadd( int x, int y);
float fadd(float x, float y);
double dadd(double x, double y);
```

程序在调用这三个不同类型的函数时,是以函数名加以区别的,需要记住并区别它们的名称,如 iadd()、fadd()和 dadd()。显然,这样造成了代码的重复,使用不方便,更不利于代码的维护。

对于具有重载机制的 C++语言,允许功能相近的函数在相同的作用域内以相同函数名定义,因而方便函数的使用和记忆,也使程序设计更加灵活。以例 4-7 来说,在 C++中只要用一个函数名即可,如 add(),然后以赋给此函数的参数类型来决定是计算 int 类型、float 类型,还是计算 double 类型的数据之和。在 C++中的定义形式为:

```
int add( int x, int y);
float add(float x, float y);
double add(double x, double y);
```

以下是使用函数重载实现任意类型的两数相加的例题。

【例 4-10】 使用函数重载实现任意类型的两数相加。

程序代码如下:

```
#include < iostream >
using namespace std;
int add( int x, int y)
{
    cout <<"int:      2 + 3 = ";
    return x + y;
}
float add(float x, float y)
{
    cout <<"float:      3.56f + 1.23f = ";
    return x + y;
```

```
}
double add(double x,double y)
{
    cout <<"double:      2.53 + 6.42 = ";
    return x + y;
}

int main()
{
    cout << add(2,3)<< endl;
    cout << add(2.53,6.42)<< endl;
    cout << add(3.56f,1.23f)<< endl;
    return 0;
}
```

程序运行结果：

```
int:      2 + 3 = 5
double: 2.53 + 6.42 = 8.95
float:   3.56f + 1.23f = 4.79
```

程序运行结果说明，C++会自动按参数类型确定需调用的函数。

需要特别说明的是：绝不可以定义两个具有相同名称、相同参数类型和相同参数个数，只是函数返回值不同的重载函数。例如，以下函数定义是 C++不允许的：

```
int add(int x,int y);
float add(int x,int y);
double add(int x,int y);
```

由此可见，C++是按函数的参数表分辨相同名称的函数的。如果参数表完全相同，编译系统会认为是说明错误。

4.4.3 函数模板

对于程序员来说，通常希望所设计的算法可以处理多种数据类型。但是即使这一算法被设计为重载函数也只是使用相同的函数名，函数体仍然要分别定义。如例 4-9 中的函数：

```
int add(int x,int y)
{
    return x + y;
}
float add(float x,float y)
{
    return x + y;
}
double add(double x,double y)
{
    return x + y;
}
```

观察以上三个函数，有如下特点：只有参数和返回值的类型不同，功能则完全一样。类似这样的情况,可以使用函数模板以避免函数体的重复定义。

函数模板可以用来创建一个通用功能的函数,以支持多种数据类型,简化了重载函数的函数体设计。它的最大特点是把函数所使用的数据类型作为参数。

函数模板的定义形式为:

```
<template><typename 标识符>
<类型标识符> <函数名>(形式参数表)
{
    语句序列
}
```

其中,首部开头中的标识符代表所声明的函数模板中的类型名。

现在使用模板函数重做例4-9,实现任意类型的两数相加。

```
#include<iostream>
using namespace std;
template<typename T>
T add(T a,T b)
{
    T sum;
    sum = a + b;
    return sum;
}
int main()
{
    int x,y;
    double m,n;
    cout<<"Input int x,y:";
    cin>>x>>y;
    cout<<"x + y = "<<add(x,y)<<endl;
    cout<<"Input double m,n:";
    cin>>m>>n;
    cout<<"m + n = "<<add(m,n)<<endl;
    return 0;
}
```

程序运行结果:

```
Input int x,y:2     4
x + y = 6
Input double m,n:3.5     6.8
m + n  = 10.3
```

上述程序中,当调用函数add()时,编译系统从实参的类型推导出函数模板的类型参数T。例如,当调用add(x,y)时,由于实参x及y为int类型,所以推导出模板中的类型参数T为int,而类型参数T的含义确定后,编译器将以函数模板为样板生成如下函数:

```
int add(int x,int y)
{
    return x + y;
}
```

同样，对于调用 add(m,n)，由于实参 m 及 n 为 double 类型，所以推导出模板中的类型参数 T 为 double。接着，编译器将以函数模板为样板生成如下函数：

```
double add(double x,double y)
{
    return x + y;
}
```

4.5 使用 C++系统函数

C++不仅可以根据需要自定义函数，而且 C++的系统库中还提供了几百个常用函数供程序员使用。

由前面已学习的知识可知，调用函数之前必须先声明函数原型，系统函数的原型声明全部由系统提供，并且已分类存在于不同的头文件中，程序员只须用 include 指令嵌入相应的头文件，便可以使用系统函数。例如，要用到数学函数，如求绝对值函数 abs()、fabs()、三角函数 sin()、cos()、tan()、求平方根函数 sqrt()、对数值函数 log()、指数函数 exp()等就要嵌入头文件 math.h。同样，要使用输入/输出格式控制函数 setw()、setprecision()就要嵌入头文件 iomanip。

【例 4-11】 从键盘输入一个角度值，通过调用系统函数求出该角度的正弦值、余弦值和正切值。

问题分析：系统提供的求正弦值函数 sin()、余弦值函数 cos()和正切值函数 tan()的说明都在头文件 math.h 中；输出域宽控制函数 setw()、输出精度控制函数 setprecision()的说明在头文件 iomanip.h 中。因此，需要用到这些系统函数时，就必须将该函数所属的头文件以 #include <头文件名>或 #include "头文件名"形式写在程序代码的开始部分。程序代码如下：

```
#include <iostream>
#include <math.h>
#include <iomanip>
using namespace std;
const double PI = 3.14159265;
int main()
{
    double n,w;
    cout <<"输入角度值 n: ";
    cin >> n;
    w = n * PI/180;
    cout <<"sin("<< n <<") = "<< setw(10)<< sin(w)<< endl;
    cout <<"cos("<< n <<") = "<< setw(10)<< cos(w)<< endl;
    cout <<"tan("<< n <<") = "<< setw(10)<< tan(w)<< endl;
    return 0;
}
```

程序运行结果：

```
输入角度值 n: 30
sin(30) =         0.5
cos(30) =   0.866025
tan(30) =    0.57735
```

显然,充分利用系统函数,可以大大减少编程的工作量,提高程序的运行效率和可靠性。在使用系统函数时,应该注意以下两点。

(1) 了解所使用的 C++开发环境提供了哪些系统函数。不同的编译系统提供的系统函数有所不同,即使是同一软件公司的编译系统,如果版本不同,系统函数也会略有差别。因此,程序员应该查阅编译系统的库函数参考手册或联机帮助,以便准确掌握函数的功能、参数、返回值和使用方法。

(2) 欲使用的系统函数声明在哪个头文件中?可以在库函数参考手册或联机帮助中搜索获取。

4.6 函数综合编程案例

【例 4-12】 输入一个 8 位的二进制数,将其转换为十进制数后再输出,对于非法输入(除 0 和 1 以外的任何字符)应给出提示信息。

问题分析:将二进制转换为十进制,只要将二进制数的每一位乘该位的权,然后相加。例如,$(11010011)_{13}=1\times(2^7)+1\times(2^6)+0\times(2^5)+1\times(2^4)+0\times(2^3)+0\times(2^2)+1\times(2^1)+1\times(2^0)=211_{10}$。同理,如果输入 00001101,则应输出 13。

可以直接引用例 4-5 中的函数 power()求 2 的各次方。程序代码如下:

```
#include<iostream>
using namespace std;
int power(int x,int n);
int main()
{
    int i=8;
    int Value=0;
    char ch;
    bool Flag=true;
    cout<<"输入一个 8 位的二进制数:";
    while(i>0)
    {
        cin>>ch;
        if(ch!='1'&&ch!='0')
        {
            cout<<"这不是一个二进制数!不能正确转换"<<endl;
            Flag=false;
        }
        if(ch=='1')
            Value=Value+int(power(2,i-1));
        i--;
    }
    if(Flag)
```

```
        cout <<"十进制值为: "<< Value << endl;
    return 0;
}
int power(int x, int n)
{
    if(n == 0)
        return 1;
    else if(n == 1)
        return x;
    else
        return (power(x, n - 1) * x);
}
```

输入符合要求时(仅有字符 0 和 1),程序运行结果:

```
输入一个 8 位的二进制数:11010011
十进制值为: 211
```

输入不符合要求时(含有除 0 和 1 以外的任何字符),程序运行结果:

```
输入一个 8 位的二进制数:110lao11
这不是一个二进制数!不能正确转换
```

【例 4-13】 求两数的最大公约数和最小公倍数。

求最大公约数和最小公倍数是编程学习中的一个经典问题,其算法除了可以使用常用的辗转相除法外,还可以用递归调用法和数学定义法等。

1. 辗转相除法

辗转相除法(又名欧几里得法)计算两个正整数 a,b 的最大公约数和最小公倍数依赖于下面的定理:

$$\gcd(a,b)=\begin{cases}a & b=0\\ \gcd(b,a \bmod b) & b\neq 0\end{cases}$$

根据这一定理可以采用函数嵌套调用和递归调用形式进行求两个数的最大公约数和最小公倍数,现分别叙述如下。

(1) 只有主函数。

问题分析:设两数为 a 和 b,其中 a 做被除数,b 做除数,r 为余数,具体算法过程如下:

① 大数放在 a 中,小数放在 b 中;

② 求 a/b 的余数 r;

③ 若 r=0,则 b 为最大公约数;

④ 如果 r!=0,则把 b 的值给 a,r 的值给 b;

⑤ 返回到第二步。

程序代码如下:

```
#include <iostream>
using namespace std;
int main()
{
    int a, b, r, p, temp;
```

```
    cout <<"Input a,b:";
    cin >> a >> b;
    p = a * b;
    if(b > a)
    {
        temp = a;
        a = b;
        b = temp;
    }
    while(b!= 0)
    {
        r = a % b;
        a = b;
        b = r;
    }
    cout <<"a,b 的最大公约数是: "<< a << endl;
    cout <<"a,b 的最小公倍数是: "<< p/a << endl;
    return 0;
}
```

(2) 函数嵌套调用。

问题分析：定义 divisor()函数完成求两个数的最大公约数，定义 multiple()函数完成求两个数的最小公倍数，在主函数 main()中输入两个正整数 a 和 b，通过分别调用 divisor()和 multiple()实现求两数的最大公约数和最小公倍数。程序代码如下：

```
#include < iostream >
using namespace std;
int divisor(int a, int b);
int multiple(int a, int b);
int main()
{
    int a, b;
    cout <<"Input a,b:";
    cin >> a >> b;
    cout <<"a,b 的最大公约数是: "<< divisor(a,b)<< endl;
    cout <<"a,b 的最小公倍数是: "<< multiple(a,b)<< endl;
    return 0;
}

int divisor(int a, int b)
{
    int r, temp;
    if(b > a)                          //通过比较,保证 a 为大数,b 为小数
    {
        temp = a;
        a = b;
        b = temp;
    }
    while(b!= 0)                       //通过循环求两数的余数,直到余数为 0
    {
```

```
        r = a % b;
        a = b;
        b = r;
    }
    return a;                           //返回最大公约数到调用函数处
}
int multiple(int a, int b)
{
    return a * b/divisor(a,b);          //a,b 的最小公倍数等于 a,b 乘积除以它们的最大公约数
}
```

程序运行结果：

```
Input a,b:6    8
a,b 的最大公约数是:2
a,b 的最小公倍数是:24
```

(3) 函数递归调用。

设 b≠0,则得求最大公约数的函数 gcd(a,b)为：

$$gcd(a,b)=\begin{cases} b & a\%b==0 \\ gcd(b,a \bmod b) & a\%b!=0 \end{cases}$$

以上公式满足编写递归函数的条件,现在用递归函数实现求最大公约数。程序代码如下：

```
#include < iostream >
using namespace std;
int gcd(int a, int b);
int main()
{
    int a,b;
    cout <<"Input a,b:";
    cin >> a >> b;
    cout <<"a,b 的最大公约数是: "<< gcd(a,b)<< endl;
    cout <<"a,b 的最小公倍数是: "<< a * b/gcd(a,b)<< endl;
    return 0;
}
int gcd(int a, int b)
{
    if(a % b == 0)
        return b;
    else
        return gcd(b,a % b);
}
```

2. 穷举法

穷举法也称枚举法。求两个正整数的最大公约数的解题步骤为：从两个数中较小数开始由大到小列举,直到找到公约数立即中断列举,得到的公约数便是最大公约数。

问题分析：对两个正整数 a 和 b 如果能在区间[0,a]或[0,b]内找到一个整数 temp,同时被 a 和 b 所整除,则 temp 即为最大公约数。程序代码如下：

```
#include<iostream>
using namespace std;
int divisor(int a,int b);
int main()
{
    int a,b;
    cout<<"Input a,b:";
    cin>>a>>b;
    cout<<"a,b的最大公约数是: "<<divisor(a,b)<<endl;
    cout<<"a,b的最小公倍数是: "<<a*b/divisor(a,b)<<endl;
    return 0;
}
int divisor(int a,int b)
{
    int temp;
    temp=(a>b)?b:a;                 //用条件运算表达式求出两个数中的最小值
    while(temp>0)                   //只要找到一个数能同时被a,b所整除,则中止循环
    {
        if(a%temp==0&&b%temp==0)
            break;
        temp--;                     //如不满足if条件则变量自减,直到能被a,b所整除
    }
    return temp;                    //返回满足条件的数到主调函数处
}
```

4.7 小结与知识扩展

4.7.1 小结

使用函数可以节省编写相同程序段的时间,避免重复编辑和编译的工作,更重要的是便于将复杂的问题合理分解成若干子问题,分别解决。

在使用函数进行程序设计时,必须要明确两点:一是函数调用及返回的过程,二是数据如何传递。

函数调用及返回的过程也称为函数调用机制。如果程序在执行过程中遇到对其他函数的调用,则暂停当前函数的执行,保存下一条指令的地址(即返回地址),并保存现场,然后转到子函数的入口地址,执行子函数。当遇到return语句或者子函数结束时(没有return语句),则恢复之前保存的现场,并从先前保存的返回地址开始继续执行。

数据传递是指在不同的函数间传递数据,传递方向有两个:

(1) 通过函数参数实现数据从主调函数向被调函数的传递,即参数的形实结合。

(2) 通过被调函数的返回语句return,将被调函数处理的结果返回主调函数。

数据传递通常都是单向的,且return语句一般只能返回一个数据。但如果采用引用传递或地址传递(第7章中介绍),就可以实现将被调函数中更多的信息带回主调函数。

4.7.2 main()函数

C++的设计原则是把函数作为程序的构成模块。main()函数称为主函数,一个C++程

序总是从 main()函数开始执行的。

1. main()函数的形式

在最新的 C99 标准中,只有以下两种定义方式是正确的。

(1) 无参数形式

```
int main()
{
    …
    return 0;
}
```

(2) 带参数形式

```
int main(int argc,char *argv[])
{
    …
    return 0;
}
```

int 指明了 main()函数的返回类型,函数名后面的圆括号内一般包含传递给函数的信息,没有参数或 void 表示没有给函数传递参数。关于带参数的 main()形式,将在第 8 章中介绍。

浏览老版本的 C 代码,会发现程序常以如下形式开始:

```
main()
{
    …
}
```

C90 标准允许这种形式,但是 C99 标准则不允许。因此,即使你当前的编译器允许,也不要这么写。

你还可能看到过另一种形式:

```
void main()
{
    …
}
```

有些编译器允许这种形式,但是还没有任何标准考虑接受它。C++之父 Bjarne Stroustrup 在他的主页上明确地表示:void main()的定义从来就不存在于 C++或者 C。所以,编译器不必接受这种形式,并且很多编译器也不允许这么写。

坚持使用标准的意义在于:当你把程序从一个编译器移到另一个编译器时,依然能正常运行。

2. main()函数的返回值

main()函数的返回值类型是 int 型,而程序最后的 return 0 正与之遥相呼应,这里 0 就是 main()函数的返回值。那么这个 0 返回到哪里呢?它返回给操作系统,表示程序正常退出。因为 return 语句通常写在程序的最后,不管返回什么值,只要到达这一步,就说明程序已经运行完毕。其实,main()函数的返回值对程序本身没有用处,而 return 的作用不仅在于返回一个值,还在于结束函数。

习　题

4-1　简答题

(1) C++中为什么要使用函数?

(2) C++中的函数分为哪几种?

(3) 什么是主调函数? 什么是被调函数? 二者之间有什么关系? 如何调用一个函数?

(4) 函数原型声明中的参数名与函数定义中的参数名必须一致吗? 为什么?

(5) 函数调用时,实参与形参之间的数值传递和引用传递有何区别?

(6) 什么是内联函数? 它有哪些特点?

(7) 重载函数时有何要求?

(8) 什么情况下使用函数模板?

4-2　阅读下列程序,写出程序运行结果

(1) 程序代码如下:

```
#include<iostream>
int func(int a,int b);
using namespace std;
int main()
{
    int k=4,m=1,p;
    p=func(k,m);
    cout<<"p="<<p<<endl;
    k=p+m;
    p=func(k,m);
    cout<<"p="<<p<<endl;
    return 0;
}
int func(int a,int b)
{
    int m=0,i=2;
    i+=m+1;
    m=i+a+b;
    return(m);
}
```

程序运行结果:

(2) 程序代码如下:

```
#include<iostream>
using namespace std;
void fCircle(double &area,double &circumference,double r)
{
```

```
    const double PI = 3.1415926;
    area = PI * r * r;
    circumference = 2 * PI * r;
}
int main()
{
    double r,a,c;
    cout <<"输入圆半径: ";
    cin >> r;
    fCircle(a,c,r);
    cout <<"面积 = "<< a <<",周长 = "<< c << endl;
    return 0;
}
```

程序运行结果：

（3）程序代码如下：

```
#include < iostream >
using namespace std;
void func(double x, int &part1, double&part2)
{
    part1 = int(x) + 1000;
    part2 = (x + 1000 - part1) * 100;
}
int main()
{
    int n;
    double x, f;
    x = 1002.0703;
    func(x,n,f);
    cout <<"Part1 = "<< n <<",Part2 = "<< f << endl;
    return 0;
}
```

程序运行结果：

（4）程序代码如下：

```
#include < iostream >
using namespace std;
int func(int a)
{
    int  b = 0,c = 4;
    b++;c -- ;
    return (a + b + c);
}
int main()
```

```
{
    int  a = 2;
    for(int j = 0;j < 3;j++);
        cout << func(a + j)<< endl;
    return 0;
}
```

程序运行结果：

4-3 阅读下列程序说明和程序代码，填空完成程序

(1) 通过函数调用计算 S＝1＋1/2!＋1/3!＋…＋1/n!。填空完成程序，并上机运行验证。

程序代码如下：

```
#include < iostream >
using namespace std;
double fun(int n)
{
    double s = 0.0,fac = ___①___;
    for(int j = 1;___②___;j++)
    {
        fac = ___③___;
        s = ___④___;
    }
    return ___⑤___;
}
int main()
{
    cout << fun(6)<< endl;
    return 0;
}
```

完成程序后，程序的运行结果应为：

```
1.71806
```

(2) 通过函数调用计算任意一个 5 位整数的各位数字之和(例如，12345 的各位数字之和是 1＋2＋3＋4＋5＝15)。填空完成程序，并上机运行验证。

程序代码如下：

```
#include < iostream >
using namespace std;
int iSwsum(int iNum);
int main()
{
    int iCount,iNum,iTotal;
    iCount = 5;
    iTotal = 0;
    cout <<"输入一个 5 位的整数: "<< endl;
```

```
    cin >> iNum;
    cout <<"整数的各位之和是:"<< ___①___ << endl;
    return 0;
}
int iSwsum(int iNum)
{
    if( ___②___ )   iNum = - iNum;
    int iSum = 0;
    do
    {
        iSum + = ___③___ ;
        iNum  = iNum/10;
    }while( ___④___ ) ;
    return( ___⑤___ ) ;
}
```

完成程序后，程序的运行结果样例应为：

```
输入一个 5 位的整数: 12345
整数的各位之和是:15
```

(3) 通过函数判断任意整数是否为回文数。回文数即左读右读都相同的数(例如12321)。并通过函数调用求出 10～200 的数 n，它满足 n，n^2，n^3 均为回文数。填空完成程序，并上机运行验证。

程序代码如下：

```
#include < iostream.h >
void main()
{
    bool bSame(long lOld) ;
    long lNum;
    for(lNum = 11; ___①___ ;lNum++)
    if( ______②______ )
        cout <<"n = "<< lNum <<"    n * n = "<< lNum * lNum
                <<"    n * n * n = "<< lNum * lNum * lNum << endl;
}
bool bSame(long lOld)
{
    long copy_lOld, lNew;
    copy_lOld = lOld;   lNew = 0;
    while(lOld)
    {
        lNew = lNew * 10 + lOld % 10;
        lOld = ___②___ ;
    }
    if( _____③_____ )
        return true;
    else
        _____④_____ ;
}
```

完成程序后,程序的运行结果应为:

```
n = 11    n * n = 121      n * n * n = 1331
n = 101   n * n = 10201    n * n * n = 1030301
n = 111   n * n = 12321    n * n * n = 1367631
```

4-4 编程题

(1) 编写一个函数,将华氏温度转换为摄氏温度,公式为 $C=(F-32)\times5/9$。公式中 F 代表华氏温度,C 代表摄氏温度。在主函数中提示用户输入一个华氏温度,并完成输入,由函数完成转化功能。

(2) 编写名为 sphere(float &a,float &v,float r)的函数,实现在给定一个球体的半径 r 之后,返回该球体的体积 v 和表面积 a。

(3) 编写一个函数求满足以下条件的最大的 n:

$$1^2+2^2+3^2+\cdots+n^2<1000$$

(4) 用递归的方法编写函数,求 Fibonacci 级数,公式 fib(n)=fib(n-1)+fib(n-2),n>2;fib(1)=fib(2)=1。

(5) 一个百万富翁遇到一个陌生人,陌生人找他谈一个换钱计划。该计划内容如下:陌生人每天给富翁 10 万元;而富翁第一天只需给陌生人 1 分钱,第二天只需给陌生人 2 分钱,以后每天给陌生人的钱是前一天的两倍,直到满一个月(按 30 天计算)。百万富翁很高兴,欣然接受了这个契约。编程计算,一个月后,百万富翁收取了多少钱以及付给陌生人多少钱?这个契约对谁有利?

(6) 用递归的方法编写函数,计算从 n 个正整数中选择 k 个数的不同组合数。

(7) 编写重载函数,实现求两个数或三个数的最大值。

(8) 定义一个求绝对值函数的模板,实现对不同数据类型的数求绝对值。

第 5 章　数　　组

本章要点

- 数组的概念。
- 一维数组、二维数组的声明及初始化。
- 数组作为函数的参数。
- 字符串与数组的关系。
- 数组的应用(排序、查找、统计、字符处理和数列处理等)。

在程序中,经常需要保存大量具有相同类型的数据,如在程序中保存 10 个学生的考试成绩,并对成绩进行排序、统计等操作。最直接的想法是定义 10 个变量 n1,n2,n3,…,n10 用于存放考试成绩,且不说如何对 10 个变量进行排序,就是为这 10 个变量赋初值就比较麻烦。这只是 10 个数据,如果是 1000 个或更多的数据,对这些数据操作的复杂程度可想而知。为解决上述问题,C++ 提供了一个很好的复合类型——数组。数组与循环控制结构配合使用,可以很方便地解决对大量数据赋值、排序、统计等操作问题。

5.1　数组的基本概念

数组是具有相同类型的一组数据的集合,且占用连续的内存单元用于存储信息。组成数组的对象称为数组元素,可以通过指定数组元素在数组中的位置编号来访问数组中的元素。

例如,定义数组 score[]用于存放 10 个学生的成绩:

```
int score[10] = {78,66,93,72,84,90,67,81,86,95};
```

表 5-1 列出了整型数组 score[]的各数组元素及其值。

表 5-1　数组 score[]的各数组元素及其值

数组元素	数组元素的值	数组元素	数组元素的值
score [0]	78	score [5]	90
score [1]	66	score [6]	67
score [2]	93	score [7]	81
score [3]	72	score [8]	86
score [4]	84	score [9]	95

score 数组包含 10 个元素,可以用数组名加上方括号“[]”中该元素的位置编号访问这

些元素。例如,score[]数组中的第 1 个元素为 score [0],第 2 个元素为 score [1],……,第 10 个元素为 score [9]。由此可见,score[]数组中的第 i 个元素为 score [i－1]。

在实际应用中,数组分为简单的一维数组和较为复杂的多维数组。

5.2 一维数组

5.2.1 一维数组的声明

数组在使用前必须先声明。声明一维数组的形式如下:

```
<类型标识符><数组名>[数组长度]
```

其中,类型标识符决定数组中每一个数组元素可存储数据的类型,一个数组中,所有数组元素的类型都是相同的;数组名必须遵循 C++语言对标识符的要求,其命名规则与其他变量名相同;数组长度是个常量表达式,它规定了数组的大小,即所声明的数组由多少个数据类型相同的存储空间组成。

数组的声明为数组分配了存储空间,数组中每个元素在内存中是依次排列的。例如:

```
int score[10];
```

定义了名称为 score 的一维数组,该数组有 10 个元素,且每一个数组元素都是 int 类型的,即每一个数组元素占 4 字节,所以该数组在内存中一共占 4×10＝40 字节,且这些存储空间是连续的。

在声明数组时,要注意数组的长度只能由常量表达式来决定,不能有变量出现,即数组的长度必须是确定的。如果有变量出现,在编译时编译器会给出错误信息。例如:

```
int const N = 10;
int n,m = 3;
int a[N];                        //合法,N 为常变量
double b[n],c[m * 12];           //不合法,n 和 m 为变量
```

5.2.2 一维数组的初始化

变量可以在声明时赋初值,数组也可以在声明时给所有或部分数组元素赋初始值。声明时给一维数组元素赋初始值有如下两种形式。

形式 1:

```
<类型标识符> <数组名>[数组长度] = {第 0 个元素值,第 1 个元素值,…,第 n - 1 个元素值}
```

形式 2:

```
<类型标识符> <数组名>[] = {第 0 个元素值,第 1 个元素值,…,第 n - 1 个元素值}
```

第一种形式将声明一个长度为“数组长度”的数组,然后将花括号内的值依次赋予数组的各个元素。花括号内只能是常量表达式。如果花括号中的常量表达式的个数少于数组长度,则剩余的数组元素就不被赋予初始值,都被“清零”;如果花括号中的常量表达式的个数大于数组长度,则编译器会给出错误信息。

第二种形式将声明一个长度为 n 的数组，并将花括号内的 n 个值依次赋给数组的各个元素。注意，此时数组的长度未给定，而是由花括号内的数据个数决定的。

特别提示：以下形式是不允许的。

```
<类型标识符><数组名>[ ] = {第 0 个元素值,,第 2 个元素值, …,第 n - 1 个元素值}
```

例如：

```
int a[ ] = {1,2,3};                //合法,默认数组长度为 3,a[0] = 1,a[1] = 2,a[2] = 3
int b[5] = {1,2,3};                //合法,b[0] = 1,b[1] = 2,b[2] = 3,b[3] = b[4] = 0
int c[ ] = {1,,3,4,5};             //不合法,1 和 3 之间不能有"空"
int d[6] = {1,2,3,4,5,6,7};        //不合法,初值个数 7 >数组长度 6
```

5.2.3　访问一维数组的元素

带下标的数组名就是下标变量，也称为数组元素。对数组的操作一般都是通过访问数组元素来实现的。访问一维数组元素的形式如下：

```
<数组名>[下标]
```

下标就是数组元素的索引值，即数组元素在数组中的位置编号，它代表了要访问的数组元素在数组中与第 1 个数组元素（下标值为 0）的相对位置。例如，数组 a[]中第 1 个数组元素 a[0]的下标为 0，因为就是它本身，所以它与第 1 个数组元素 a[0]的相对位置为 0；第 2 个数组元素 a[1]的下标为 1，代表它与第 1 个数组元素 a[0]的相对位置为 1，即 a[1]是 a[0]的下一个元素；第 3 个数组元素 a[2]的下标为 2，表示它与第 1 个数组元素 a[0]的相对位置为 2，以此类推。

下标值的允许范围是 0～N－1（N 为数组的长度）。在声明数组时，数组的长度只能是常量，而在访问数组元素时，下标可以是任意的整型表达式，只要表达式的取值范围在 0～N－1 即可。

在实际的程序设计中，要特别注意下标值的溢出问题。C++在编译时不对下标值的合法性进行检查。换句话说，如果声明了一个长度为 100 的数组，访问下标为 0、下标为－1、下标为 120 的元素，在语法上都是正确的，这就要求程序员在编写程序时要格外小心。如果访问数组中的元素时下标值在允许的范围以外，就等于企图侵入程序中（甚至是整个系统中）其他模块或变量、数组等的存储空间，尽管编译时不会有任何问题，但在程序运行时操作系统一般会给出保护模式错误警告。

数组元素可以当成普通的变量使用，也就是说在程序中所有变量可以出现的地方都可以用数组元素替代，当然数组元素也可用于赋值语句的左边。

例如，声明一个长度为 20 的整型数组，并将数组中的各个元素按顺序赋予从 50 到 70 以 1 递增的数，即赋予数组的第 0 个元素的值为 50，赋予数组的第 1 个元素的值为 51，以此类推。为了能访问到数组中的所有元素，需要用一个简单的 for 循环语句，循环控制变量从 0 开始，以 1 为增量，一直递增到 19，而循环控制变量正好可以作为访问数组元素时的下标。要按顺序给数组元素赋予从 50～70 的值，只要让每个数组元素的值等于其下标值加上 50（也就是将循环控制变量加上 50）即可。相应的程序代码片段如下：

```
int nData[20];
for(int i = 0;i < 20;i++)
    nData[i] = i + 50;
```


【例 5-1】 假定一个班级有 20 名学生,所有学生某门课程的考试成绩保存在一个一维数组中。编写程序,找出该班学生该门课程考试的最高分,并计算平均分数和统计考试成绩不及格的学生人数。

问题分析:这是一个典型的顺序查找统计问题。可以通过数组与循环的配合遍历 20 个学生的成绩,实现查找最高分和统计总分和不及格人数的目的。这里的查找最高分实际上是在所有成绩中找到最大值,可以先假定第 1 个数组元素为最大值,之后通过循环结构将每一个数组元素与当前的最大值进行比较,并记录最大值所在位置,最终查找到最高分。程序代码如下:

```
#include <iostream>
#include <iomanip>
using namespace std;
int main()
{
    int nScore[20] = {90,88,45,92,76,59,89,93,60,51,      //定义一维数组,并赋初值
                      91,65,82,74,92,35,66,78,62,91};
    int nSum = 0,nUnPassedCount = 0;                      //计数变量清零
    //输出数组
    for(int i = 0;i < 20;i++)
    {
        if(i % 10 == 0)                                   //每输出 10 个数据后换行
            cout << endl;
        cout << setw(4)<< nScore[i];
    }
    //顺序查找和统计
    int max = nScore[0],k;                                //先假定第 1 个数组元素为最大值
    for(i = 0;i < 20;i++)
    {
        if(max < nScore[i])                               //找到最大值
        {
            max = nScore[i];
            k = i;
        }
        nSum += nScore[i];                                //求和
        if(nScore[i]< 60)                                 //统计不及格人数
            nUnPassedCount++;
    }
    //输出查找和统计结果
    cout <<"\\n 考试最高分为:"<< max <<"是第"<< k + 1 <<"个"<< endl;
    cout <<"平均分数为:"<<(float)nSum/20 << endl;   //为更精确显示结果,将 int 型转换成 float 型
    cout <<"不及格人数为:"<< nUnPassedCount << endl;
    return 0;
}
```

程序运行结果:

```
考试最高分为:93 是第 8 个
平均分数为:73.95
不及格人数为:4
```

程序中首先定义了一个长度为 20 的一维数组,并将 20 名学生的考试成绩赋值给一维数组。接着的第 1 个 for 语句按每行 10 个数据的格式输出 20 个考试成绩,此功能是通过选择语句判断如果循环变量 i 能被 10 整除则回车换行实现的。接着假定第 1 个数组元素 nScore[0]为最大值并赋值给变量 max,第 2 个 for 语句控制循环 20 次,通过遍历每一个学生的考试成绩,通过将数组元素 nScore[i]与 max 进行比较,并用变量 k 记录最大值的位置,最终查找出成绩最高分并存入变量 max 中,在此遍历学生考试成绩的同时,判断每一个学生的考试成绩是否小于 60,据此统计不及格人数。

【例 5-2】 输入 3 个不同的整数,找出最大的数和中间的数,并输出结果。

问题分析:如果不使用数组,在 3 个数中找最大的数和中间的数是比较麻烦的。现在将 3 个数赋值给一维数组,并与循环控制结构结合将数组中所有元素重新按照递增顺序排序,这样在排序后的数组中就能很容易地找到最大的数和中间的数。程序代码如下:

```
#include <iostream>
using namespace std;
const int N = 3;
int main()
{
    int a[N];
    int i,j,t,k;

    cout <<"输入任意 3 个不同的数:";
    for(i = 0;i < N;i++)                        //循环输入 N 个值,并赋值给一维数组 a[]
        cin >> a[i];

    for(i = 0;i < N - 1;i++)                    //或 for(i = 0;i < 2;i++)
    {
        k = i;
        for(j = i + 1;j < N;j++)                //或 for(j = i + 1;j < 3;j++)
            if(a[j]< a[k]) k = j;
        if(k!= i)
        {
            t = a[i];
            a[i] = a[k];
            a[k] = t;
        }
    }
    cout <<"按照递增排序后的数组为:";
    for(i = 0;i < N;i++)
        cout << a[i]<<"\t";

    cout <<"\n3 个数中最大值为:"<< a[2]<< endl;
    cout <<"3 个数中中间的值为:"<< a[1]<< endl;

    return 0;
```

```
}
```

程序运行结果：

```
输入任意 3 个不同的数:7   3   8
按照递增排序后的数组为:3   7   8
3 个数中最大值为:8
3 个数中中间的值为:7
```

5.3 多维数组

如果一个数组元素本身也是数组，就形成多维数组。一维数组的下标数只有一个，而多维数组的下标数有多个，多维数组中最常用的是二维数组。

5.3.1 二维数组的声明

声明一个二维数组的形式为：

<类型标识符><数组名>[第 1 维长度][第 2 维长度]

同一维数组一样，二维数组的数组名必须遵循 C++标识符的命名规则。数组第 1 维长度和第 2 维长度都是常量表达式，常量表达式中同样不能有任何变量出现。二维数组通常用于存放矩阵或二维表中的数据，因此在二维数组中，常称第 1 维为行，第 2 维为列。

例如，语句 int nMatrix[3][4]将声明一个名为 nMatrix 且第 1 维长度为 3、第 2 维长度为 4 的二维数组，称为 3 行 4 列的二维数组，与二维表格之间的对应关系如表 5-2 所示。

表 5-2　二维数组与二维表格之间的对应关系

行 \ 列	0	1	2	3
0	nMatrix[0][0]	nMatrix[0][1]	nMatrix[0][2]	nMatrix[0][3]
1	nMatrix[1][0]	nMatrix[1][1]	nMatrix[1][2]	nMatrix[1][3]
2	nMatrix[2][0]	nMatrix[2][1]	nMatrix[2][2]	nMatrix[2][3]

由表 5-2 可知，对于第 1 行，第 1 维的值都为 0，且从左到右第 2 维的值由 0 增至 3；在第 2 行，第 1 维的值都为 1，从左到右第 2 维的值重新由 0 增至 3；在第 3 行，第 1 维的值都为 2，从左到右第 2 维的值再次由 0 增至 3。因此，如果将二维数组名和第 1 维下标看作一个整体当作一维数组名，则二维数组中每行的元素就相当于一个一维数组。例如，如果将 nMatrix[0]看作一个数组名，则第一行的 4 个元素就组成了一个长度为 4 的一维数组。那么 3 行 4 列的二维数组可以看成由 3 个长度分别为 4 的一维数组所构成，这 3 个一维数组名分别为 nMatrix[0]、nMatrix[1] 和 nMatrix[2]。

不难算出，3 行 4 列的二维数组中共有 3×4＝12 个整型元素，这 12 个元素在内存中是按顺序存放的，先从左到右存放第一行的 4 个元素，紧接着从第二行的第 1 个元素开始，从左到右依次存放第二行的 4 个元素，最后存放第三行的 4 个元素。了解二维数组元素在内存中的存储方式，对在程序中访问二维数组元素很有益处。

5.3.2 二维数组的初始化

同一维数组一样，二维数组也可以在声明时赋初始值，形式如下。

形式 1：

```
<类型标识符><数组名>[第 1 维长度][第 2 维长度] = {{第 0 个第 2 维数据组},
                                                {第 1 个第 2 维数据组},
                                                … ,
                                                { 第 n - 1 个第 2 维数据组}}
```

其中，n 等于第 1 维长度。

形式 2：

```
<类型标识符><数组名>[第 1 维长度][第 2 维长度] = {第 0 个元素值,
                                                第 1 个元素值,
                                                … ,
                                                第 m - 1 个元素值}
```

其中，m 等于第 1 维长度乘第 2 维长度之积。

这两种形式中，如果花括号中给出的元素个数少于实际的元素个数，则剩余的数组元素将会自动赋值为 0，也称“清零”；如果花括号中给出的元素个数大于实际的元素个数，则编译器会给出错误信息。例如：

```
int a[ ][3] = {{1},{2,3},{4,5,6},{0}};          //合法,a[0][0] = 1,a[1][0] = 2, …
int b[ ][3] = {{,1},{2,3},{4,5,6},{0}};         //不合法,因为 1 之前不能有"空"
int c[ ][3] = {{1},{2,3},{4,,6},{0}};           //不合法,因为 4 和 6 之间不能有"空"
int d[2][2] = {1,2,3,4,5}                       //不合法,初值个数大于数组的元素个数
```

5.3.3 访问二维数组的元素

要访问二维数组中的元素，同样需要指定要访问的元素的下标。二维数组的元素有两个下标，访问二维数组元素的形式为：

```
<数组名>[第 1 维下标][第 2 维下标]
```

这里，下标的值也是从 0 开始，且不能超过该维的长度减 1。下标可以是任意整型表达式，只要其值在该下标的有效范围内即可。

要访问二维数组中的某个元素，必须给出该元素所在的行和列。如 nMatrix[2][1]代表数组名为 nMatrix 的二维数组中位于第 3 行、第 2 列的元素。同一维数组一样，二维数组的元素也可以当成变量进行赋值或参与各种表达式的计算。

【例 5-3】 生成如下格式的方阵，将其存入二维数组中。

（1）输出二维数组所有元素的值。

（2）求该方阵每行、每列及对角线(左上右下)之和。

1　2　3　4　5

10　9　8　7　6

11　12　13　14　15

20　19　18　17　16

21　22　23　24　25

问题分析：二维数组的行和列同矩阵的行和列是对应的。因此，为了访问二维数组中的所有元素，应使用双重循环，外层循环控制变量作为当前行，内层循环的循环控制变量作为当前列。

这个方阵的规律在于：偶数行中的元素按升序排列，奇数行中的元素按降序排列，只要按此规律逐行"处理"方阵中的元素，即可得此方阵。在显示二维数组时，为了得到理想的显示效果，要对不同的元素指定不同的显示位置。另外，考虑除需要存放5×5方阵的各元素，还要存放各行和各列以及左上右下对角线之和，因此定义一个6×6的方阵，最后一列数组元素用于存放对应行之和，最后一行的数组元素用于存放对应列之和，最后一个数组元素则用于存放左上右下对角线上各数之和。程序代码如下：

```
#include <iomanip>
#include <iostream>
using namespace std;
int main()
{
    int nRow;                                   //控制行的变量
    int nCol;                                   //控制列的变量
    int nMatrix[6][6] = {0};                    //二维数组声明,且数组元素被赋值为0
    //生成5×5方阵
    for(nRow = 0;nRow < 5;nRow++)
    {
        for(nCol = 0;nCol < 5;nCol++)
        {
            if(nRow % 2 == 0)
                nMatrix[nRow][nCol] = nRow * 5 + nCol + 1;
            else
                nMatrix[nRow][4 - nCol] = nRow * 5 + nCol + 1;
        }
    }
    //输出方阵
    cout <<"生成方阵为: \n";
    for(nRow = 0;nRow < 5;nRow++)
    {
        for(nCol = 0;nCol < 5;nCol++)
        {
            cout << nMatrix[nRow][nCol];
            if(nMatrix[nRow][nCol]< 10)         //控制输出1位数与2位数时的不同间隔
                cout << setw(3)<<"  ";
            else
                cout << setw(2)<<"  ";
        }
        cout << endl;                           //每输出一行后换行
    }
    cout << endl;
    //计算5×5方阵各行及左上右下对角线之和
    for(nRow = 0;nRow < 5;nRow++)
```

```
    {
        for(nCol = 0;nCol < 5;nCol++)
        {
            nMatrix[nRow][5] += nMatrix[nRow][nCol];                    //计算各行之和
            nMatrix[5][nRow] += nMatrix[nCol][nRow];                    //计算各列之和
        }
        nMatrix[5][5] += nMatrix[nRow][nRow];
        cout <<"第"<< nRow + 1 <<"行之和: "<< nMatrix[nRow][5]<<"\t\t";
        cout <<"第"<< nRow + 1 <<"列之和: "<< nMatrix[5][nRow]<< endl;
    }
    cout <<"\n 左上右下对角线之和: "<< nMatrix[5][5]<< endl;
    return 0;
}
```

程序运行结果：

```
生成方阵为:
    1   2   3   4   5
    10  9   8   7   6
    11  12  13  14  15
    20  19  18  17  16
    21  22  23  24  25

第 1 行之和: 15          第 1 列之和: 63
第 2 行之和: 40          第 2 列之和: 64
第 3 行之和: 65          第 3 列之和: 65
第 4 行之和: 90          第 4 列之和: 66
第 5 行之和: 115         第 5 列之和: 67

左上右下对角线之和: 65
```

特别需要说明的是，语句

```
int nMatrix[6][6] = {0};
```

与语句块

```
int nMatrix[6][6];
for(nRow = 0;nRow < 6;nRow++)
    for(nCol = 0;nCol < 6;nCol++)
        nMatrix[nRow][nCol] = 0;
```

的作用相同，都是将数组元素“清零”。前者是在声明二维数组的同时，只将数组元素nMatrix[0][0]赋值为0，剩余的数组元素将自动“清零”；后者是在二维数组声明后，通过循环逐个将每一个数组元素赋值为0。

如果数组只声明不赋值，其数组元素不会自动“清零”，这时数组元素的值是不确定的，不能直接使用。如果将数组用static说明为静态的，则数组中所有元素将自动赋初值为0，无须再对数组进行“清零”的操作，即

```
static int nMatrix[6][6];
```

可以替代以下代码：

```
int nMatrix[6][6];
for(nRow = 0;nRow < 6;nRow++)
    for(nCol = 0;nCol < 6;nCol++)
        nMatrix[nRow][nCol] = 0;
```

5.4 数组作为函数参数

C++将数组名解释为该数组第一个元素的地址，并视数组名为指针。有关指针的概念将在第7章介绍，这里只结合数组参数的传递过程，对数组名作为函数参数的编程方法进行介绍。

5.4.1 一维数组名作为参数

在涉及函数调用的程序设计中，通常需要将数组中存放的所有数据传递给被调用函数。最直接的想法是将该数组中的所有元素都作为参数，一个一个地传递给被调用函数。显然，随着数组元素的增多，函数的参数阵容将非常庞大，所以这种方法基本上是不可行的。在实际的程序设计中，通常采用只将数组名(即数组中第一个数组元素的地址)作为实参传递给被调用函数的方法，实现将整个数组传递给被调用函数的目的。例如，在主函数 main()中声明了如下数组：

```
int nScore [20];
```

如果要将该数组中的所有数据传递给另一个函数 func()，则在函数 main()中，可用下列形式的函数调用语句：

```
func (nScore,20);
```

这里，数组名 nScore 是数组元素 nScore[0]的内存地址，20 是整个数组的元素个数，即数组的长度。

一维数组作为参数时，函数的声明主要有以下两种形式。

形式1：

<类型标识符><函数名>(类型标识符数组名[],int 长度)

形式2：

<类型标识符><函数名>(类型标识符数组名[长度])

第一种形式适用于处理不同长度的数组，数组的实际长度通过另一个参数传递给函数；第二种形式只可用于传递长度固定的数组。不管哪一种形式，传递的都不是数组本身，而是传递第一个数组元素所在内存单元的地址，即数组的起始地址。通过传递数组的起始地址，被调用函数可得到数组的准确存放位置。因此，当被调用函数在函数体中修改数组元素的值时，实际上是修改该地址所指的内存单元中原数组元素的值。

【例 5-4】 一个班级有20名学生，所有学生的英语考试成绩保存在一个一维数组中。

定义函数 ave()用于求该班学生的英语考试平均成绩。

问题分析：函数 ave()需要用到该班级中所有 20 名学生的英语考试成绩，所以调用函数 ave()时，需要将存放 20 名学生考试成绩的数组 nScore[]的数组名作为实参传递给函数 ave()的形参 a[]，同时将人数 20 也传递给函数 ave()的形参 n，以方便求平均计算。程序代码如下：

```
#include <iostream>
using namespace std;
double ave(int a[],int n);
int main()
{
    const int N = 20;
    int nScore[N] = {90,88,45,92,76,59,89,93,60,51,
                     91,65,82,74,92,35,66,78,62,91};
    cout <<"学生平均分数为："<< ave(nScore,N)<< endl;
    return 0;
}
double ave(int a[],int n)
{
    for(int i = 0,nSum = 0;i < n;i++)
        nSum += a[i];
    return ((float)nSum/n);
}
```

程序运行结果：

```
学生平均分数为：73.95
```

一维数组名实际上是在内存中存储数组数据的起始地址。当进行参数传递时，实参将数组的起始地址传递给形参，使形参同实参指向同一内存地址。因此，在被调函数中，如果对作为形参传递而来的数组中的某个数组元素进行修改，则在被调函数之外，作为实参所指的数组中，该数组元素的值也一定会发生改变。数组元素的存储与作为实参的数组名和作为函数形参的数组名之间的关系，如图 5-1 所示。

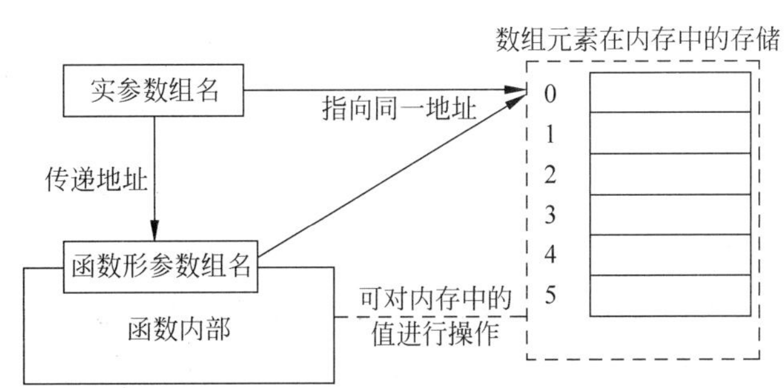

图 5-1　数组元素的存储与实参数组名和形参数组名之间的关系

为了验证实参同形参指向同一内存地址，可以在例 5-4 的 main()和 ave()两个函数中，分别用 cout 输出作为实参和形参的数组名 nScore 和 a，如下所示：

```
int main()
```

```
{
    …
    cout << nScore << endl;
    …
}
double ave(int a[], int n)
{
    …
    cout << a << endl;
    …
}
```

程序运行后,显示 nScore 和 a 的内容都是 0012FEF4。因为数组名 nScore 和 a 分别是数组 nScore[]和 a[]的起始地址,这也就表明数组 nScore[]和 a[]共用同一部分存储空间,即实参和形参指向同一内存地址。

鉴于上述原因,在函数体内必须考虑对作为形参传递而来的数组的操作。如果函数体内所有对作为形参传递而来的数组的操作只有读操作没有写操作,则不会有任何问题,但如果要改变数组元素的值,就必须考虑函数的调用者是否允许函数改变数组元素的值,如果调用者不允许,在函数内部必须将原数组进行复制,这样就可以保证所有的更改操作只对复制的新数组有效而不会影响到原数组。

5.4.2 二维数组的行地址作为参数

既然二维数组中的每一行相当于一个一维数组,那么,能否将二维数组的行地址作为函数参数,以实现传递本行数据的目的呢?答案是肯定的。

【例 5-5】 歌唱比赛有 5 名选手参加,有 6 名评委分别为选手打分,记分表如表 5-3 所示。

表 5-3 歌唱比赛记分表

选手号 \ 评委号	1	2	3	4	5	6
1	9.31	9.20	9.00	9.40	9.35	9.20
2	9.71	9.52	9.50	9.66	9.49	9.57
3	8.89	8.80	9.10	9.25	8.90	9.00
4	9.38	9.50	9.40	9.20	9.90	8.90
5	9.30	8.84	9.40	9.45	9.10	8.89

积分规则是:每位选手去掉一个最高分,再去掉一个最低分,然后取剩下的得分的平均分作为选手的最后积分。编写程序,计算各选手的成绩,并在窗口输出选手号和成绩。

问题分析:由于二维数组同二维表格有对应关系,可以用一个二维数组保存所有评委给所有选手评出的成绩。这样,数组下标的第 1 维(行)代表的就是选手号,第 2 维(列)代表的是评委号,例如 3 号评委给 2 号选手所打的分数存储在下标为[1][2]的元素中。要访问一个选手的所有成绩,只要将第 1 维的下标固定为该选手的选手号,让第 2 维的下标从 0 以 1 为增量变到 5(6－1＝5)即可。

在此基础上,必须找到每一位选手得分中的最高分和最低分,这就涉及如何在一个数组的各行中找到最大值元素和最小值元素的问题。方法是：声明两个变量 fMax 和 fMin，分别用来存储数组元素中的最大值和最小值。先假定数组各行的第 0 个元素是该行所有元素中的最大值和最小值，即将第 0 个元素的值赋予 fMax 和 fMin。接下来，从数组的第 1 个元素开始，逐个访问数组元素，判断当前数组元素是否比 fMax 大、是否比 fMin 小。如果比 fMax 大，则将当前元素的值赋予 fMax；如果比 fMin 小，则把当前元素的值赋予 fMin。最后 fMax 中必定是最高分，fMin 中必定是最低分。

在找数组各行元素最大值、最小值的同时还应对数组元素求和，这样访问完一位选手的所有得分后，即可得到该选手得分的总和、最高分和最低分。将得分的总和减去最高分、最低分，再除以 4(6－2＝4)，即可得到选手的最后得分。程序代码如下：

```
#include < iostream >
using namespace std;
double grade(double fArray[ ],int n);               //评分函数声明
int main()
{
    double fScoreData[5][6] =
    {
        {9.31,9.20,9.00,9.40,9.35,9.20},
        {9.71,9.52,9.50,9.66,9.49,9.57},
        {8.89,8.80,9.10,9.25,8.90,9.00},
        {9.38,9.50,9.40,9.20,9.90,8.90},
        {9.30,8.84,9.40,9.45,9.10,8.89}
    };
    cout.precision(3);                              //设置小数点后的位数
    cout <<"歌手的最后得分为: "<< endl;
    for(int nRow = 0;nRow < 5;nRow++)
    {
        cout << nRow + 1 <<" 号选手成绩为: ";
        cout << grade(fScoreData[nRow],5)<< endl;
    }
    return 0;
}
double grade(double fArray[ ],int n)                //评分函数定义
{
    double fMark,fMax,fMin;                         //定义记录成绩、最高分、最低分的变量
    fMark = fMax = fMin = fArray[0];
    for(int i = 0;i < n;i++)
    {
        if(fArray[i + 1]> fMax)
            fMax = fArray[i + 1];
        if(fArray[i + 1]< fMin)
            fMin = fArray[i + 1];
        fMark += fArray[i + 1];                     //fMark 记录着所有评委给的总分
    }
    return (fMark - fMax - fMin)/(n - 1);           //计算出平均分并返回调用函数
}
```

程序运行结果：

```
歌手的最后得分为:
1 号选手成绩为: 9.26
2 号选手成绩为: 9.56
3 号选手成绩为: 8.97
4 号选手成绩为: 9.37
5 号选手成绩为: 9.17
```

上述程序的 main( )中,调用函数的形式为 grade(fScoreData[nRow],5),其中,第 1 个参数 fScoreData[nRow]将二维数组的第 1 维数组名作为实参传递给了形参,实际是将二维数组的行地址作为参数传递给了形参,以实现传递本行数据的目的;第 2 个参数 5 是对每一行剩下元素操作所需要的循环次数。本例中一共有 6 名评委分别为每一个选手打分,为什么输入数字 5 而不是数字 6 呢?读者可以通过查看程序代码找到答案。

5.5 数组与字符串

在第 2 章中介绍过字符型常量与变量,也介绍过字符串常量,但对字符串变量只字未提。其实,在 C++语言中没有字符串变量类型,为了表示字符串可以使用字符型数组,用字符型数组的每个元素分别保存字符串中的每个字符。

5.5.1 字符型数组的声明及其初始化

字符型数组就是数组元素的类型是字符型的数组,其定义和声明同普通数组没有区别,主要的不同之处在于:字符型数组元素的初始化与使用方法。

同一般数组一样,字符型数组也可以在声明时对其元素进行初始化,只不过由于此时数组元素是字符类型,一般用字符型常量赋初值,例如:

```
char MyString[ ] = {'T','h','i','s',' ','a',' ','c','o','m','p','u','t','e','r','.','\0'};
```

上述语句声明一个名为 MyString 的字符型数组,并将 17 个字符常量(包括字母、空格、标点符号'.'和字符串结束符'\0')分别赋值给该数组的各元素,这种字符型数组的赋值方法很直观。除此之外,字符型数组还有两种特殊的初始化方法,形式如下:

形式 1:

```
char <数组名>[ ] = "字符串"
```

形式 2:

```
char <数组名>[ ] = {"字符串"}
```

这两种形式产生的效果是相同的,且更简便,它们会产生一个以字符串常量中的每个字符为数组元素且在末尾自动加'\0'的特殊数组,例如:

```
char MyString[ ] = "This is a computer.";
char MyString[ ] = {"This is a computer."};
```

这两个字符型数组声明并用字符串赋值的语句是等价的,它们等同于:

```
char MyString[ ] = {'T','h','i','s',' ','a', ' ','c','o','m','p','u','t','e','r','.','\0'};
```

语句执行后，MyString 数组中的元素依次是：'T'、'h'、'i'、's'、' '、'a'、' '、'c'、'o'、'm'、'p'、'u'、't'、'e'、'r '、'.'、'\0'。

说明：

(1) 转义字符'\0'是字符串的结束标志。在末尾保存了'\0'的字符型数组可以当成字符串使用，在程序中凡是可以使用字符串常量的地方都可以用字符型数组代替。

(2) 字符型数组的长度在声明时就已经确定，它是字符串中字符的个数+1，在使用的过程中不能更改。虽然在程序的运行过程中可以通过改变数组元素的值来改变一个字符型数组所存储的字符串内容，但如果要增加所存的字符串的长度，使用静态数组是办不到的。

(3) 字符型数组不可以重复赋值。不同于变量可以重复赋值，即在程序运行的过程中变量表示的值可以通过赋值语句改变，而字符型数组声明之后，不能用字符串再进行赋值，只允许改变字符型数组元素的值。例如，以下的赋值语句为不合法：

```
char MyString[ ];
MyString[ ] = "This is a computer.";            //不合法
MyString = "This is a computer.";              //不合法
```

但是，可以用 MyStrinq[0]='T'、MyStrinq[1]='h'等改变字符型数组元素的值，这时前面的字符型数组声明语句应明确给定数组长度。例如：

```
char MyString[17];                             //给定数组长度
MyString[0] = 'T';                             //合法
MyString[1] = 'h';                             //合法
… …
MyString[16] = '\0';                           //合法
```

5.5.2 字符串的基本操作

在 C++中要实现字符串的操作，例如连接两个字符串、求字符串长度等，需要另外编写程序对字符型数组进行操作。在 C++的库函数中提供了各种字符串运算的函数，可以直接调用。我们在此给出其中的求字符串长度、字符串复制和字符串连接三种运算的具体实现方法，理解这些运算，有助于提高对字符串和字符型数组的认识与理解。

1. 求字符串的长度

C++的标准字符串以'\0'结尾，所以求一个字符串的长度，要从字符串的第一个字符算起，直到碰到'\0'(或 0)为止，注意不包括'\0'。

假设字符串"abcd"保存在数组 pString 中，求字符串长度的程序段如下：

```
char pString[ ] = "abcd";
int nSize = 0;
while(pString[nSize]!= '\0')                   //从第一个字符直到碰到'\0'为止
    nSize++;
```

这里将记录长度的计数变量 nSize 作为元素下标，循环中 nSize 从 0 开始，每增加 1 次，则数组元素向后移动 1 位，直到最后数组元素值为'\0'为止，执行完毕后，整型变量 nSize 的值为 4，是字符串"abcd"不包括'\0'的长度。

2. 字符串的复制

字符串的复制就是将一个字符型数组(存储源字符串)的内容照原样复制到另一个字符型数组中。方法是把源字符型数组中的字符依次赋给目的字符型数组中的数组元素,直到碰到'\0'(或 0)为止。

假设源字符串"abcd"保存在数组 pSource[]中,目的字符型数组为 pDestination[],则字符串复制的程序段如下:

```
char pSource[ ] = "abcd";
char pDestination[N];                          //N>=源字符串长度+1
int nIndex = 0;
while(pSource[nIndex]!= '\0')
{
    pDestination[nIndex] = pSource[nIndex];    //依次复制字符串的每个字符
    nIndex ++;
}
pDestination[nIndex] = '\0';                   //标识字符串结束
```

最后的 while 循环语句还可简化写为:

```
while(pDestination[nIndex] = pSource[nIndex++ ]);
```

这样书写程序会给人一种简洁的感觉,但除非对 C++的运算符优先级和赋值语句了解得很透彻,否则程序在理解上会有困难。在实际的应用软件开发中,应该尽量避免书写虽然很简洁,但不好理解的源程序代码。

3. 字符串的连接

字符串的连接就是将一个字符串连接到另一个字符串的末尾。在进行字符串连接时,先要找到要被连接的字符串的尾部,然后从尾部的位置开始将另一个字符串复制过来。

必须注意的是:存放连接后的字符串的数组要有足够的空间来容纳连接进来的另一个字符串,否则在运行时可能产生错误。

假设现字符串"abcd"保存在字符型数组 pDestination[]中,要连接进来的字符串"efg"存放在字符型数组 pTocat[]中,则进行字符串连接的程序代码段为:

```
char pTocat[ ] = "efg";
char pDestination[N] = "abcd";                 //N≥(现字符串长度+要连接进来的字符串长度+1)
int nSize = 0,nIndex = 0;
while (pDestination[nSize]!= 0)                //找到目的字符串的尾部
    nSize++;
do{
    pDestination[nSize++ ] = pTocat[nIndex++ ]; //连接两个字符串
}while(pTocat[nIndex]!= '\0');
pDestination[nSize] = '\0';                    //标识字符串结束
```

下面是一个完整的通过字符数组对字符串操作的例题。

【例 5-6】 求字符串长度,字符串复制和连接。

问题分析:字符串的长度是指不包含'\0'的实际长度;复制字符串是将某字符串(包括'\0')完全复制到目标字符串中;连接字符串是将某字符串连接到目标字符串之后(不包括'\0')。无论是复制字符串还是连接字符串,当完成操作之后,在目标字符串的末尾都必须

加'\0',否则,字符串没有结束符。程序代码如下:

```
#include< iostream >
using namespace std;
int StringLength(char pS[]);
void StringCopy(char pS[],char pD[]);
void StringCat(char pTocat[],char pD[]);
int main()
{
    char str1[] = "abcd";
    char str2[5] = "";
    char str3[] = "efg";
    cout <<"str1: "<< str1 << endl;
    cout <<"str2: "<< str2 << endl;
    cout <<"str3: "<< str3 << endl;

    cout <<"\nstr1 的长度: "<< StringLength(str1)<< endl;

    cout <<"\nstr1 字符串复制给 str2 后: ";
    StringCopy(str1,str2);
    cout << str2 << endl;

    cout <<"\nstr3 字符串连接到 str1 后: ";
    StringCat(str3,str1);
    cout << str1 << endl;

    return 0;
}
int StringLength(char pS[])
{
    int nSize = 0;
    while(pS[nSize]!= '\0')
        nSize++;
    return nSize;
}

void StringCopy(char pS[],char pD[])
{
    int nIndex = 0;
    while(pS[nIndex]!= '\0')
        pD[nIndex] = pS[nIndex++];
    pD[nIndex] = '\0';
}
void StringCat(char pTocat[],char pD[])
{
    int nSize = 0,nIndex = 0;
    while(pD[nSize]!= 0)
        nSize++;
    do{
        pD[nSize++] = pTocat[nIndex++];
    }while(pTocat[nIndex]!= '\0');
```

```
    pD[nSize] = '\0';
}
```

程序运行结果：

```
str1: abcd
str2:
str3: efg

str1 的长度: 4

str1 字符串复制给 str2 后: abcd

str3 字符串连接到 str1 后: abcdefg
```

5.6 数组综合编程案例

5.6.1 排序

数组元素排序是与数组有关的重要算法。所谓数组元素排序，是指将数组中的所有元素的位置重新排列，使得数组元素的值按照递增或递减有序排列。例如，已知一个一维数组中的元素是9、7、3、8、1、5，以递增排序后，这个数组中元素的排列就变成了1、3、5、7、8、9。排序有很多方法，本节介绍常用的选择排序法和冒泡排序法。

【例5-7】 选择排序法。

问题分析：选择排序法是很朴素的排序方法，它的思路很简单：先找到数组中最小(或最大)的元素，将这个元素放到数组的最前端，然后在剩下的数组元素中再找出最小(或最大)的元素，把它放在剩下元素的最前端，如此下来，就能使数组中的元素以递增(或减)顺序排列了。程序代码如下：

```
#include <iostream>
using namespace std;
void nOrder(int a[], int nSize);
const int N = 6;
int main()
{
    int DataArray[N] = {9,7,3,8,1,5};
    nOrder(DataArray, N);
    cout <<"选择排序法排序后的数组为: \n";
    for(int i = 0; i < N; i++)
        cout << DataArray[i]<<"\t";
    return 0;
}
void nOrder(int a[], int nSize)
{
    int i, j, t, k;
    for(i = 0; i < nSize - 1; i++)
    {
```

```
        k = i;
        for(j = i + 1;j < nSize;j++)
            if(a[j]< a[k]) k = j; //找本次最小元素的下标
        if(k!= i)
        {
            t = a[i];
            a[i] = a[k];
            a[k] = t;
        }
    }
}
```

程序运行结果：

```
选择排序法排序后的数组为：
1   3   5   7   8   9
```

程序中一维数组的初始值是 6 个数据：9、7、3、8、1、5，下面对排序过程进行说明。

i=	j=	a[0]	a[1]	a[2]	a[3]	a[4]	a[5]
0	1～5	9	7	3	8	1	5
1	2～5	1	7	3	8	9	5
2	3～5	1	3	7	8	9	5
3	4～5	1	3	5	8	9	7
4	5	1	3	5	7	9	8
排序结果：		1	3	5	7	8	9

程序中用双重循环实现排序，外循环内，i 从 0 开始，首先假定此轮的第 1 个数组元素 9 为最小值，并用变量 k=0 记录最小值的位置，通过内循环，j 从 i+1=1 到 5 取值循环 5 次，将其余的数 7、3、8、1、5 分别与 9 进行比较，当内循环结束时，得到此轮比较后的最小值 1，之后因最小值的位置 k=4，不再是 0，则交换最小值 1 与 9 的位置，即将最小值放到数组的最前端，第 1 轮选择结束后，数组中元素顺序为 1、7、3、8、9、5。第 2 次外循环，i=1，此轮参加选择的数列为除第 1 之外的 5 个数组元素 7、3、8、9、5。假定第 1 个数组元素 7 为此轮的最小值，用变量 k=1 记录最小值的位置，j 的取值从 i+1=2 到 5 循环 4 次，将其余数 3、8、9、5 分别与 7 进行比较，内循环结束时，得到此轮比较后的最小值 3，之后因 3 的位置 k=2 不等于 1，则交换 7 与最小值 3 的位置，第 2 轮选择结束后，数组中元素顺序为 1、3、7、8、9、5。以此类推，程序结束后原一维数组中的元素以递增顺序排序，结果为 1、3、5、7、8、9。

【例 5-8】 冒泡排序法。

问题分析：冒泡排序法是交换排序法的一种，其基本思路是：两两比较待排序的序列中的相邻元素，如果不满足顺序要求，则交换这两个元素，这样，第 1 轮比较完毕后，数组中的最大(或最小)元素就像气泡一样“冒”到数组的最尾部，可以认为由这个元素组成的只有一个元素的子序列是已经排好序的，然后对剩下的元素继续上述过程，直到全部元素排列有序。程序代码如下：

```
#include < iostream >
using namespace std;
void nBubble(int a[],int nSize);
```

```
const int N = 6;
int main()
{
    int DataArray[N] = {9,7,3,8,1,5};
    nBubble(DataArray,N);
    cout <<"冒泡排序法排序后的数组为: \n";
    for(int i = 0;i < N;i++)
        cout << DataArray[i]<<"\t";
    return 0;
}
void nBubble(int a[],int nSize)
{
    int i,j,t,flag;
    for(i = 0;i < nSize;i++)
    {
        flag = 0;
        for(j = 0;j < nSize - i - 1;j++)
            if(a[j]> a[j + 1])
            {
                t = a[j];
                a[j] = a[j + 1];
                a[j + 1] = t;
                flag = 1;
            }
        if(flag == 0) break;
    }
}
```

程序运行结果与例 5-7 相同。

5.6.2 查找

查找数组元素是与数组有关的另一种重要算法。有时候需要知道一个元素在数组中的位置,即要通过元素值找到下标值,这就需要用到查找算法。

本节介绍两种基本的查找方法：顺序查找法和二分查找法。顺序查找法容易实现,但效率不高；二分查找法的效率很高,但要求数组在查找前已经排好序。这两种方法各有所长,可根据实际情况灵活选用。

【例 5-9】 顺序查找。

问题分析：顺序查找法的思路是按顺序逐个访问数组元素,并将其与要查找的值比较,直到找到与要查找的值相同的元素。程序代码如下：

```
#include <iostream>
using namespace std;
void SequentialSearch(int a[],int nSize,int nValue);
const int N = 6;
int main()
{
    int DataArray[N] = {9,7,3,8,1,5};
    SequentialSearch(DataArray,N,8);
```

```
    return 0;
}
//参数 a[]为查找数组,nSize 为数组长度,fValue 为要查找的值
void SequentialSearch(int a[],int nSize,int nValue)
{
    int i,k = nSize;                          //设置 k 为查找标记
    for(i = 0;i < nSize;i++)
        if(a[i] == nValue)
        {
            k = i;
            break;                            //退出循环
        }
    if(k < nSize)
        cout <<"顺序查找法找到了元素!是第 "<< k + 1 <<"个元素: "<< a[k]<< endl;
    else
        cout <<"在数组中没有要找的元素!"<< endl;
}
```

程序运行结果:

```
顺序查找法找到了元素!是第 4 个元素: 8
```

【例 5-10】 二分法查找。

问题分析:在数组中的元素已经排好序的前提下,使用二分查找法可以极大地提高查找效率。假设数组已经按增序排好序,二分查找法的思路是:取位于数组中间的元素同要查找的值比较,如果待查值等于这个元素的值,则查找结束;如果要查找的值小于这个元素的值,则要查找的元素肯定在数组的左半边,将数组左半边看成完整的数组,继续使用二分查找法查找;如果要查找的值大于这个元素的值,则要查找的元素肯定在数组的右半边,将数组右半边看成完整的数组,继续使用二分查找法查找。程序代码如下:

```
#include <iostream>
using namespace std;
void TwoSearch(int a[],int nSize,int nValue);
const int N = 6;
int main()
{
    int n,DataArray[N];
    cout <<"输入"<< N <<"个数据: ";
    for(int i = 0;i < N;i++)
    {
        cin >> DataArray[i];
    }
    cout <<"\n 输入要查找的数: ";
    cin >> n;
    TwoSearch(DataArray,N,n);
    return 0;
}
void TwoSearch(int a[],int nSize,int nValue)
{
    int flag = 0;                             //设置 flag 为查找标记
```

```
    int nStart = 0;                         //开始元素下标
    int nEnd = nSize - 1;                   //结尾元素下标
    int nMid;                               //二分法中间元素下标
    while(nStart <= nEnd)
    {
        nMid = (nStart + nEnd)/2;           //计算中间元素下标
        if(a[nMid] == nValue)
        {
            flag = 1;                       //标记查找成功
            break;                          //退出循环
        }
        //如果待查找的值大于中间元素的值,取后半边继续查找;否则,取前半边继续查找
        if(nValue > a[nMid])
            nStart = nMid + 1;
        else
            nEnd = nMid - 1;
    }
    if(flag)
        cout <<"\n 二分查找法找到了元素!是第 "
            << nMid + 1 <<" 个元素: "<< a[nMid]<< endl;
    else
        cout <<"\n 在数组中没有要找的元素!"<< endl;
}
```

程序运行结果:

```
输入 6 个数据: 1    3    5    7    8    9
输入要查找的数: 8
二分查找法找到了元素!是第 5 个元素: 8
```

5.6.3 统计

统计也是与数组有关的另一种常用算法。当需要知道一个元素在数组中出现的次数时,就要用到统计的算法。

本节通过两个例题分别介绍两种常用的统计方法,一种是顺序查找统计法,另一种是借用数组下标值的统计方法。实际上统计方法很多,可根据具体情况灵活运用。

【例 5-11】 顺序查找统计。

问题分析:顾名思义,顺序查找统计是按顺序逐个访问数组元素,每找到一个要统计的元素,就给计数器变量加 1。程序代码如下:

```
#include <iostream>
using namespace std;
void Statistics(int a[ ],int nSize,int nValue);
const int N = 10;
int main()
{
    int nDataArray[N] = {1,7,3,7,9,3,12,7,15,9};
    int nData;
    cout <<"输入欲统计的元素值: ";
```

```
    cin >> nData;
    Statistics(nDataArray,N,nData);          //调用统计函数
    return 0;
}
void Statistics(int a[],int nSize,int nValue) //顺序查找统计函数
{
    int i,nSum = 0;
    for(i = 0;i < nSize;i++)
        if(a[i] == nValue)
            nSum++;
    if(nSum)
        cout <<"元素 "<< nValue <<" 共有 "<< nSum <<" 个"<< endl;
    else
        cout <<"没有元素 "<< nValue << endl;
}
```

程序运行结果：

```
输入欲统计的元素值: 7
元素 7 共有 3 个
```

【例 5-12】 借用数组下标值进行统计。

问题分析：此方法是一种技巧性算法，主要借用元素的一些特性(例如整除某数后的商均相等或其值就等于数组下标等)来进行统计。例如，输入若干整数，其值均在 1～4 的范围内，编写程序，实现统计每个整数的出现次数。程序代码如下：

```
#include < iostream >
using namespace std;
int main()
{
    int nStatsResulte[4] = {0,0,0,0};          //存放统计结果的数组
    int nData;
    cout <<"请输入数据(1～4),输入其他时结束: "<< endl;
    cin >> nData;
    while(nData > 0&&nData < 5)                //限定数据范围的循环
    {
        nStatsResulte[nData - 1]++;            //注意数组的下标[nData - 1]的作用
        cin >> nData;
    };
    cout <<"统计结果为: "<< endl;
    for(int i = 0;i < 4;i++)
        cout <<"数字"<< i + 1 <<" : "<< nStatsResulte[i]<<"个\n";
    return 0;
}
```

程序运行结果：

```
请输入数据(1～4),输入其他时结束:
1 2 3 4 1 2 6
统计结果为:
数字 1： 2个
```

```
数字 2： 2个
数字 3： 1个
数字 4： 1个
```


5.6.4 字符处理

字符处理是 C++的特色功能之一,关于字符处理的方法很多,但最主要的还是掌握如何灵活运用字符型数组的下标。

【例 5-13】 在给定的由英文单词组成的字符串中,找出其中所包含的最长的单词(同一字母的大小写视为不同字符)。约定单词全由英文字母组成,单词之间由一个或多个空白符分隔。

问题分析:从左至右顺序扫描字符串,逐个记录单词的信息(包括单词的开始位置和单词的长度),如果当前单词的长度比之前的单词更长时,记录当前单词的开始位置和长度,继续此过程直至字符串扫描结束,最后输出最长的单词。程序代码如下:

```
#include <iostream>
using namespace std;
int main()
{
    char pStr[] = "This is C programming test.";
    int i = 0,wordLen = 0,maxLen = 0,pos = 0;
    while(pStr[i]!= '\0')
    {
        while(pStr[i]!= ' '&&pStr[i]!= '\0')   //区分单词并计算长度
        {
            wordLen++;
            i++;
        }
        if(wordLen > maxLen)                   //记录最长单词的位置与长度
        {
            pos = i - wordLen;
            maxLen = wordLen;
        }
        while(pStr[i] == ' ')                  //跳过单词之间的空格
            i++;
        wordLen = 0;                           //为计算下一个单词长度赋初值
    }
    cout <<"最长的单词为: ";
    for(i = 0;i < maxLen;i++)                  //逐个输出找到的最长单词
        cout << pStr[pos + i];
    cout << endl;
    return 0;
}
```

程序运行结果:

```
最长的单词为: programming
```

5.6.5 数列处理

数列通常由一系列有规律的数组成，最有名的就是杨辉三角数列，对杨辉三角数列的操作是程序设计的经典例题。在第 3 章中简单地介绍过杨辉三角数列的输出，这里重点介绍利用数组生成杨辉三角数列的方法。

【例 5-14】 生成杨辉三角数列。

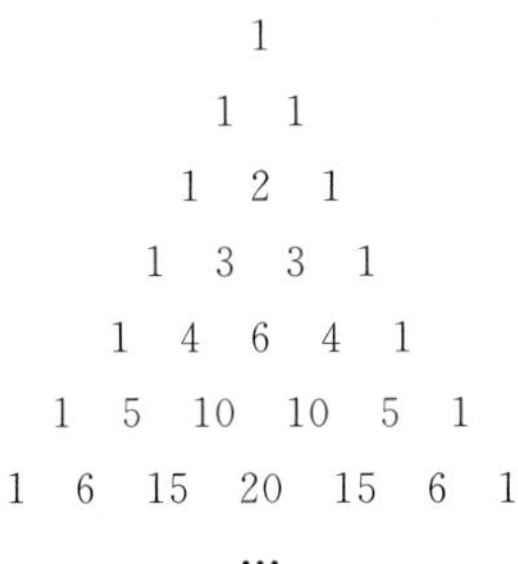

背景知识：杨辉，字谦光，南宋时期杭州人。在他 1261 年所著的《详解九章算法》一书中，辑录了如上所示的三角形数表，所以现在称该数表为"杨辉三角"。

问题分析：

与杨辉三角联系最紧密的是二项式乘方展开式的系数规律，即二项式定理。例如，在杨辉三角中，第三行的第 3 个数恰好对应着两数和的平方的展开式的每一项系数，即：

$$(a+b)^2=a^2+2ab+b^2$$

第四行的 4 个数恰好依次对应两数和的立方的展开式的每一项系数，即：

$$(a+b)^3=a^3+3a^2b+3ab^2+b^3$$

以此类推。

杨辉三角有下列特点：

(1) 端点的数为 1。

(2) 每个数等于上一行的左右两个数字之和。

(3) 每行数左右对称，由 1 开始逐渐变大。

(4) 第 n 行的数字有 n 项。

(5) 第 n 行的第 m 个数和第 n−m+1 个数相等。

生成杨辉三角数列有许多种方法，这里仅介绍 4 种常用的方法，以供读者参考。程序代码如下：

```
#include <iostream>
#include <iomanip>
using namespace std;
int main()
{
    int i,j,n;
    while(n<1||n>16)
    {
        cout<<"请输入杨辉三角形的行数:";
        cin>>n;
```

```
    }

    //解法一: 生成 n 行数列
    int a[17][17] = {1};                          //除 a[0][0] = 1,其他数组元素都为 0
    for(i = 1;i < n;i++)                          //a[1][0] = a[2][0] = … = a[n - 1][0] = 1
        a[i][0] = 1;
    for(i = 1;i < n;i++)                          //再生成 n - 1 行,共 n 行
        for(j = 1;j <= i;j++)
            a[i][j] = a[i - 1][j - 1] + a[i - 1][j];
    for(i = 0;i < n;i++)                          //输出 n 行
    {
        for(j = 0;j <= n - i;j++)
            cout << setw(3)<<"";
        for(j = 0;j <= i;j++)
            cout << setw(6)<< a[i][j];
        cout << endl;
    }
/*
    //解法二: 生成 n + 1 行数列
    int a[17][17] = {0,1};                        //a[0][0] = 0,a[0][1] = 1
    for(n++,i = 1;i < n;i++)                      //再生成 n 行,共 n + 1 行
        for(j = 1;j <= i;j++)
            a[i][j] = a[i - 1][j - 1] + a[i - 1][j];
    for(n--,i = 1;i <= n;i++)                     //恢复 n 值,输出 n 行
    {
        for(j = 0;j <= n - i;j++)
            cout << setw(3)<<"";
        for(j = 1;j <= i;j++)
            cout << setw(6)<< a[i][j];
        cout << endl;
    }

    //解法三: 使用两个一维数组
    int a[17] = {1},b[17];
    for(i = 1;i <= n;i++)
    {
        for(j = 0;j <= n - i;j++)
            cout << setw(3)<<"";
        b[0] = a[0];
        for(j = 1;j <= i;j++)
            b[j] = a[j - 1] + a[j];
        for(j = 0;j <= i - 1;j++)
        {
            cout << setw(6)<< b[j];
            a[j] = b[j];
        }
        cout << endl;
    }
    //解法四: 使用一个一维数组
    int a[17] = {0,1},l,r;
    for(i = 1;i <= n;i++)
```

```
    {
        for(j = 0;j <= n - i;j++)
            cout << setw(3)<<"";
        l = 0;
        for(j = 1;j <= i;j++)
        {
            r = a[j];
            a[j] = l + r;
            l = r;
            cout << setw(6)<< a[j];
        }
        cout << endl;
    }
*/
    return 0;
}
```

5.7 小结与知识扩展

5.7.1 小结

数组属于复合类型，是具有相同类型的一组数据的集合，它占用连续的内存单元用于存储信息。数组的主要特征：一是数据类型一致，二是在内存中连续存放数据。因此，在使用数组进行程序设计时，通常都是巧妙利用数组的下标与循环控制结构中循环控制变量之间的关系，完成对大量数据的赋值、排序、统计等功能。

5.7.2 数组越界

C++中的数组必须是静态的。换而言之，数组的大小必须在程序运行前就被确定下来。C++本身不检验数组边界，所以数组的两端都有可能越界而使其他变量的数据甚至程序代码被破坏。因此，对于C++来说，数组的边界检验是程序员的职责。

C++编译系统并不检查数组是否越界，它只给已定义的数组元素分配内存，超过的部分则依次往后排，至于这些存储单元的用途是什么，系统是不管的。对这些存储单元进行操作，一般不会有问题，但如果向这些存储单元写入数据，就会导致不可预料的错误。可以试试下面的程序代码：

```
int main()
{
    int a[2],i;
    for (i = 0;i < 1000;i++)
        cout << a[i];
    return 0;
}
```

注意：在上述程序中，千万不要试图给 a[2]以后的数组元素赋值。

5.7.3 算法的时间复杂度及其表示

算法的时间复杂度是衡量一个算法效率的基本方法。算法的时间复杂度的解释为：算法语句总的执行次数 T(n)是关于问题规模 n 的函数，通过分析 T(n)随 n 的变化情况可以确定 T(n)的数量级。算法的时间复杂度也就是算法的时间度量，记作 T(n)＝O(f(n))，它表示随问题规模 n 的增大，算法执行时间的增长率与 f(n)的增长率相同，称作算法的渐进时间复杂度，简称为时间复杂度。其中，f(n)是问题规模 n 的某个函数。

结合一个简单的例子来说明时间复杂度。例如，计算 1＋2＋3＋4＋…＋100，现在通过最简单的方法实现这个算法，程序代码如下：

```
int sum = 0, n = 100;                          //执行了 1 次
for(int i = 1;i <= n;i++)                      //执行了 n + 1 次
    sum += i;                                  //执行了 n 次
cout << sum;                                   //执行了 1 次
```

从代码附加的注释可知每个语句执行的次数，而这些语句执行次数的总和就是该算法所需要的时间。计算 1＋2＋3＋4＋…＋ 100 所用的时间(算法语句执行的总次数)为：

$$1+(n+1)+n+1=2n+3$$

当 n 不断增大，例如这次所要计算的不是 1＋2＋3＋4＋…＋100，而是 1＋2＋3＋4＋…＋n，其中，n 是一个非常大的数字。由此可见，上述算法的执行总次数(即所需时间)会随着 n 的增大而增加，但是在 for 循环以外的语句并不受 n 的规模影响(永远都只执行一次)。所以可以将上述算法的执行总次数简单地记为 2n，或者简记为 n。这样就得到了计算 1＋2＋3＋4＋…＋100 的算法的时间复杂度，记作 O(n)。

对于解决同一个问题，其算法通常不是唯一的。例如，解决计算 1＋2＋3＋4＋…＋100 这个问题，还有许多其他的算法。现在来看看数学家高斯解决这个问题的算法：

$$sum=1+2+3+4+\cdots+100$$
$$sum=100+99+98+97+\cdots+1$$
$$sum+sum=2\times sum=101+101+101+\cdots+101$$

正好 100 个 101。

$$sum=(100\times 101)/2=5050$$

同样，将这个算法翻译成 C 语言代码：

```
int n = 100,sum = 0;                           //执行 1 次
sum = (n * (n + 1))/2;                         //执行 1 次
cout << sum;                                   //执行 1 次
```

这样，针对问题 1＋2＋3＋4＋…＋100，又得到了一个算法的时间复杂度O(3)，一般记作 O(1)。

不难看出，从算法的效率上看，O(3)＜O(n)，所以高斯的算法更快、更优秀。

这种用大写的 O 来代表方法的时间复杂度的方法有个专业的名字叫“大 O 阶”记法。现在给出算法的时间复杂度(大 O 阶)的计算方法。

推导“大 O 阶”的步骤如下：

(1) 用常数 1 取代运行时间中的所有加法常数。

(2) 在修改后的运行次数函数中只保留最高阶项。

(3) 如果最高阶项存在且不是1,则去除与这个项相乘的常数。

下面针对一个有多个for循环的例子,按照上面给出的推导"大O阶"的方法来计算该算法的时间复杂度。先看下面的代码:

```
int n = 100000;                              //执行了1次
for(int i = 0;i < n;i++)                     //执行了n+1次
    for(int j = 0;j < n;j++)                 //执行了n×(n+1)次
        cout << i << j;                      //执行了n×n次
for(int i = 0;i < n;i++)                     //执行了n+1次
    cout << i;                               //执行了n次
cout <<"Done";                               //执行了1次
```

上面的代码严格说不能称为一个算法,这里只是以此为例,看看它的"大O阶"如何推导,先计算执行的总次数:

$$执行的总次数=1+(n+1)+n\times(n+1)+n\times n+(n+1)+1=2n^2+3n+4$$

第一步:用常数1取代运行时间中的所有加法常数,则上面的算式变为:

$$执行总次数=2n^2+3n+1$$

第二步:在修改后的运行次数函数中只保留最高阶项。这里的最高阶是n的二次方,所以算式变为:

$$执行总次数=2n^2$$

第三步:如果最高阶项存在且不是1,则去除与这个项相乘的常数。这里n^2的相乘常数不是1,所以要去除这个项的相乘常数,算式变为:

$$执行总次数=n^2$$

因此,最后得到上面那段代码的算法时间复杂度表示为:

$$O(n^2)$$

至此,对什么是算法的时间复杂度和其表示法——"大O阶"的推导方法进行了说明。最后,为使大家对算法的效率有更直观的认识,现将常见的算法时间复杂度以及它们在效率上的高低顺序排列如下:

$O(1)$常数阶$<O(\lg n)$对数阶$<O(n)$线性阶$<O(n\lg n)<O(n^2)$平方阶$<O(n^3)<[O(2^n)<O(n!)<O(n^n)]$

用中括号把最后三项括起来是想要告诉大家,如果所设计的算法推导出的"大O阶"是后三项,那么就应该放弃这个算法考虑研究新的算法了。因为,最后三项即便是在n的规模比较小的情况下仍然要耗费大量的时间,算法的时间复杂度太大,基本上不可使用。

习　　题

5-1　填空题

(1) 数组元素a[i]是该数组中的第________个元素。

(2) 类型为int的数组a[10]共占用________字节的存储空间。

(3) 假定对数组a[]进行初始化的数据为{2,7,9,6,5,7,10},则数组元素a[2]和a[5]分别被初始化为________和________。

(4) 字符串"xy=4\n"的长度为________。

(5) 若 a[]是一个字符型数组,则 cin >> a 表示从键盘上读一个________到数组 a[]中。

(6) 一个二维字符型数组 a[10][20]能够存储________个字符串,且每个字符串的长度至多为________。

(7) 若给 x 输入 78,则以下程序的运行结果为________。

```
#include <iostream>
#define M 10
using namespace std;

int main()
{
    int x,i,n = 5,a[M] = {0,110,82,65,42,22};
    cin >> x;
    a[0] = x;i = n;
    while(x > a[i])
    {
        a[i + 1] = a[i];
        i--;
    }
    a[i + 1] = x;n++;
    for(i = 1;i <= n;i++)
        cout << a[i]<<"   ";
    cout << endl;
    return 0;
}
```

5-2　选择题

(1) 已知一维数组 nSc[]的声明如下:

```
int nSc[6];
```

以下对 nSc[]中的所有元素进行初始化,使其值均为 0 的程序段不正确的是[　　]。

A. for (int i = 0;i < 6;i++) nSc[i] = 0;

B. nSc[0] = 0;
   for(int i = 1;i < 6;i++) nSc[i] = nSc[i - 1];

C. for (int i = 1;i <= 6;i++) nSc[i] = 0;

D. nSc[0] = nSc[1] = nSc[2] = nSc[3] = nSc[4] = nSc[5] = 0;

(2) 以下对一维数组赋初始值的语句中,正确的是[　　]。

A. int a[10] = "This is a string";

B. char a[ ] = "This is a string";

C. int a[3] = {1,2,3,4,5,0};

D. char a = "This is a string";

(3) 如果将一个二维数组 Matrix[5][5]中的各个元素复制到一个一维数组 List[25]中:

```
int nIndex = 0,j;
```

```
for(int i = 0;i < 5;i++)
    for(j = 0;j < 5;j++)
    {
        List[nIndex] = Matrix[i][j];
        nIndex++;
    }
```

则二维数组 Matrix 中的任意元素 Matrix[m][n]的值将与同一维数组 List 中的哪个元素相等？[　　]

A. List[m * 5 + n + 1]　　B. List[m * 6 + n]

C. List[m * 6 + n + 1]　　D. List[m * 5 + n]

(4) 如果有以下语句：

```
char st1[] = "12345";
char str2[] = {'1','2','3','4', '5'};
```

则以下描述中正确的是[　　]。

A. 数组 st1 和数组 st2 的长度相等

B. 数组 st1 的长度大于数组 st2 的长度

C. 数组 st1 的长度小于数组 st2 的长度

D. 数组 st1 等价于数组 st2

(5) 关于顺序查找法和二分查找法，以下描述正确的是[　　]。

A. 在数组元素已经排好序的前提下，二分查找法的效率比较高

B. 二分查找法的效率比顺序查找法高

C. 在数组元素已经排好序的前提下，顺序查找法的效率比较高

D. 顺序查找法的效率比二分查找法高

5-3　编程题

(1) 有一个数列，它的第一项为 0，第二项为 1，以后每一项都是它的前两项之和，试输出此数列的前 20 项并按逆序显示。

(2) 从键盘上输入一个字符串，假定该字符串的长度不超过 30，统计出该字符串中所有十进制数字字符的个数。

(3) 将一维数组中相同的元素删除到只保留一个，然后按由大到小的顺序输出。

(4) 求两个 4×4 的矩阵 A 与 B 的和及其差，并按矩阵形式输出。进一步考虑求出矩阵 A 与 B 的乘积。

(5) 输入一行字符，统计其中有多少个单词(单词之间用空格分隔开)。

(6) 编写程序，将输入的一个十进制数分别转换为二进制、八进制和十六进制数。

(7) 某学校有 8 名学生参加 100 米短跑比赛，每个运动员的编号和成绩如表 5-4 所示。请按照比赛成绩从高到低进行排序并输出结果。

表 5-4　100 米短跑比赛成绩

运动员号	姓　名	成绩/秒
001	李建华	13.6
002	张　岩	14.8

续表

运 动 员 号	姓　　名	成绩/秒
010	胡晓强	12.0
013	马万驰	12.9
023	米星雨	13.4
030	余秋实	14.1
055	李　枫	13.5
089	苏良川	12.6

第6章 自定义数据类型

本章要点

- 结构体、共用体、枚举类型。
- 类型自定义语句。
- 类和对象。

本章主要介绍结构体、共用体和枚举类型，它们同数组一样属于复合类型。另外，将介绍如何使用 typedef 语句将一个普通的标识符定义为类型标识符。最后，将对一种特殊的用户自定义数据类型——类和对象进行简单的介绍。

6.1 结构体

第 5 章所介绍的数组是若干相同数据类型的元素组成的有序集合，但是在处理实际问题时，经常会遇到由相互关联但类型不同的数据组成的数据结构。例如，要描述某一商品的一笔销售情况，就要包括商品号、商品名、单价、数量、金额和销售日期等数据，它们的数据类型各不相同，但属于同一个整体，这样的数据结构在 C++ 中用结构体表示。

6.1.1 结构体的定义

1. 结构本类型的定义

之前介绍的变量和数组，其数据类型都是由 C++ 本身定义好的，但结构体不同，它是由多种数据成分组成的复杂的数据类型，其数据结构是随具体问题而变化的。例如，要描述商品信息（商品号、商品名、单价、数量、金额和销售日期等）就要建立商品类型的结构体，要描述学生信息（如学号、姓名、性别、年龄、入学时间、年级、专业等）就要建立学生类型的结构体，它们内部的数据组成截然不同。所以 C++ 无法事先建立好一个能描述一切事物的统一的结构体类型，而只能提供一个建立结构体类型的规则。因此，要定义描述某一问题数据结构的变量，程序员首先应从实际问题所描述的对象出发，建立一个结构体类型，称为结构体类型的定义，然后再用这个结构体类型去声明相应的变量。

定义一个结构体类型的一般形式为：

```
struct  <结构体类型名>
{
    <类型标识符>  成员名 1;
    <类型标识符>  成员名 2;
    …
```

```
    <类型标识符>  成员名 n;
};
```

例如,可定义如下学生结构体类型:

```
struct Student                          //定义学生结构体类型
{
    unsigned int no;                    //学号
    char name[20];                      //姓名
    bool sex;                           //性别
    int math;                           //高数成绩
    int english;                        //英语成绩
    int computer;                       //计算机成绩
    float aver;                         //平均成绩
};
```

说明:

(1) 定义结构体类型时,使用关键字 struct,结构体类型名的命名应符合 C++的标识符命名规则,之后就可以用于声明该结构体类型的变量了。

(2) 结构体中的数据成分称为成员,成员可以是基本数据类型,也可以是另一个如结构体这样的复杂数据类型。

(3) 花括号内是一个成员表,成员名可以与程序中的变量名相同,但不能与结构体类型名相同,每个成员的末尾及花括号后边都要加分号。

(4) 若同一个结构体类型被多个源文件使用,则经常将这些结构体类型的定义集中存放在一个头文件中,源文件中只要用#include 命令包含此头文件即可,不必在每个源文件中重复同样的结构体类型定义。

这里要强调的是:定义一个结构体类型只是向 C++系统通报该结构体类型的名称和各成员的组成,C++对结构体类型并不分配内存,只有在定义结构体变量时,C++才为结构体变量分配内存。

2. 结构体变量的声明

结构体是一种数据类型,同基本数据类型一样,可以用于声明变量、作函数的参数等。声明结构体变量一般有以下两种形式。

形式一:

```
<结构体类型名>  变量名
```

形式二:

```
struct  <结构体类型名>  变量名
```

例如,声明已定义的 Student 结构体类型的变量 stu1 和 stu2:

```
Student stu1,stu2;
```

或

```
struct Student stu1,stu2;
```

另外,也可在定义结构体类型的同时声明结构体变量,其形式为:

```
struct [结构体类型名]
{
    <类型标识符>  成员名 1;
    <类型标识符>  成员名 2;
    …
    <类型标识符>  成员名 n;
}[变量 1,变量 2,…,变量 n];
```

例如,定义 Student 结构体类型,同时声明其变量 stu1 和 stu2:

```
struct Student
{
    unsigned int no;
    char name[20];
    bool sex;
    int math;
    int english;
    int computer;
    float aver;
}stu1,stu2;
```

这里既定义了结构体类型 Student,又定义了结构体变量 stu1、stu2,形式比较紧凑。如果以后需要再定义新的结构体变量 stu3、stu4,还可以用以下语句进行声明。

```
Student stu3,stu4;
```

采用这种方法声明结构体变量时,结构体类型名 Student 可以缺省,即定义一个无名结构体类型。因为类型无名称,当然以后就无法再用此类型声明新的结构体变量了。

声明的结构体变量将按照结构体中的各个成员的顺序在内存中分配空间。因此,结构体的大小大于或等于各成员在内存中所占字节数之和。

例如,用上面的 Student 结构体声明的变量 stu1 究竟在内存中占用多少字节呢?

现在我们分析 Student 结构体的大小。该结构体各成员所占字节数如下所示:

```
struct Student
{
    unsigned int no;                    //4 字节
    char name[20];                      //20 字节
    bool sex;                           //1 字节
    int math;                           //4 字节
    int english;                        //4 字节
    int computer;                       //4 字节
    float aver;                         //4 字节
}stu1;
```

根据结构体内偏移规则,需要在 sex 和 math 之间填充 3 字节。因此,用 Student 结构体声明的变量 stu1 将在内存中占用 44 字节,而不是 41 字节。

6.1.2 结构体的使用

1. 结构体变量的初始化

所谓结构体变量的初始化,就是在定义结构体变量的同时,对它的每个成员赋初值,形

式与数组赋初值非常相似,其形式为:

<结构体类型> 变量名 = {表达式 1,表达式 2,…,表达式 n}

其中,n 个表达式分别对应于结构体中的 n 个成员。例如:

```
Student stu = {20130101,"XuXin",false,86,90,98};
```

注意:

(1) 表达式的类型要与结构体成员的类型对应一致。

(2) 只可在声明结构体变量时对其进行初始化,不可对结构体类型初始化,以下代码是错误的:

```
struct Student
{
    unsigned int no = 20130101;
    char name[20] = "XuXin";
    bool sex = false;
    int math = 86;
    int English = 90;
    int computer = 98;
    float aver;
};
```

2. 结构体成员的访问

一个结构体变量应该以其成员为单位进行访问。依照某个成员的数据类型,可以按照相应数据类型的操作规范进行访问,换句话说,可以将一个结构体变量中的成员当成普通变量来使用。结构体变量中的成员的访问形式为:

<结构体变量名>.<成员名>

其中,"."称为成员运算符,它的优先级高于所有的算术运算符、条件运算符和逻辑运算符。例如:

```
Student stu = {20130101,"XuXin",false,86,90,98};
stu.ave = (stu.math + stu.english + stu.computer)/3;
```

如果一个结构体中包含另一个结构体作为其成员,即存在结构体嵌套,则访问该结构体中的成员时,要使用如下形式:

<结构体变量名>.<结构体成员名>.<成员名>

例如,在学生结构体 Student 中有一个出生日期成员 birthday,其类型是 Date 结构体,定义如下:

```
struct Date
{
    int year;
    int month;
    int day;
};
struct Student
```

```
{
    unsigned int no;
    char name[20];
    bool sex;
    Date birthday;
    int math;
    int English;
    int computer;
    float aver;
}stu1;
```

如果要访问结构体变量 stu1 中的二级成员 year、month、day，须用以下形式：

```
stu1.birthday.year = 1996;
stu1.birthday.month = 10;
stu1.birthday.day = 11;
```

另外，要特别说明的是：结构体变量本身不代表一个特定的值，所以对结构体变量进行各种运算（算术运算、比较运算、逻辑运算等）均无实际意义，但结构体变量可以作为函数参数，同类型的结构体变量之间也可以赋值，其赋值规则是按成员依次赋值。

例如，stu1 和 stu2 是由同一结构体类型 Student 定义的，所以可以相互赋值：

```
stu2 = stu1;                                //合法
```

以上表示将 stu1 的每个成员的值赋给 stu2 的对应成员，使这两个结构体变量所有成员的值完全相同。

6.1.3 结构体数组

多个同一类型的结构体变量也可以用数组的形式来处理，称为结构体数组。结构体数组在内存中的存放格式类似于普通数组，仍然是按元素顺序排列，只不过每个元素占用的字节数一般比普通数组要多。

下面举例说明结构体数组的应用。

【例 6-1】 有 6 个学生，每个学生的数据包括学号、姓名、3 个成绩，编写程序实现：

(1) 计算每个学生的平均成绩。

(2) 将学生数据按平均成绩从高到低排序。

问题分析：首先需要定义一个 Student 结构体，这里每个学生的数据组成都是相同的，所以可以用 Student 结构体定义长度为 6 的数组，该数组中的每一个元素都具有相同的数据结构，即 Student 结构体。程序代码如下：

```
#include <iostream>
#include <iomanip>
using namespace std;
struct Student                              //定义结构体类型
{
    int no;
    char name[20];
    int score[3];
```

```
    float aver;
};
const int N = 6;
void Output(Student a[N])                    //输出学生数据函数
{
    cout <<"\n                  学 生 数 据 表\n\n";
    cout <<"学号     姓 名        成绩 1   成绩 2   成绩 3   平均成绩\n";
    cout.precision(4);                       //设定小数部分
    for(int i = 0;i < N;i++)
    {
        cout << a[i].no;
        cout.width(10);                      //设定输出宽度
        cout << a[i].name;
        cout << setw(8)<< a[i].score[0]
            << setw(8)<< a[i].score[1]
            << setw(8)<< a[i].score[2]
            << setw(8)<< a[i].aver << endl;
    }
}
int main()
{
    int i,j,k;
    Student stu[N] = {{1001,"Koulei",98,88,76},
    {1002,"Yifan",95,90,88},
    {1003,"Boren",76,78,84},
    {1004,"Liming",56,60,72},
    {1005,"Xuxin",96,93,90},
    {1006,"Jingyi",86,79,90}};
    Student temp;
    for(i = 0;i < N;i++)
    {
        for(j = 0;j < 3;j++)
            stu[i].aver += float(stu[i].score[j]);
        stu[i].aver/ = 3;
    }
    for(i = 0;i < N - 1;i++)
    {
        k = i;
        for(j = i + 1;j < N;j++)
            if(stu[k].aver < stu[j].aver)    k = j;
        if(k!= i)
        {
            temp = stu[i];                   //用结构体直接进行交换
            stu[i] = stu[k];
            stu[k] = temp;
        }
    }
    Output(stu);
    return 0;
}
```

程序运行结果：

```
                    学 生 数 据 表
学号      姓 名     成绩 1   成绩 2   成绩 3   平均成绩
1005      Xuxin      96       93       90      93
1002      Yifan      95       90       88      91
1001      Koulei     98       88       76      87.33
1006      Jingyi     86       79       90      85
1003      Boren      76       78       84      79.33
1004      Liming     56       60       72      62.67
```

6.2 共 用 体

C++中允许同一段内存空间存储不同类型的数据，主要用于节省内存空间或数据共享。在需要用同一段内存空间保存不同类型数据时，就需要使用共用体类型。

共用体类型的定义和使用同结构体很相似，不同之处在于结构体中的成员所占用的存储空间是分开的，并且是连续的，而共用体中的成员所占用的空间是共享的，这样对其中一个成员的赋值，将会影响到其他所有成员的值。

在使用共用体类型前，同样也必须先定义一个共用体类型，其方法也与定义结构体相似，只是将关键字 struct 换为 union，定义共用体的形式为：

```
union  [共用体类型名]
{
    <类型标识符> 成员名 1;
    <类型标识符> 成员名 2;
    …
    <类型标识符> 成员名 n;
}[变量 1,变量 2, … ,变量 k];
```

例如：

```
union UnionDate
{
    int nIntData;
    char cCharData;
    float fRealData;
};
```

共用体类型定义之后，就可以用于声明共用体变量，其形式为：

```
<共用体类型名>  变量名
```

注意：*共用体变量不允许赋初始值。*

同结构体一样，共用体变量本身不代表任何值，只有共用体变量的成员才保存实际的数据。对共用体变量中成员的访问方法与结构体变量相同，其形式为：

```
<共用体变量名>.<成员名>
```

由于共用体中的成员共享存储空间，所以在任何一个时刻，共用体变量中的成员只有一

个是有效的。例如,由共用体类型 UnionDate 定义共用体变量 MyUnion:

```
union UnionDate
{
    int nIntData;
    char cCharData;
    float fRealData;
}MyUnion;
```

如果对 nIntData 成员赋值:

```
MyUnion.nIntData = 65;
```

则会影响 MyUnion 的另两个成员 cCharData、fRealData 的值,即 cCharData 成员(只占 1 字节)与 nIntData 成员的前 1 字节相同,fRealData 成员(占 32 字节)的 4 字节与 nIntData 成员的 4 字节相同。

共用体的大小是以最宽的成员变量的大小为基准,编译器再判断当前共用体大小是否是共用体中最宽的成员变量大小的整数倍,如果不是会在最后一个成员后做字节填充。为了进一步说明共用体与结构体的区别,看下面的例题。

【例 6-2】 共用体与结构体的区别。

程序代码如下:

```
#include <iostream>
using namespace std;
struct StruTest
{
    char a;
    int b;
    char c[15];
};
union UniTest
{
    char a;
    int b;
    char c[15];
};
int main()
{
    StruTest stu;
    UniTest uni;
    cout <<"结构体变量 stu 的长度:"<< sizeof(stu)<< endl;
    cout <<"共用体变量 uni 的长度:"<< sizeof(uni)<< endl;
    return 0;
}
```

程序中分别定义了一个结构体和一个共用体,它们的成员完全相同,主函数中用 sizeof( )分别测试了所定义结构体和共用体的长度。

程序运行结果：

```
结构体变量 stu 的长度:24
共用体变量 uni 的长度:16
```

根据结构体内偏移规则第一条，需要在 a 和 b 之间填充 3 字节；根据结构体内偏移规则第二条，最宽的类型是整型，4 字节，当前计算出的结构体大小为 23，不是 4 的整数倍，于是在末尾填充 1 字节，最终结构体的大小为 24 字节，满足第二条偏移规则。共用体中占有内存空间最大的成员是长度为 15 的字符数组，另外有一个成员是整型，大小是 4 字节，因为 15 不是 4 的整数倍，所以需要在末尾填充 1 字节，最终共用体的大小为 16 字节，与程序运行结果相符。

6.3 枚举类型

枚举类型也是一种复合类型，它是一系列有标识名的整型常量的集合，其主要作用是增加程序代码的可读性。枚举类型也是唯一允许用符号代表数据的数据类型，定义形式如下：

```
enum  <枚举类型名>{<枚举常量表>}[枚举变量]
```

其中，enum 是关键字，枚举常量表中的枚举常量之间用逗号分隔，例如：

enum Days{Sun ,Mon,Tue,Wed,Thu,Fri,Sat}today;

说明：Days 是自定义的枚举类型名，它有 7 个枚举常量(又称枚举值或枚举元素)。缺省时，系统的每一个枚举常量都对应一个整数，并从 0 开始，逐个增 1，也就是说枚举常量 Sun 等于 0、Mon 等于 1、Tue 等于 2 等，这些缺省的值也可重新指定，例如：

```
enum Days{Sun ,Mon,Tue = 4,Wed,Thu = 8,Fri,Sat}today;
```

则各枚举常量对应的整数依次为 0,1,4,5,8,9,10。

上述定义中，today 是枚举类型 Days 定义的变量，也可以用下列形式进行定义：

```
Days today;
```

或

```
enum Days today;
```

枚举变量的取值只能是枚举常量表中的某个枚举常量，而不能用一个整型数据或其他类型数据为其直接赋值。例如：

```
today = Mon;                    //合法,值为 1
int i = today;                  //合法,值为 1
today = 3;                      //不合法,不能直接赋数值
```

注意：不要在定义枚举类型的同时，再对枚举常量、枚举变量及枚举类型名重新定义。例如下列的定义是不合法的：

```
int today;
int Sun;
```

【例 6-3】 五色球取三组合。

问题分析：首先需要定义一个枚举类型用于表示颜色确定的五色球，五色球取三组合则可以通过三重循环完成。程序代码如下：

```
#include <iostream>
using namespace std;
int main()
{
    enum Color{red,yellow,blue,white,black};
    int count = 0;
    int i,j,k,t,temp;
    for(i = red;i <= blue;++i)
        for(j = i + 1;j <= black;++j)
        {
            for(k = j + 1;k <= black;k++)
            {
                ++count;
                for(t = 0;t < 3;++t)
                {
                    switch(t)
                    {
                    case 0:
                        temp = i;break;
                    case 1:
                        temp = j;break;
                    case 2:
                        temp = k;break;
                    default:
                        cout <<"Impossible\\n";
                    }
                    switch((enum Color)temp)
                    {
                    case red:
                        cout <<"red\\t";break;
                    case yellow:
                        cout <<"yellow\\t";break;
                    case blue:
                        cout <<"blue\\t";break;
                    case white:
                        cout <<"white\\t";break;
                    case black:
                        cout <<"black\\t";break;
                    default:
                        cout <<"Impossible\\n";
                    }
                }
                cout << endl;
            }
        }
    cout <<"共有"<< count <<"种组合\\n";
```

```
    return 0;
}
```

程序运行结果：

```
red     yellow  blue
red     yellow  white
red     yellow  black
red     blue    white
red     blue    black
red     white   black
yellow  blue    white
yellow  blue    black
yellow  white   black
blue    white   black
共有 10 种组合
```

程序说明：上述程序中，首先定义了一个枚举类型 color{red，yellow，blue，white，black}，用于表示红、黄、蓝、白、黑五色球，五色球取三组合则可以采用三重循环。第一层循环变量 i 分别取红、黄、蓝，第二层循环变量 j 可以取第一层 i 之后的黄、蓝、白、黑，第三层循环变量 k 可以取第二层 j 之后的蓝、白、黑，这样就可以得到所有的组合，并用变量 count 计数。最内层的 for 循环是输出每一种组合的三种颜色，其中的第一个 switch 语句用于确定每次组合都是哪三种颜色，即 i、j 和 k，第二个 switch 语句用于输出每次组合的三种颜色所对应的英文单词。

6.4　类型自定义语句

用户使用 typedef 语句可以将一个标识符定义为数据类型标识符，也就是可以将一个已有的类型名用一个新的类型名代替。typedef 语句的形式如下：

typedef　<已有的类型名>　<类型别名>

typedef 语句只是对已有的数据类型定义新的类型标识符，几乎可以对所有的数据类型定义别名，但却不能像 struct 等那样构造出新的数据类型。看下面的类型自定义语句及其使用：

```
typedef unsigned long ULONG;
typedef struct MyStruct
{
    char name[10];
    int age;
    float salary;
}MYSTU;
ULONG ul;              //等价于"unsigned long ul;"
MYSTU ms;              //等价于"struct MyStruct ms;"
```

这里，分别给无符号长整型和结构体 MyStruct 定义新的类型别名 ULONG 和 MYSTU，之后就可以用这些类型别名定义变量 ul 和 ms 了。

6.5 类和对象

类实际上相当于一种特殊的用户自定义的数据类型,但它和一般的数据类型也有不同之处:类中不仅包含一组相关的数据,还包含能对这些数据进行处理的函数。

可以声明属于某个类的变量,这种变量称为类的对象。在C++中,类和对象的关系实际上是数据类型和具体变量的关系。在程序中可以通过类定义中提供的函数访问该类对象的数据。

下面举例说明类的定义及对象的使用。

【例6-4】 CDate类的定义及对象的使用。

程序代码如下:

```
#include<iostream>
#include<stdlib.h>
using namespace std;
class CDate                                 //日期类 CDate 的定义
{
private:
    int year,month,day;                     //定义三个数据成员
public:
    CDate(int y,int m,int d)                //定义构造函数
        { year = y; month = m; day = d; }
    CDate(char  pdate[])                    //重载构造函数
        {
            int n;
            n = atoi(pdate);
            year = (n/10000);
            month = (n/100) % 100;
            day = n % 100;
        }
    void Get_date();                        //声明成员函数 Get_date()
    ~CDate(){}                              //定义析构函数
};
void CDate::Get_date()                      //在类外定义成员函数 Get_date()
{
    cout << year <<"年"<< month <<"月"<< day <<"日\\n";
}
int main()                                  //主函数
{
    int y,m,d;
    char str[10];
    cout <<"Input year.month.day:"<< endl;
    cin >> y >> m >> d;
    CDate d1(y,m,d);                        //定义对象 d1
    cout <<"Input string year.month.day:"<< endl;
    cin >> str;
    CDate d2(str);                          //定义对象 d2
    d1.Get_date();                          //通过对象 d1 调用成员函数 Get_date()
    d2.Get_date();                          //通过对象 d2 调用成员函数 Get_date()
    return 0;
}
```

程序运行结果：

```
Input year.month.day:
2021    1    5
2021 年 1 月 5 日
Input string year.month.day:
20200410
2020 年 4 月 10 日
```

在上述程序中，首先定义了一个日期类 CDate，因为描述日期需要年、月、日三个属性，所以在 CDate 中定义了三个私有数据成员 year、month 和 day；紧接着是公有的函数成员，包括定义了两个构造函数 CDate(int y,int m,int d)和 CDate(char pdate[ ])，一个成员函数 Get_date()和一个析构函数～CDate()。主函数中，定义了三个整型变量 y、m 和 d 用于接收键盘输入的年、月、日的数值，并作为定义对象 d1 时的初始值，同时定义一个字符数组 char str[10]用于接收包含年、月、日信息的字符串，并作为定义对象 d2 时的初始值。最后分别通过对象 d1 和对象 d2 调用成员函数 Get_date()显示相应的日期。这里需要特别说明，第二个构造函数是第一个构造函数的重载，其目的是提供初始化类对象的不同方法。

本章只对类和对象进行简单的介绍，有关类和对象及其面向对象程序设计的内容将在本书的后 3 章进行系统和详细的讲解。

6.6 小结与知识扩展

6.6.1 小结

本章主要介绍几种常用的自定义数据类型，它们属于复合类型。与数组(若干相同类型的数据元素组成的有序集合)相比，结构体是由多种数据成分组成的复杂的数据类型，其数据结构是随具体问题而变化的。共用体在同一段内存空间保存不同类型数据，它的定义格式和结构体很相似。枚举类型是一系列有标识名的整型常量的集合，其主要作用是增加程序代码的可读性。几种常用自定义数据类型的对比总结如表 6-1 所示。

表 6-1 常用自定义数据类型对比

复合类型	成员数据类型	各成员存储空间	实　　例
数组	必须一致	连续	int score[30];
结构体	可以不一致	基本连续	struct Student { 　　unsigned int no; 　　char name[20]; 　　bool sex; 　　int math; 　　int english; 　　int computer; 　　float aver; }stu1;

续表

复合类型	成员数据类型	各成员存储空间	实　　例
共用体	可以不一致	共用	union UnionDate { int nIntData; char cCharData; float fRealData; }mydata;
枚举	必须一致		enum Days {Sun,Mon,Tue,Wed,Thu,Fri,Sat } today;

6.6.2　结构体的大小

结构体大小会涉及字节对齐的问题,其目的是让计算机快速读写,以空间换取时间。即最后一个成员的偏移量加上最后一个成员的大小再加上末尾的填充字节数。

那么什么是结构体中的偏移量?结构体中的偏移量是一个成员的实际地址和结构体首地址之间的距离。结构体内偏移规则如下:

(1) 每个成员的偏移量都必须是当前成员所占内存大小的整数倍,如果不是编译器会在成员之间加上填充字节。

(2) 当所有成员大小计算完毕后,编译器判断当前结构体大小是否是结构体中最宽的成员变量大小的整数倍。如果不是会在最后一个成员后做字节填充。

例如,定义如下的结构体 test1:

```
struct test1
{
    char a;
    int b;
    short c;
};
cout << sizeof(test1)<< endl;
```

结构体中共有一个 char 类型,一个 int 类型和一个 short 类型成员。如果只按照这几个成员大小相加,结构体的大小应该是 1+4+2=7 字节,但实际上该结构体的大小是 12 字节。

下面一步步分析编译器是如何计算大小并进行分配的。

① 遇到第一个成员变量 a,该成员偏移量为 0,大小为 1,符合偏移规则第一条。

② 第二个成员变量 b,偏移量为 1,大小为 4,不符合偏移规则第一条。在成员 a 和 b 之间填充 3 字节,此时,偏移量为 4,符合偏移规则第一条。

③ 第三个成员变量 c,偏移量为 8,大小为 2,符合偏移规则第一条。

④ 所有成员大小计算完后,执行偏移规则第二条。最宽的类型是 int b,大小为 4 字节,当前结构体计算出的大小为 10,并不符合第二条规则,于是在末尾填充 2 字节,最终结构体的大小为 12 字节,满足第二条偏移规则。

如果将上述成员的类型进行调整,定义如下的结构体 test2:

```
struct test2
{
    int a;
    char b;
    short c;
};
```

这时,该结构体的大小是否还是 12 字节呢? 同样,下面根据结构体内偏移规则来分析编译器是如何计算大小并进行分配的。

① 第一个成员变量 a,偏移量为 0,大小为 4,符合偏移规则第一条。

② 第二个成员变量 b,偏移量为 4,大小为 1,符合偏移规则第一条。

③ 第三个成员变量 c,偏移量为 5,大小为 2,不符合偏移规则第一条。在成员 b 和 c 之间填充 1 字节,此时,偏移量为 6,符合偏移规则第一条。

④ 所有成员大小计算完后,执行偏移规则第二条。最宽的类型是 int a,大小为 4 字节,当前结构体计算出的大小为 8,满足第二条偏移规则。

由此可见,即使结构体的成员类型相同,也有可能因成员的顺序不同,其结构体的大小也不同。

如果将结构体成员改变为数组,定义如下的结构体 test3:

```
struct test3
{
    char a;
    char b[4];
    char c[2];
};
```

这时,该结构体的大小为 7 字节。读者可以根据结构体内偏移规则自行分析过程。

习　　题

6-1　简答题

(1) 数组与结构体的异同点是什么?

(2) 结构体与共用体有何不同?

(3) 枚举变量的取值有何限制? 能否用一个整型数据或其他类型的数据直接给枚举变量赋值?

(4) 类与结构体有何不同?

6-2　编程题

定义学生结构体,每个学生数据包括学号、姓名及高数、英语、计算机三门课的成绩,编写程序实现:

(1) 键盘输入 10 个学生的信息。

(2) 计算每个学生的平均成绩,并且将学生数据按平均成绩从高到低排序。

(3) 统计各科不及格人数。

第7章　指　　针

本章要点

- 指针与内存地址的关系。
- 指针变量的声明和用法。
- 指针与数组的关系。
- 指针作为函数的参数和返回值。
- 使用指针操作字符串。
- 动态内存分配与 new 和 delete 运算符。

计算机程序在数据存储时必须要跟踪以下三个属性：

(1) 数据存储于何处。

(2) 存储的数据是什么类型。

(3) 存储的值是多少。

存储的值是多少是我们最关心的，也是用得最多的属性。那么，数据存储于何处呢？数据存储在地址标识的内存空间中，而存储数据的类型则决定了数据所占内存空间的大小。

C++程序设计语言具备丰富的内存地址运算与操作能力，这种能力是通过指针来实现的。因此，要掌握 C++语言的精髓，必须学会使用指针。

7.1　指针概述

7.1.1　指针的概念

为了说明什么是指针，必须弄清楚数据在内存中是如何存储和读取的。假设程序中定义了变量，编译时，系统就根据变量的类型分配一定长度的内存空间，用于存放该变量的值。

1. 内存地址

在计算机中，为了标识内存的不同位置，内存被分成字节，也称内存单元，并对内存的全部字节按顺序进行编号，这个编号就是内存地址，简称地址。如果将内存中每字节都想象为仓库中的一个存储空间，那么内存地址就相当于存储空间的编号，在地址所标识的内存中存放数据，相当于在存储空间中存放物品。内存地址通常用一个大小为 4 字节的十六进制整数表示。例如，定义三个整型变量 i、j、k：

```
int i = 3,j = 6,k = 9;
```

假设编译时系统随机为这三个变量分配存储空间，如图 7-1 所示。

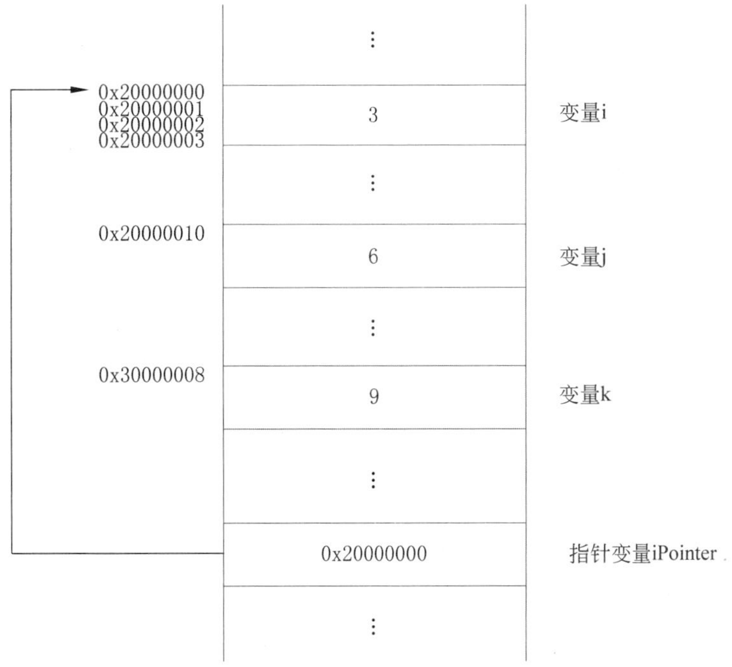

图 7-1　内存单元分配示意图

一个变量占用连续的若干内存字节，最前面的字节的地址称为起始地址，也就是该变量的地址。从图 7-1 中可以看到，整型变量 i、j、k 分别占用连续的 4 字节的存储空间，具体分配情况为：地址为 0x20000000～0x20000003 的 4 字节给变量 i；将 3 存入其中；同理，地址为 0x20000010～0x20000013 的 4 字节给变量 j；地址为 0x30000008～0x300000013 的 4 字节给变量 k。这样，存放 3 的 4 字节中的起始地址 0x20000000 就是变量 i 的地址，起始地址 0x20000010 是变量 j 的地址，起始地址 0x30000008 是变量 k 的地址。

2. 指针

指针就是指向内存中某个单元的内存地址。在计算机中，所有的变量、数组、对象等中的数据都保存在内存中，只要知道数据所在内存中的位置，即内存地址，就可以对它进行语句操作。使用指针适合操作在内存中连续存放的数据，因此，在涉及指针的程序设计中，最关键的是获取首地址，并利用循环控制结构实现指针的后移或前移，完成对内存单元所存数据的语句操作。

3. 内存空间的访问方式

通常对内存空间的访问有以下两种方式。

(1) 直接访问：直接按变量存取数据。例如，表达式 k=i+j 的执行，是根据变量名与地址的对应关系，找到变量 i 的地址，然后从中获取数据，即变量 i 的值 3；同理，通过变量名 j 取出其中的值 6，然后计算 3+6，并将结果 9 存放变量 k 对应的内存空间。

(2) 间接访问：通过地址间接存取内存中的数据。例如，如图 7-1 所示，先找到存放“i 的地址”的单元，从中获得 i 的起始地址 0x20000000，然后到该起始地址开始的 4 字节中取出 i 的值 3，同理，到 0x20000010 起始的 4 字节中取出 j 的值 6，完成计算。

7.1.2 指针变量的定义

类似于在程序中定义整型、实型、字符型等变量,也可以定义这样一种特殊的变量用于存放地址,这就是指针变量,简称为指针。指针变量同普通变量没有太大的区别,只是保存的数据比较特殊,指针变量保存的是另一变量的地址值。实际上,这个地址值就是一个有特殊意义的32位的整数,它是系统在内存中为变量、数组、对象等分配的存储空间的起始地址,或称首地址。

指针变量定义形式如下:

```
<类型标识符>    * 指针变量名
```

其中:

① “*”表示所定义的变量是一个指针变量。

② 指针变量名应符合标识符的命名规则。

③ 数据类型是指针变量所指向变量的数据类型。

指针声明时应注意以下几点:

(1) 指针变量具有数据类型。

虽然指针存放的都是内存地址,但一个指针变量只能存放定义中指定数据类型的地址。例如,下面定义的iPointer、fPointer、bPointer、cPointer四个指针分别用于指向整型、浮点型、布尔型、字符型的变量。

```
int * iPointer;
fload * fPointer;
bool * bPointer;
char * cPointer;
```

需要特别说明的是:字符类型的指针通常用于字符串操作,一般很少用于指向字符型变量。

(2) 空指针NULL。

C++定义了一个符号常量NULL用来代表其值为0的空指针,表示不指向任何内存单元。

```
int * iPointer = NULL;                    //定义 iPointer 为空指针,iPointer = 0x00000000
```

(3) void * 类型指针。

void * 类型指针是一个类型不确定的指针。如果将void * 类型指针所指向的内存单元用于其他类型数据的存储等操作,必须使用强制类型转换将void * 类型指针转换为相应类型的指针。例如:

```
void * vPointer = new char[12];
int * iPointer = (int * )vPointer;
```

第一条语句在内存中申请12字节的存储空间,并将首地址赋予void * 类型指针vPointer。第二条语句将void * 类型指针vPointer强制转换为整型指针,并将首地址赋予整型指针 iPointer，之后就可以通过 iPointer 对这 12 字节的存储空间进行操作了。

在类型确定时，一般不使用 void * 类型指针，但在实际的程序设计中，通常会出现暂时类型不确定的情况，这时就可以先定义 void 类型，待类型确定后，再使用强制类型转换为其他相应的类型。

7.1.3 指针的基本操作

与指针有关的运算符有以下两个。

1. 取地址运算符

取地址运算符(&)用来获取如变量、对象等的地址，其后只能是一个变量、对象等，不能为常量或表达式，通常用于给另一个指针变量初始化。

2. 取值运算符

取值运算符(*)用来获取指针所指向内存中的值。

“&”和“ * ”运算符都是一元运算符，其优先级高于所有二元运算符，采用从右到左的结合性。例如：

```
int i = 5, j, * iPointer;
iPointer = &i:
j = * iPointer;                              //等价于 j = i;
```

第一条语句定义整型变量 i 和 j，并赋值 i=5，同时定义整型指针变量 iPointer。第二条语句将 i 的起始地址赋给 iPointer，使 iPointer 指向 i，即给指针变量 iPointer 初始化；第三条语句将 iPointer 所指向的变量 i 的值 5 取出，并赋给变量 j，等效于 j=i。特别提示：第一条语句和第三条语句中的 * iPointer 的意义是不同的，前者是声明指针变量，后者是获取指针变量所指向内存单元的值。

【例 7-1】 指针变量的定义及使用。

程序代码如下：

```
#include < iostream >
using namespace std;
int main()
{
    int m, n, &k = m, * p1 = &m, * p2 = &n, * pInt = NULL;
    k = n = 6;
    cout <<"m = "<< m <<" , n = "<< n <<" , k = "<< k << endl;
    cout <<"&m = "<< &m <<" , &n = "<< &n <<" , &k = "<< &k << endl;
    cout <<"p1 = "<< p1 <<" , p2 = "<< p2 <<" ,  pInt = "<< pInt << endl;
    cout <<" * p1 = "<< * p1 <<" , * p2 = "<< * p2 << endl;
    * p1 += 3;
    p2 = p1;
    * p2 * = 4;
    pInt = p2;
    cout <<" * p1 = "<< * p1 <<" , * p2 = "<< * p2 << endl;
    cout <<"p1 = "<< p1 <<" , p2 = "<< p2 << endl;
    cout <<"m = "<< m <<" , n = "<< n << endl;
    cout <<"pInt = "<< pInt << endl;
```

```
    return 0;
}
```

程序运行结果:


```
m = 6 , n = 6 , k = 6
&m = 0x0012FF7C , &n = 0x0012FF78 , &k = 0x0012FF7C
p1 = 0x0012FF7C , p2 = 0x0012FF78 , pInt = 0x00000000
* p1 = 6 , * p2 = 6
* p1 = 36 , * p2 = 36
p1 = 0x0012FF7C , p2 = 0x0012FF7C
m = 36 , n = 6
pInt = 0x0012FF7C
```

程序说明:

(1) m、n都是一般变量,k是m的引用;&m是变量m的地址,&n是变量n的地址,&k是引用k的地址,可以看出变量m和其引用k的地址是相同的。

(2) * p1、* p2表示指针变量p1、p2所指变量的值,p1存放变量m的地址,p2存放变量n的地址,具体的地址值与程序的运行环境有关。

(3) * p1+=3表示将p1所指内存单元的内容(即m的值6)加3后,再存入p1所指的内存单元。

(4) p2=p1表示将p1的内容(即m的地址)赋给p2,使p2也指向m。

(5) * p2 * =4表示将p2所指内存单元的内容乘以4后存入p2所指内存单元,其中最左边的"*"代表指向操作(即代表p2所指的变量),中间的"* ="为复合赋值运算符,其中的"*"代表乘法。

(6) 如果没有给指针变量pInt赋初值NULL,编译时将会出现警告错误。

(7) 程序中的p2=p1执行完毕后指针指向情况如图7-2(a)所示;pInt=p2执行完毕后指针指向情况如图7-2(b)所示。

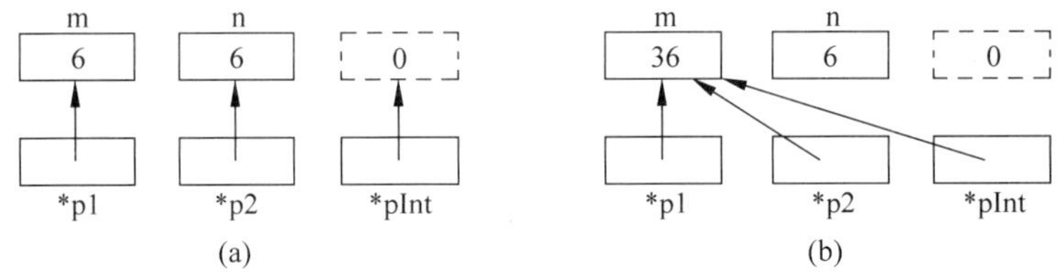

图7-2 指针指向示意

7.1.4 指针的运算

对指针也可以进行赋值、算术和关系运算。与普通的表达式不同,指针的运算有它特有的规则,其中有些运算有特殊的意义,必须同一般的运算区分开。

1. 指针的赋值运算

(1) 指针变量在赋值时,不允许将不同类型的指针值赋予指针变量,如果用类型不兼容的指针指向变量,可以使用强制类型转换。例如:

```
int * iPointer;
```

```
char ch = 'A';
iPointer = &ch;                          //不允许,试图将字符指针值赋予整型指针变量
void * vPointer = new char[12];
iPointer = (int * )vPointer;             //允许,将 void * 型指针强制转换为整型指针
```

第三条赋值语句是不允许的,因为试图将字符指针值赋给整型指针变量;第五条赋值语句将 void * 类型指针强制转换为整型指针,并赋给整型指针变量,是允许的。

(2) 通过强制类型转换,可以将整型数值赋予一个指针变量,也可以将指针值转换为整型数值。例如:

```
int * iPointer1 = (int * )100;             //允许,iPointer1 = 0x00000064
cout <<(int)iPointer1;                     //允许,输出结果为整型数值 100
int * iPointer2 = (int * )0x98980000;      //允许,iPointer2 = 0x98980000
int * iPointer3 = &100;                    //错误,常量不能取地址运算
int * iPointer4 = &(100 * 20 + iValue);    //错误,表达式不能取地址运算
```

第一和第三条赋值语句是允许的,前者是将十进制常量 100 转换成整型地址 0x00000064,并赋值给 iPointer1;后者将十六进制整数 0x98980000 强制转换为整型地址,并赋值给 iPointer2;第二条输出语句的输出结果为整型数值 100,说明通过整型强制类型转换将指针 iPointer1 的值转换为了整型数值,最后两条语句试图取常量或表达式的地址,是错误的。

2. 指针的算术运算

对于非 void * 类型的指针,只能进行加一个整数、减一个整数和两个指针相减运算。

(1) 指针加(或减)一个整数。

将一个指针做加上或减去一个整数的运算,实际上就是对地址进行加法或减法运算,这种加法或减法运算按照某种单位进行,此单位就是该指针的类型所占用的字节数。例如,对一个字符型指针加 1,等于这个指针所表示的地址值加 1;而对一个整型指针加 1,其结果就等于这个指针所表示的地址值加上 4,因为一个整型数据需要占用 4 字节。而 void * 类型指针不能做任何算术运算,也是因为其类型不确定,无法决定加 1 应该向前“走”几字节。例如:

```
int iValue;
int * iPointer1 = &iValue, * iPointer2;
iPointer2 = iPointer1 + 1;
```

如图 7-3 所示,假设 iPointer1 的初始地址是 0x20000000,则进行 iPointer2＝iPointer1＋1,运算后,iPointer2 的地址值是 0x20000004,

指针的自增(++)与自减(--)运算也属于指针加(或减)一个整数,只不过这时的整数为 1。

(2) 两指针相减。

两个指针相减只能用在相同类型的指针间,两个指针相减的结果是一个整型值,等于两个地址间的相对距离,这个相对距离也是以该指针的类型所占用的字节数为单位的。例如,iPointer2－iPointer1 的结果是 1,而不是 4。

3. 指针的关系运算

关系运算符可以用来连接两个指针进行关系运算。指针间的关系运算结果就是两个指

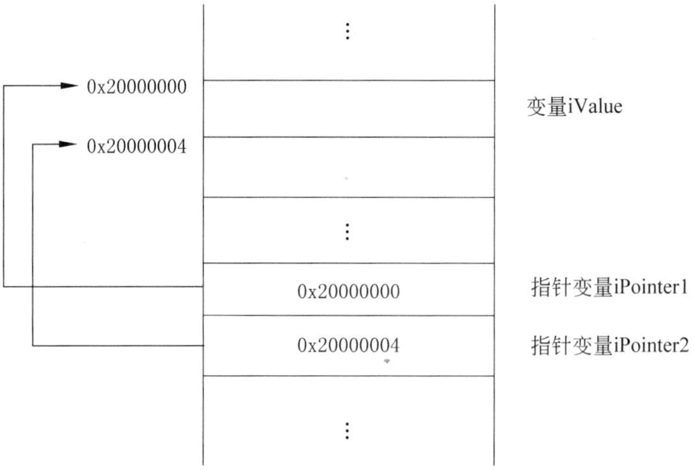

图 7-3　指针算术运算示意图

针所指的地址值的大小的关系运算结果。两个进行关系运算的指针一般要求是同一类型的指针。

【例 7-2】 指针运算。

程序代码如下：

```
#include <iostream>
using namespace std;
int main()
{
    int n, * iPointer1 = &n, * iPointer2 = NULL;
    cout <<"iPointer1 = "<< iPointer1 <<", iPointer2 = "<< iPointer2 << endl;
    iPointer1 = iPointer2 + 4;
    iPointer2++;
    cout <<"iPointer1 = "<< iPointer1 <<", iPointer2 = "<< iPointer2 << endl;
    n = iPointer1 - iPointer2;
    cout <<"iPointer1 - iPointer2 = "<< n << endl;
    bool k = iPointer1 > iPointer2;
    cout <<"iPointer1 > iPointer2 = "<< k << endl;
    return 0;
}
```

程序运行结果：

```
iPointer1 = 0x0012FF44,      iPointer2 = 0x00000000
iPointer1 = 0x00000010,      iPointer2 = 0x00000004
iPointer1 - iPointer2 = 3
iPointer1 > iPointer2 = 1
```

上述程序中，首先定义了整型指针 iPointer1 和 iPointer2，并分别赋值整型变量 n 的地址和空指针 NULL。所以，第一次输出 iPointer1＝0x0012FF44，iPointer2＝0x00000000；第二次输出结果表明 iPointer1＝iPointer2＋4 后，iPointer1 向前“走”了 16 字节，iPointer2++后，

iPointer2 向前“走”了 4 字节；第三次输出 n=3，表示当前 iPointer1 与 iPointer2 所指向的存储单元之间相差 3 个整数距离；第四次输出 k=1，表示当前 iPointer1 所指向的存储单元的地址大于 iPointer2 所指向的存储单元的地址。

7.2 指针与数组

指针与数组之间有着密切的联系，有了指针的知识，对深入理解数组及其操作很有帮助。事实上，C++中对数组的操作完全可以通过指针来完成。

7.2.1 指针与数组的关系

对数组进行分析后，不难发现数组具有以下特征：

(1) 类型相同的数组元素在内存中线性存储，即连续存放。

(2) 数组的下标值是当前数组元素相对于第 1 个数组元素的偏移量。

在声明一个数组时，C++将在内存中开辟两个空间，一个用于保存数组元素；另一个用于保存数组的第 1 个元素的地址，称为数组的首地址，数组名就是保存了数组首地址的指针。例如：

① 数组名是保存数组首地址的指针。

② 通过指针的规则访问数组元素和使用下标运算符“[]”访问数组元素是等价的。

看下面访问数组元素的语句。

```
int iValue,iArray[10];                    //定义长度为 10 的整型数组
int * iPointer = iArray;                  //等价于 int * iPointer = &iArray[0]
iValue = iArray[5];                       //使用[]运算符访问数组元素
iValue = * (iArray + 5);                  //将一维数组名作为指针访问数组元素
iValue = iPointer[5];                     //指针也可以使用[]运算符访问数组元素
iValue = * (iPointer + 5);                //通过指针访问数组元素
```

第一条语句定义了同数组类型一致的整型指针，并赋值为该数组名，也就是数组的首地址。这样，后面的四条赋值语句是等价的，它们都是将数组中第 6 个数组元素的值赋给整型变量。

需要特别注意：尽管指针变量与数组名都是指针，但它们之间也有区别。指针变量是可以不断赋值的，而数组名是一个指针型常量，只能指向固定的内存地址，即系统为数组所分配内存空间的首地址。例如：

```
char cArray[10];
char ch;
cArray = &ch;                             //错误,不允许将一个指针值赋予数组名
```

最后一条语句是错误的，因为试图将一个指针值，也就是地址赋予数组名是不允许的。

7.2.2 使用指针访问一维数组元素

由于指针与数组的特殊关系，一维数组名与指针几乎可以互换使用，下面通过一个具体例题说明使用指针访问数组元素的方法。

【例 7-3】 使用指针求一维数组中所有元素之和。

问题分析：首先设计一个函数用于求数组中所有元素之和，此函数的参数可以用指针型，由于数组名的实质就是指针，在调用该函数时只要将数组名作为实参传递给函数即可。程序代码如下：

```
#include <iostream>
using namespace std;
int sum(int * iPointer, int n)
{
    for(int nSum = 0;i = 0;i < n;i++)
    {
        nSum += * (nPointer + i);            //等效于 nSum += * nPointer[i];
    }
    return iSum;
}
int main()
{
    int iArray[10] = {6,7,8,9,5,4,3,2,10,1};
    cout <<"数组各元素和: sum = "<< sum(iArray,10)<< endl;
    return 0;
}
```

程序运行结果：

```
数组各元素和: sum = 55
```

需要注意的是，main()中调用函数 sum()时，实参 iArray 与形参 iPointer 尽管是指针类型，但它们间仍然是赋值关系，在被调函数 sum()中对形参 iPointer 进行的加法运算不会影响到 sum()以外的指针型常量(数组名)iArray 的值。但由于 iPointer 与 iArray 所存放的地址值相同，也就是说它们指向同一个内存单元，所以在被调函数内如果对 iPointer 所指向的地址中的值进行更改操作，在被调函数外的 iArray 如果访问这个地址所指向的内存单元会得到经被调函数更改后的值。

【例 7-4】 使用指针对数组中各元素进行排序。

问题分析：参照例 5-7，用选择法进行排序(降序)。首先设计一个排序函数，并将数组名作为函数的参数。程序代码如下：

```
#include <iostream>
using namespace std;
void order(int * iPointer, int n)              //等同于 void order(int iPointer[],int n)
{
    int i,j,t,p;
    for(i = 0;i < n - 1;i++)
    {
        p = i;
        for(j = i + 1;j < n;j++)
        {
            if( * (iPointer + p)< = * (iPointer + j)) p = j;
        }
```

```
        if(p!= i)
        {
            t = * (iPointer + i);
            * (iPointer + i) = * (iPointer + p);
            * (iPointer + p) = t;
        }
    }
}
int main()
{
    int iArray[10] = {6,7,8,9,5,4,3,2,10,1};
    order(iArray,10);
    cout <<"排序后的数组为: "<< endl;
    for(int i = 0;i < 10;i++)
        cout << iArray[i]<<"   ";
    return 0;
}
```

程序运行结果：

```
排序后的数组为:
10   9   8   7   6   5   4   3   2   1
```

上述程序中，函数 order()的实参 iArray 将数组的首地址传递给形参指针变量 iPointer，使它们指向同一个内存单元，所以在被调函数 order()内，对 iPointer 所指向地址中的数据进行的排序操作会直接影响 order()外的 iArray 中所保存的数据，即得到了被 order()操作后的排序结果。

7.2.3 使用指针访问二维数组元素

二维数组的元素在计算机中与一维数组的元素一样，也是线性存储的，只要知道保存某个二维数组在内存区域的首地址，就可以通过指针的规则访问多维数组中的任何一个元素。例如，声明以下二维数组：

```
int iMatrix [3][4];
```

为了方便说明问题，表 7-1 给出了二维数组元素的排列顺序。

表 7-1 二维数组元素的排列顺序

行＼列	0	1	2	3
0	iMatrix[0][0]	iMatrix[0][1]	iMatrix[0][2]	iMatrix[0][3]
1	iMatrix[1][0]	iMatrix[1][1]	iMatrix[1][2]	iMatrix[1][3]
2	iMatrix[2][0]	iMatrix[2][1]	iMatrix[2][2]	iMatrix[2][3]

现在定义一个指针变量，并将该二维数组的首地址赋予它：

```
int * iPointer = &iMatrix[0][0];
```

则二维数组 iMatrix 中的任何一个元素使用 iPointer 这个指针访问的规则是：

```
*(iPointer + m * 4 + n)                    //等同于 iMatrix[m][n]
```

其中,4 是二维数组中列的长度。

对于二维数组之所以可以这样,是因为 C++采用按行顺序保存的规则(即列标优先变化)。对二维数组 iMatrix 而言,在保存数组元素的存储区中,排在前面的是第一行 iMatrix[0][0]~iMatrix[0][3]的 4 个元素,然后是第二行 iMatrix[1][0]~iMatrix[1][3]的 4 个元素,最后是第三行 iMatrix[2][0]~iMatrix[2][3]的 4 个元素。

二维数组的数组名同样是个指针,但它不指向多维数组的第一个数组元素的地址(&iMatrix[0][0]),它指向的是存放第一个数组元素的地址的地址,对于初学者来说,这很难理解。下面仍以 iMatrix 数组来说明这个问题。

对二维数组 iMatrix[3][4]中关于一维数组名 iMatrix[m](0<m<3)所代表的含义,我们已在第 5 章多维数组中进行过讨论。如果把 iMatrix[m]当成一个一维数组的数组名,则将 iMatrix[m]加下标,就可以访问一维数组 iMatrix[m][]中的各元素了,即将二维数组 iMatrix[][]看成由三个一维数组 iMatrix[m][](0<m<3)组成。此时,3 个一维数组名 iMatrix[m](0<m<3)保存的是相应行作为一维数组的第 1 个元素的首地址(&iMatrix[m][0]),即行地址,于是就有:

```
iMatrix[0]等同于 &iMatrix[0][0]
iMatrix[1]等同于 &iMatrix[1][0]
iMatrix[2]等同于 &iMatrix[2][0]。
```

最后,再来看 iMatrix 的含义。既然可以把 iMatrix[]当成一个一维数组来看,那么 iMatrix 就是这个一维数组的数组名,也就是指向这个一维数组的第 1 个元素 iMatrix[0]的指针。iMatrix 的数据类型不是 int *,而是 int **,即指向 int 指针型变量的指针,也称二级指针(有关二级指针将在 7.2.4 节进行详细介绍)。

从上面的分析可以得出如下结论:以程序员的观点来看,二维数组的存储被分为三个层次,最里层是以线性顺序存放的数组元素,中间层是一个以线性顺序存放各行的起始地址的一维数组,最外层是指向中间层的一维数组的指针,最外层也就是二维数组的数组名。实际上,中间层在系统中是不实际存在的,是虚拟的。这是因为在编译过程中,中间层内所保存的指针实际上可以通过对最里层指针的简单而有规律的运算得到。但在编写程序时,必须认为中间层是存在的,要访问最里层的元素,只能通过中间层指针,如果要通过最外层的指针访问最里层的元素,必须先访问最外层的指针所指的中间层元素,这也是访问二维数组时需要有两个"[ ]"的原因。

换言之,从地址值的角度来说,iMatrix、iMatrix[0]、&iMatrix[0][0]所代表的值是相等的,但其本质含义却有所不同。下面通过例题进一步地说明二维数组中行地址的作用。

【例 7-5】 使用指针实现二维数组转置(行列互换),并输出结果。

程序代码如下:

```
#include <iostream>
#include <iomanip>
using namespace std;
int main( )
{
```

```
    int iMatrix[3][4] = {1,2,3,4,5,6,7,8,9,10,11,12};
    int i,j, * iP;
    cout <<"转置前的矩阵: "<< endl;
    for(i = 0;i < 3;i++)
    {
        iP = iMatrix[i];                        //iP 存放各行的起始地址(在内循环外)
        for(j = 0;j < 4;j++)
            cout << setw(6)<< * (iP + j);       // * (iP + j)等价于 iP[i][j]
        cout << endl;
    }
    cout <<"转置后的矩阵: "<< endl;
    for(j = 0;j < 4;j++)
    {
        for(i = 0;i < 3;i++)
        {
            iP = iMatrix[i];  //iP 存放各行的起始地址(在内循环中)
            cout << setw(6)<< * (iP + j);
        }
        cout << endl;
    }
    return 0;
}
```

程序运行结果：

```
转置前的矩阵:
1   2   3   4
5   6   7   8
9   10  11  12
转置后的矩阵:
1   5   9
2   6   10
3   7   11
4   8   12
```

7.2.4 多级指针

多级指针一般又称为指针的指针。如果指针变量保存的是另一个指针变量的地址，则这个指针变量就是指针的指针。指针的指针类型的表示法是在原先的指针类型后再加一个“ * ”。由于多级指针比较复杂，在此我们只以二级指针为例进行介绍。

定义二级指针变量的一般形式是：

```
<类型标识符> ** 二级指针变量名
```

例如：

```
int i = 5. * p = &i, ** pp = &p;
```

p 是一个指向非指针类型的指针变量，简称为一级指针；pp 指针变量的内容是指针变量 p 的地址，pp 就是二级指针变量，简称为二级指针。图 7-4 说明了一级指针 p 与二级指针 pp 之间的区别和联系。

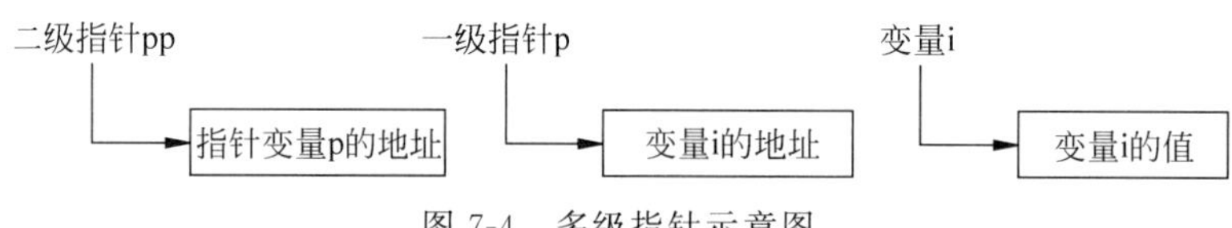

图 7-4　多级指针示意图

显然,如果希望通过二级指针变量 pp 来访问整型变量 i,必须经过两次间接寻址;先由 pp 取出它所指的内容(变量 i 的地址),即 * pp,再由 * (* pp)取出变量 i 的值,即 ** pp,这里需要两次使用取内容运算符"*"。所以 i 的值也可由 ** pp 与 * p 两种形式表示。

指针的指针这个概念还可以推广到多级,由于指针的指针仍然是指针,指针的指针的指针……的指针也还是指针。这种指针的声明方法不外乎在原先的指针类型后再加"*"而已,原理完全一样。超过二级的指针在实际的编程中很少用到,这里就不再介绍。

下面举例进一步说明指针与二维数组之间的关系,注意观察和比较其中的一级指针和二级指针。

【例 7-6】 使用指针操作二维数组,并输出相应的指针值(地址)。

程序代码如下:

```
#include <iostream>
#include <iomanip>
using namespace std;
int main( )
{
    static int iMatrix[3][4] = {{1,2,3,4},{2,3,4,5},{5,4,3,2}};
    int i,j, * p;
    //使用二维数组的行地址(一级指针)
    cout <<"使用二维数组的行地址(一级指针)输出数组: "<< endl;
    for(i = 0;i < 3;i++)
    {
        p = iMatrix[i];
        for(j = 0;j < 4;j++)
            cout << setw(6)<< * (p + j);
        cout << endl;
    }
    //使用二维数组名(二级指针)
    cout <<"使用二维数组名(二级指针)输出数组: "<< endl;
    for(i = 0;i < 3;i++)
    {
        for(j = 0;j < 4;j++)
            cout << setw(6)<< * ( * (iMatrix + i) + j);
        cout << endl;
    }
    cout <<"相应的指针值: "<< endl;
    cout <<"二维数组名    "<<"行地址        "<<"数组元素地址"<< endl;
    cout << iMatrix <<""<< iMatrix[0]<<""<< &iMatrix[0][0]<< endl;
    cout <<"指针 + 1 后的值: "<< endl;
    cout << iMatrix + 1 <<""<< iMatrix[0] + 1 <<""<< &iMatrix[0][0] + 1 << endl;
    cout <<"各行首地址: "<< endl;
```

```
    for(i = 0;i < 3;i++)
        cout << iMatrix[i]<< endl;
    return 0;
}
```

程序运行结果：

```
使用二维数组的行地址(一级指针)输出数组:
1	2	3	4
2	3	4	5
5	4	3	2
使用二维数组名(二级指针)输出数组:
1	2	3	4
2	3	4	5
5	4	3	2
输出相应的指针值(以下地址值根据系统运行情况而定):
二维数组名		行地址		数组元素地址
0x0012FF50		0x0012FF50	0x0012FF50
指针 + 1 后的值:
0x0012FF60		0x0012FF54	0x0012FF54
各行首地址:
0x0012FF50
0x0012FF60
0x0012FF70
```

7.3 指针与函数

7.3.1 指针作为函数参数

在了解了指针与数组的关系之后，相信读者对第 5 章中介绍的有关数组作为函数参数的内容有了更深刻的理解和认识。数组作为函数参数就是指针变量作为函数参数的一种表现，其根本和关键是它所采用的参数传递方式。

普通变量作为函数参数实现的是数值传递，而指针变量作为函数参数实现的是地址传递。有关数值传递方式在第 4 章介绍函数的参数传递中已讨论过，地址传递方式的应用在第 5 章论述数组作为函数参数中也介绍过，这里着重对数值传递和地址传递这两种参数传递方式进行分析和比较。

1. 数值传递

数值传递是普通变量作为函数形参，主调函数中的实参内容是一个数值确定的表达式，适合少量数据的传递。

仍以第 4 章中的例 4-3 交换两数为例，对数值传递和地址传递进行比较和分析。以下是使用数值传递交换两数的程序代码：

```
#include < iostream >
using namespace std;
void swap (int,int);                    //函数声明语句
int main()
```

```
{
    int a = 5,b = 10;
    cout <<"函数调用前：a = "<< a <<" ,b = "<< b << endl;
    swap (a,b);                                //以 a、b 的值为实参调用函数
    cout <<"函数调用后：a = "<< a <<" ,b = "<< b << endl;
    return 0;
}
void swap (int m,int n)
{
    int temp;
    temp = m;
    m = n;
    n = temp;
    cout <<"函数中参数：m = "<< m <<",n = "<< n << endl;
}
```

程序运行结果：

```
函数调用前：a = 5 ,b = 10
函数中参数：m = 10,n = 5
函数调用后：a = 5 ,b = 10
```

程序分析：由程序的运行结果可以看到，函数调用后变量 a 与 b 的值并未实现交换，其原因是在调用函数 swap()时采用的是数值传递的方式，只是将实参 a 和 b 的值传递给了形参 m 和 n，如图 7-5 所示。由于实参 a 和 b 与形参 m 和 n 占用不同的内存单元，即使被调函数 swap()中的 m 和 n 进行了交换，也无法将交换后的结果传回给实参 a 和 b，函数调用结束后，形参 m 和 n 被撤销，实参 a 和 b 的值仍然保持原值不变。

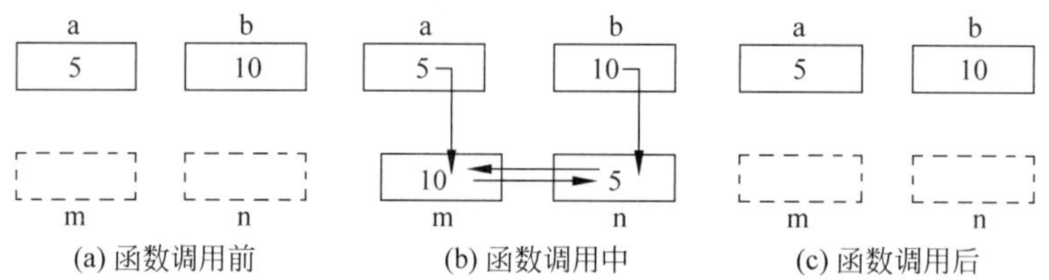

图 7-5　数值传送方式调用函数

2. 地址传递

地址传递是用指针变量作为函数参数，这时主调函数中实参的内容是某一个变量的内存地址，被调函数的形参则必须是与实参相同类型的指针变量，用以接收由实参传过来的地址。函数调用时，通过地址传递的实参与形参指向相同的内存单元。因此，一旦被调函数中形参所指内容发生更改，实参所指内容也一定会发生相应的变化，函数返回后，主调函数就可以获得变化后的结果。

现在使用地址传递的方式改写上述程序代码，以实现两数的真正交换。

【例 7-7】 从键盘输入两个整数，使用地址传递的方式实现两数的真正交换。

程序代码如下：

```
#include <iostream>
using namespace std;
```

```
void swap(int *,int *);                      //函数声明语句
int main()
{
    int a=5,b=10;
    cout<<"函数调用前: a="<<a<<" ,b="<<b<<endl;
    swap(&a,&b);                             //以 a、b 的值为实参调用函数
    cout<<"函数调用后: a="<<a<<" ,b="<<b<<endl;
    return 0;
}
void swap(int *m,int *n)
{
    int temp;
    temp= *m;
    *m= *n;
    *n=temp;
    cout<<"函数中参数: m="<<*m<<",n="<<*n<<endl;
}
```

程序运行结果：

```
函数调用前: a=5 ,b=10
函数中参数: *m=10, *n=5
函数调用后: a=10 ,b=5
```

读者可以对照图 7-6，自己分析上述程序的运行情况。

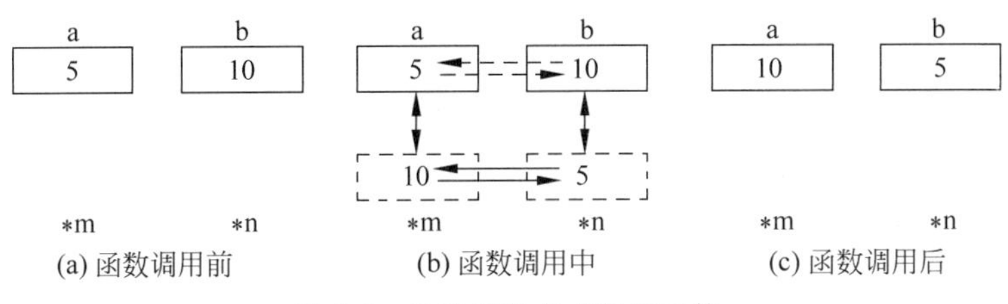

图 7-6　地址传送方式调用函数

由例 7-8 不难得到指针变量作为函数参数的特点是：形参所指内容改变，实参所指内容也相应改变。为此，编程时要注意以下两点：

(1) 实参必须是欲改变内容的变量的地址，形参则必须是与实参类型相同的指针变量，用以接收实参传来的地址。

(2) 在被调函数中，直接通过形参指针变量修改它所指内存单元的内容。

一般 C++中的函数只能有一个返回值，在需要函数返回多个结果时，就可以采用将变量的地址传给函数的方法，让函数能够通过指针来改变位于函数外部的变量的值，从而实现返回多个值的目的。

7.3.2　指向函数的指针

在 C++中，函数调用实际上是通过指针来完成的。同数据一样，程序指令也保存在内存中。在调用一个子函数时，系统首先保护现场，即保存主调函数中下一条指令的地址，即返回地址，作为从子函数返回后继续执行的入口点，并从当前的位置跳到子函数的入口地址

处,然后从入口地址开始的内存单元中取出指令,并逐条执行;函数返回时,系统读取返回地址,恢复主调函数的现场,继续执行程序。

由此可见,要调用一个函数,只要知道被调用函数的入口地址即可。函数名实际上就是一个指针,它指向函数的入口地址。因此,可以定义一个指针变量,并赋予它函数名,这样该指针变量就指向该函数在内存中的入口地址。这里的指针变量称为指向函数的指针变量,简称函数指针变量,通过函数指针变量就可以实现调用它所指向函数的目的。

1. 函数指针变量的定义与使用

函数指针变量定义的一般形式为:

<类型标识符>(* 函数指针变量名)(参数表)

注意:

(1) 类型标识符说明函数指针变量所指函数返回值的数据类型。

(2) 两对圆括号都不能遗漏。

例如,若定义函数:

```
void func(int m,int n);
```

则对应于该函数的指针变量可以按如下形式定义:

```
void (*pFPointer)(int,int);
```

如果使用已经定义的函数指针变量调用函数,需要分以下两步进行。

(1) 将函数名赋予已定义的函数指针变量,其形式为:

函数指针变量名 = 函数名

例如,可以将 func 的入口地址值赋予函数指针变量 pFPointer:

```
pFPointer = func;
```

(2) 使用函数指针变量调用它所指的函数,可用的形式有:

(* 函数指针变量名)(实参表)

或

函数指针变量名(实参表)

事实上,由于 pFPointer 和 func 指向同一个函数入口,除了可以使用函数名 func 调用函数外,也可以使用函数指针 pFPointer 调用函数。例如,以下三个函数调用语句的功能是相同的:

```
func(3,4);
(*pFPointer)(3,4);
pFPointer(3,4);
```

看下面的程序代码,其中就使用函数指针调用函数。

```
#include <iostream>
using namespace std;
```

```
int add(int x,int y)
{
    return x + y;
}
int sub(int x,int y)
{
    return x - y;
}
int main()
{
    int a,b;
    cout <<"输入 a,b 的值:";
    cin >> a >> b;
    int ( * pFunc)(int,int);                    //定义函数指针 pFunc
    pFunc = add;                                //函数指针 pFunc 指向函数 add()
    cout <<"a + b = "<< pFunc(a,b)<< endl;
    pFunc = sub;                                //函数指针 pFunc 指向函数 sub()
    cout <<"a - b = "<<( * pFunc)(a,b)<< endl;
    return 0;
}
```

注意：函数的指针不能进行算术运算。诸如 pFPointer++、pFPointer-- 这样的语句是没有意义的。

2. 函数指针变量作为函数的参数

函数指针变量的一个主要用途是在函数调用时作为函数参数，这时参数传递的不是数值，而是函数的入口地址，目的是实现对若干不同函数的灵活调用。具体编程时要注意：主调函数的实参应设置为被调用的函数名，被调函数的相应形参应设置成接受同类型函数入口地址的函数指针变量。

下面举例说明函数指针变量的应用。

【例 7-8】 将函数指针变量作为函数参数。

程序代码如下：

```
#include <iostream>
using namespace std;
int add(int x,int y)
{
    return x + y;
}
int sub(int x,int y)
{
    return x - y;
}
int funct(int ( * pFunc)(int,int),int x,int y)
{
    int result;
    result = ( * pFunc)(x,y);                   //等价于 result = pFunc(x,y);
    return result;
}
```

```
int main()
{
    int a,b;
    cin>>a>>b;
    cout<<"a + b = "<< funct(add,a,b)<< endl;
    cout<<"a - b = "<< funct(sub,a,b)<< endl;
    return 0;
}
```

程序运行结果:

```
输入: 3  2
3 + 2 = 5
3 - 2 = 1
```

上述程序中,函数 funct()的第一个参数就是函数指针变量,在主函数 main()中,通过实参 add 和 sub 分别完成对函数 add()和 sub()的调用。

7.3.3 指针作为函数的返回类型

如前所述,函数的数据类型是指函数返回值的类型,它可以是整型、字符型、浮点型或 void(无返回值)。当然,函数返回值也可以是指针类型,即函数的返回值是某地址。返回值是地址的函数称为指针函数,其定义的一般形式为:

```
<类型标识符> * 函数名(形参表)
{
    语句序列
}
```

例如:

```
int * func(int * iP,int x)
{
    …
    return iP;
}
```

其中,func 是函数名,前面的"*"表示 func 是一个指针函数(注意与函数指针的区别),int 表明它的返回值是一个 int 类型的地址,与此相匹配的是,在函数体内的 return 语句中的 iP 也必须是指向 int 型的指针变量。

特别需要说明的是:函数返回的指针应该是非函数内部的局部变量的地址,因为函数内部局部变量的存储单元在函数返回时已被释放,当然函数返回的指针也不应该是空指针 NULL。

下面是一个函数的返回值是指针类型的例题,注意观察返回指针的作用。

【例 7-9】 函数的返回值是指针类型。

程序代码如下:

```
#include <iostream>
using namespace std;
```

```
char * PointerCheck(char pBuffer)
{
    if(pBuffer!= '#')
        return "This's not #.";
    else
        return "This's #.";
}
int main()
{
    char ch;
    cout <<"Input a character:";
    cin >> ch;
    cout << PointerCheck(ch)<< endl;
    return 0;
}
```

程序运行结果：

```
Input a string:a
This's not #.
```

7.4 指针与字符串

C++中的字符串是以'\0'为结束标志的字符序列，第 5 章中介绍过以字符型数组的形式存储与处理字符串，而数组与指针又紧密相关(数组名保存着字符串在内存的起始地址)。因此，使用字符型指针同样可以处理字符串，而且处理过程更直观、更好理解。

7.4.1 字符型指针与字符串

字符型指针是字符型指针变量的简称，它可以存放字符型变量的地址。例如：

```
char ch = 'A';
char * cP = &ch;
```

1. 对字符串的再认识

字符串由一系列字符组成，每一个字符在内存中按顺序存放，最后一个字符后面一定是结束符'\0'。例如，字符串"I love China!"在内存中的存放顺序如图 7-7 所示。

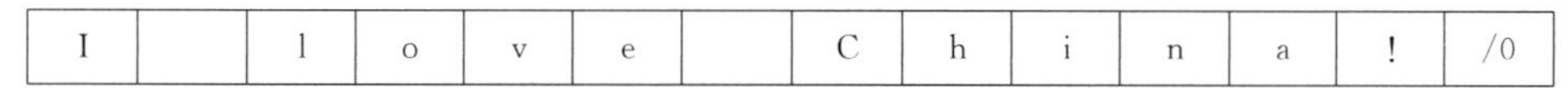

I		l	o	v	e		C	h	i	n	a	!	/0

图 7-7 内存中的字符串存放顺序

在内存中识别字符串其实很简单，关键是以下两点。

(1) 字符串的首地址：是字符串所占用的内存空间的起始地址。如上述字符串中字符'I'的内存地址。

(2) 字符串结束符'\0'：是系统确定字符串结束的标志。如上述字符串中字符'!'之后的'/0'。

对字符串的处理通常是从字符串的首地址开始(一般需要循环语句的配合)，首先从首地址所指向的第 1 个内存单元中取字符，如果该字符不是结束符'\0'，则继续从第 2 个内存单元中取字符,以此类推,直到遇到'\0'为止。系统只要碰到'\0'就认为该字符串结束,而不管'\0'之后是否还有其他字符。

2. 使用字符型指针定义字符串

使用字符型指针定义字符串的形式如下:

```
char * 指针变量名 = "字符串"
```

例如:

```
char * pString = "I love China!";
```

该定义语句可以用下面两行替代:

```
char * pString;
pString = "I love China!";
```

这里,pString 是一个 char * 型的指针变量,它也指向字符串"I love China!"中的第 1 个字符'I'。

注意:使用字符型数组也可以定义字符串,但与使用字符型指针定义字符串有所不同。使用字符型数组定义字符串的形式如下:

```
char pString[ ] = "This is a string.";
```

该定义语句不能用以下两条语句替代:

```
char pString[20];
pString = "This is a string.";            //不允许,字符型数组名是指针常量,不能再赋值
```

这是因为字符型数组名 pString 虽然是一个字符型指针,但它不是指针变量,而是指针常量,因此在定义之后不能再赋值。

可以看出,与字符型数组相比,字符型指针更灵活,它既可以用于接收字符串常量,也可以接收字符型数组。例如:

```
char pString1[ ] = "I love China!";
char * pString2 = "This is a string.";
pString2 = pString1;                      //允许,字符型指针可以再赋值
pString1 = pString2;                      //不允许,数组名不能被赋值
```

现在以字符串的复制为例,说明如何使用字符型指针处理字符串。

【例 7-10】 使用字符型指针实现字符串的复制。

问题分析:字符串复制就是将源字符串的内容完全复制到目的字符串中。假设源字符串保存在主函数 main()的数组 pSource 中,目的字符型数组为 pDestination,设计一个函数 copy_string(),用字符型指针作为参数,实现字符串的复制。程序代码如下:

```
#include <iostream>
using namespace std;
void copy_string(char * to, char * from)              //复制函数
{
    for(; * from!= '\0';from++, to++)
        * to = * from;
```

```
    * to = '\0';                                    //赋值字符串结束标识
}
int main()
{
    char pSource[] = "I am a teacher.";             //可以用 char * pSource 替换
    char pDestination[] = "you are a student.";     //不能用 char * pDestination 替换
    //pDestination 字符串长度>= pSource 字符串长度
    copy_string(pDestination, pSource);
    cout <<"pSource:"<< pSource << endl;
    cout <<"pDestination:"<< pDestination << endl;
    return 0;
}
```

程序运行结果：

```
pSource:I am a teacher.
pDestination: I am a teacher.
```

上述复制函数 void copy_string(char * to,char * from)中的程序代码：

```
for(; * from!= '\0';from++,to++)
    * to = * from;
* to = '\0';
```

还可以进一步优化，下面给出 4 种与上述程序片段等价的代码。

(1)
```
while( * from!= '\0')
        * to++ = * from++;
    * to = '\0';
```

(2)
```
while( * from)
        * to++ = * from++;
    * to = '\0';
```

(3)
```
while(( * to = * from)!= '\0')
    {
      to++;
      from++;
    }
```

(4)
```
while(( * to++ = * from++)!= '\0');
```

读者可以试着自己分析一下。

7.4.2 使用字符型指针数组操作字符串

如果数组的每一个元素都是类型相同的指针变量，则该数组称为指针数组。声明指针数组的形式与声明普通数组类似，只不过在类型后增加一个“ * ”，表示指针类型。其形式如下：

<类型标识符> * 指针数组名[数组长度]

例如：

```
char * pString[6];                    //声明一个保存 6 个 char * 型元素的指针数组
```

指针数组中每个元素都是指针,这些指针按顺序保存在内存的某个空间中,数组名就是指向这个空间首地址的二级指针。

下面举例说明指针数组的应用。

【例 7-11】 今天星期几?

问题分析:考虑到一个星期有 7 天,所以定义了一个一维字符型指针数组,每个数组元素都是一个字符型指针。当输入 1～7 任何一个整数,并以此整数定位指针数组元素时,就可以得到相应的英文单词。程序代码如下:

```
#include<iostream>
using namespace std;
int main()
{
    int i;
    char * pDay[ ] = {"Monday","Tuesday","Wednesday","Tursday",
        "Friday","Saturday","Sunday"};
    char ** ppDay;
    cout <<"输入整数 1～7:";
    cin >> i;
    ppDay = pDay + i - 1;
    cout <<"Today is "<< * ppDay << endl;
    return 0;
}
```

程序运行结果:

```
输入整数 1～7:5
Today is Friday
```

7.4.3 字符串标准库函数

实际上,C++提供了许多操作字符串的标准库函数,例如比较字符串、搜索字符串中的字符、计算字符串长度等,以供编程者在程序设计时使用。这里只简要介绍其中常用的字符串操作函数,表 7-2 给出了这些函数的原型和说明。函数中出现用 const 进行说明的函数参数,其作用是保证实参在被调函数内部不被改动。

表 7-2 C++字符串处理库(标准库)中常用的字符串操作函数

函数原型	函数说明
char * strcpy(char * s1,const char * s2)	将 s2 复制到 s1 中,返回 s1
char * strncpy(char * s1,const char * s2, int n)	将 s2 中最多 n 个字符复制到 s1 中,返回 s1
char * strcat(char * s1,const char * s2)	将 s2 添加到 s1 之后,s2 的第一个字符覆盖 s1 的结束符'/0',返回 s1
char * strncat(char * s1,const char * s2, int n)	将 s2 中最多 n 个字符添加到 s1 之后,s2 的第一个字符覆盖 s1 的结束符'/0',返回 s1
int strcmp(const char * s1,const char * s2)	比较 s1 和 s2,函数在 s1 等于、小于或大于 s2 时分别返回 0、−1 或 1

续表

函数原型	函数说明
int strncmp(const char * s1,const char * s2,int n)	将 s1 中的前 n 个字符与 s2 进行比较,函数在 s1 的前 n 个字符等于、小于或大于 s2 时分别返回 0、-1 或 1
int stelen(const char * s)	计算字符串长度,返回结束符'/0'之前的字符数

使用字符串处理库中的函数时,必须在应用程序的开头添加包含头文件 string.h 的预处理指令:

```
#include <string>
```

下面使用 C++标准库函数 strcpy()重做字符串复制的例题。

【例 7-12】 使用 C++的标准库函数 strcpy()实现字符串的复制。

程序代码如下:

```
#include <iostream>
#include <string>
using namespace std;
int main()
{
    char pSource[] = "I am a teacher.";
    char pDestination[] = "you are a student.";   //pDestination 字符串长度>= pSource 字符串长度
    strcpy(pDestination,pSource);                //等价于 strncpy(pDestination,pSource,16);
    cout <<"pSource:"<< pSource << endl;
    cout <<"pDestination:"<< pDestination << endl;
    return 0;
}
```

程序运行结果:

```
pSource: I am a teacher.
pDestination: I am a teacher.
```

7.5 动态内存分配与 new 和 delete 运算符

7.5.1 动态内存分配

动态内存分配是相对于静态内存分配而言的,静态内存分配是指在编译阶段就分配好存储空间,这些空间的大小在程序运行过程中是不可更改的,如变量、数组等。动态内存分配则是指程序员在程序中通过调用内存分配函数或使用内存分配运算符取得存储空间。

静态内存分配和动态内存分配在使用中的区别在于:通过静态内存分配取得的存储空间,编译器在对程序进行编译时,已经自动将管理这些空间的代码加入到目标程序中,无须程序员管理,在其生存期结束后,存储空间将自动归还给系统。而通过动态内存分配所取得的存储空间,编译器并不知道存储空间的大小,它完全由动态运行中的程序控制,在其使用完毕后,必须由程序员通过语句显式地将其归还给系统。

C++通过 new 和 delete 运算符实现动态内存分配,下面分别介绍这两种运算符的使用方法。

7.5.2 new 运算符

new 运算符用于在内存中动态分配一块存储空间。new 运算符的使用形式为:

指针变量 = new <类型标识符>[长度]

其中,类型标识符可以是 C++的标准数据类型,也可以是结构体、共用体、类等。长度表示该存储空间可以容纳该数据类型的数据个数。new 运算符返回一个指针,这个指针指向所分配的存储空间的第 1 个单元,即首地址。返回的指针类型与所分配存储空间的数据类型有关。例如,如果数据类型是 char,则返回的指针是 char *;如果数据类型是 int,则返回的指针就是int *。例如:

```
char *cBuffer = new char [256];          //分配一个可以容纳 256 个 char 型数据的存储空间
```

new 运算符在使用时要特别注意以下几点。

(1) 如果分配的存储空间长度为 1 个单位,则可以省略 new 运算符使用格式中的中括号和中括号中的整数。例如:

```
int *pInt = new int;                     //等价于 int * pInt = new int[1];
```

(2) 使用 new 运算符分配存储空间时,其空间长度可以是变量,也可以是数值表达式,但无论是什么,其结果必须是整型数值。例如:

```
int nSize = 5;
float *pNum = new float[nSize + 5];      //分配容纳 10 个 float 型数据的空间
```

(3) 由 new 所分配的存储空间是连续的,且通常将存储空间的首地址赋予一个指针变量,所以可通过该指针的变化访问所分配存储空间的每个元素。例如:

```
int *pInt = new int[10];
pInt[5] = 100;
```

或

```
*(pInt + 5) = 100;
```

(4) 如果当前内存无足够的存储空间可分配,则 new 运算符返回 NULL。

下面举例说明 new 和 delete 这两个运算符在程序设计中的具体应用。

【例 7-13】 改写字符串的复制函数,要求可以依据源字符串的长度动态分配目的字符串的存储空间,并返回所分配存储空间的首地址。

程序代码如下:

```
#include <iostream>
using namespace std;
char *toDest;
char *copy_string(char *from)            //复制函数
```

```
{
    int nSize = 1;
    while(from[nSize]!= 0)            //求源字符串的长度并加 1(注意 nSize 的初值赋 1 的作用)
        nSize++;
    char * to = new char[nSize];            //定义目的字符串并申请分配内存空间
    toDest = to;                            //用全局变量保存空间首地址
    if(to!= NULL)                           //申请内存空间成功
    {
        for(; * from!= '\0';from++,to++)
            * to = * from;
        * to = '\0';                        //赋值字符串结束标识
    }
    return toDest;
}
int main()
{
    char pSource[ ] = "I am a teacher.";
    char * pDestination;
    pDestination = copy_string(pSource);
    if(pDestination!= NULL)
    {
        cout <<"pSource:"<< pSource << endl;
        cout <<"pDestination:"<< pDestination << endl;
    }
    else
        cout <<"No memory space to copy operation! "<< endl;
    return 0;
}
```

程序运行结果：

```
pSource: I am a teacher.
pDestination: I am a teacher.
```

7.5.3 delete 运算符

由 new 运算符分配的内存空间在使用完毕之后应该使用 delete 运算符释放。释放一块已分配的内存空间就是将这一块空间交还给系统，这是任何一个使用动态内存分配得到存储空间的程序都必须做的事。如果应用程序对有限的内存只取不还，系统很快就会因为内存枯竭而崩溃。所以，使用 delete 运算符释放由 new 分配的内存空间是程序员必须牢记的工作，凡是使用 new 运算符获得的内存空间，一定要在使用完毕之后使用 delete 释放。

delete 运算符的使用有以下两种形式。

形式一：

```
delete 指针
```

形式二：

```
delete [ ]指针
```

说明:

形式一不带中括号,用于释放空间长度为 1 个单位(与指针类型有关)的内存空间;形式二带中括号,用于释放空间长度大于 1 的内存空间。delete 之后所跟的指针是使用 new 运算符分配内存空间时返回的指针,也可以是 NULL。如果是 NULL,则 delete 运算符实际上什么也不做。例如:

```
int * pInt = new int;
delete pInt;
int * pManyInt = new int[10];
delete [ ]pManyInt;
```

delete 运算符在使用时要特别注意以下几点。

(1) 用 new 运算符获得的内存空间,只允许使用一次 delete,不允许对同一块空间进行多次释放,否则将会产生严重错误。

(2) delete 只能用来释放由 new 运算符分配的动态内存空间,对于程序中的变量、数组的存储空间,不得使用 delete 运算符释放。

通过前面的学习,读者已经知道变量都是在某个范围内有效(即作用域,将在第 8 章中介绍),在函数体内声明的变量只在函数体内有效,一旦函数结束,这些变量将在内存中不复存在。那么,通过动态内存分配所得到的存储空间,在函数结束时,是否也会失效呢?答案是否定的。原因在于通过动态内存分配所得到的存储空间的管理权在程序员手中,什么时候分配、什么时候释放,完全是由程序员决定的,通过动态内存分配方法在程序的任何位置所取得的存储空间如果不显式地释放,其占用的空间原则上将一直保留到程序结束。在程序的任何一个地方,要使用一块通过动态内存分配获得的存储空间,只需要该空间的首地址即可。

7.6 指针综合编程案例

【例 7-14】 字符旋转。

问题分析:本例使用指针作为参数,并利用循环控制变量和要移动字符的位数作为指针的偏移量,实现字符的旋转。程序代码如下:

```
#include <iostream>
using namespace std;
void disp(int * a, int n)
{
    for(int i = 0; i < n - 1; i++)
        cout << * (a + i)<<",";
    cout << * (a + n - 1)<< endl;                //最后一个数后无","
}
//接收的原数列 a[ ] = {20,30,40,50,60,70,80,90},n = 8,k = 3,
void rotate(int a[ ], int n, int k)
{
    const int MAXOFFSET = 100;
    int temp[MAXOFFSET];
    if(k > 0)                        //将 k 个数移至前面,实现"旋转"70,80,90,20,30,40,50,60
```

```
    {
        //将需要移至前面的 k 个数 70,80,90 先暂存在 temp[]中
        for(int j = 0;j < k;j++)
            temp[j] = a[n - k + j];
        //其余 n - k 个数 20,30,40,50,60 从右端开始右移 k 位
        for(int i = n - 1;i >= k;i--)
            a[i] = a[i - k];
        //将 temp[]中的 k 个数 70,80,90 放至 20,30,40,50,60 的前面
        for(i = 0;i < k;i++)
            a[i] = temp[i];
    }
    if(k < 0)                           //将 k 个数移至后面,实现"旋转"50,60,70,80,90,20,30,40
    {
        //将需要移至后面的 k 个数 20,30,40 先暂存在 temp[]中
        for(int j = 0;j < - k;j++)
            temp[j] = a[j];
        //其余 n - k 个数 50,60,70,80,90 从左端开始左移 k 位
        for(int i = 0;i < n + k;i++)
            a[i] = a[i - k];
        //将 temp[]中的 k 个数 20,30,40 放至 50,60,70,80,90 的后面
        for(i = n + k;i < n;i++)
            a[i] = temp[i - n - k];
    }
}

int main()
{
    int a[] = {20,30,40,50,60,70,80,90};
    disp(a,8);
    cout <<"rotate(a,8,3)"<< endl;
    rotate(a,8,3);
    disp(a,8);
    cout <<"rotate(a,8, - 3)"<< endl;
    rotate(a,8, - 3);
    disp(a,8);
    cout <<"rotate(a,8, - 5)"<< endl;
    rotate(a,8, - 5);
    disp(a,8);
    return 0;
}
```

程序运行结果：

```
20,30,40,50,60,70,80,90
rotate(a,8,3)
70,80,90,20,30,40,50,60
rotate(a,8, - 3)
20,30,40,50,60,70,80,90
rotate(a,8, - 5)
70,80,90,20,30,40,50,60
```

【例 7-15】 简单的带索引功能的电话簿。

问题分析：首先定义一个二维数组用于保存姓名和号码，然后通过输入姓名来索引查找相应的电话号码。程序代码如下：

```
#include<iostream>
using namespace std;
int main()
{
    int i;
    char str[80];
    char *number[4] = {"George","13908556432","Tom","18678655213"};
//  char number[4][80] = {"George","13908556432","Tom","18678655213"};
    cout<<"输入姓名: "<<endl;
    cin>>str;
    for(i = 0;i < 4;i = i + 2)
        if(!strcmp(str,number[i]))
        {
            cout<<"号码为: "<<number[i + 1]<<endl;
            break;
        }
    if(i == 4)
        cout<<"没有找到!"<<endl;
    return 0;
}
```

程序运行结果：

```
输入姓名: George
号码为: 13908556432
```

【例 7-16】 字符串倒序。

问题分析：有许多种方法可以实现字符串倒序，这里利用指针，并采用递归编程，先将第一个和最后一个字符进行交换，然后修改操作指针，再交换第二个和倒数第二个字符，以此类推，直到完成全部的交换。程序代码如下：

```
#include<iostream>
#include<string>
using namespace std;
void reverse(char *s,char *e)                //交换第一个和最后一个字符
{
    char c;
    if(s<e)
    {
        c = *s;
        *s = *e;
        *e = c;
        reverse(++s, --e);                    //递归调用
    }
}
```

```
void reverse(char * s)                       //函数重载
{
    reverse(s,s + strlen(s) - 1);
}

int main()
{
    char str1[20];
    cout <<"输入字符串: ";
    cin >> str1;
    reverse(str1);
    cout <<"倒序反转后字符串为: "<< str1 << endl;
    return 0;
}
```

程序运行结果:

```
输入字符串: abcdefgh
倒序反转后字符串为: hgfedcba
```

【例 7-17】 在输入的句子中查找某单词的起始位置。

问题分析:查找功能比较容易实现。程序设计中需要输入字符串,本例使用不同的输入函数进行字符串的输入,着重说明如何输入中间包含空格的字符串。程序代码如下:

```
#include <iostream>
using namespace std;
int index(char * s,char * t)
{
    int i,j,k;
    for(i = 0;s[i]!= '\0';i++)
    {
        for(j = i,k = 0;t[k]!= '\0'&&s[j] == t[k];j++,k++);
        if(t[k] == '\0')
            return i;
    }
    return -1;
}
int main()
{
    int n;
    char str1[100],str2[20];
//  char * str1 = new char[100],str2[20];
    //char * str1;如果只定义 str1 为指针而没有赋值,则不能输入字符串
    cout <<"Input a sentence:";

    //只能输入中间没有空格的字符串
//    cin >> str1;                          //C++
//    scanf("%s",str1);                     //C

    //可以输入中间包含空格的字符串
//    cin.getline(str1,100,'#');            //1.C++
```

```
//     gets(str1);                          //2.C
       int i = 0;                           //3.循环加 getchar()
       char ch;
       do{
         ch = getchar();
         if(ch == '#')
             break;
         else
             str1[i++] = ch;
    }while(1);
    str1[i] = '\0';

    cout <<"Input a word:";
    cin >> str2;
    n = index(str1,str2);
    if(n > 0)
        cout << str2 <<"在"<< str1 <<"中左起第"<< n + 1 <<"个位置"<< endl;
    else
        cout << str2 <<"不在"<< str1 <<"中."<< endl;
    return 0;
}
```

程序运行结果：

```
Input a sentence:I am a student. #
Input a word:am
am 在 I am a student. 中左起第 3 个位置
```

【例 7-18】 字符串的测长度、复制、连接和比较操作。

问题分析：本例题使用指针完成字符串的基本操作。程序代码如下：

```
#include < iostream >
using namespace std;
//求字符串 s1 长度
int str_len(char * s1)
{
    for(int n = 0; * s1!= '\0';s1++)
        n++;
    return n;
}
//复制字符串 s1 到 s2
char * str_cpy(char * s1,char * s2)
{
    char * from = s1, * to = s2;
    for(; * from!= '\0';from++,to++)
         * to = * from;
     * to = '\0';
    return s2;
}
//复制字符串 s1 中 n 个字符到 s2
char * str_ncpy(char * s1,char * s2,int n)
```

```
{
    char * from = s1, * to = s2;
    for(;n>0;from++,to++)
    {
        * to = * from;
        n--;
    }
    * to = '\0';
    return s2;
}
//连接字符串 s1 到 s2 之后
char * str_cat(char * s1,char * s2)
{
    char * from = s1, * to = s2;
    for(; * to!= '\0';to++);                    //将指针移至被连接字符串 s2 之后
    for(; * from!= '\0';from++,to++)
        * to = * from;
    * to = '\0';
    return s2;
}
//比较字符串 s1 和 s2 的大小
int str_cmp(char * s1,char * s2)
{
    for(int flag = 0; * s1!= 0&& * s2!= 0;s1++,s2++)
    {
        if( * s1 == * s2)
        {
            flag = 1;
            continue;
        }
        else
            if( * s1 > * s2)
                return 1;
            else
                return - 1;
    }
    if(flag == 1)
    {
        if( * s1!= 0|| * s2!= 0)
            if( * s1 == 0)
                return - 1;
            else
                return 1;
        else
            return 0;
    }
}

int main()
{
    int n,k;
```

```
    char pSource[50] = "efgh";
    char pDestination[] = "abcd";
    cout <<"源字符串:"<< pSource;
    cout <<"\n 目标字符串:"<< pDestination;

    cout <<"\n\n\t 字符串操作\n\t *********** \n";
    cout <<"\t1.测字符串 s1 的长度\n";
    cout <<"\t2.复制字符串 s1 到 s2\n";
    cout <<"\t3.复制字符串 s1 中的 n 个字符到 s2\n";
    cout <<"\t4.连接字符串 s1 到 s2 之后\n";
    cout <<"\t5.比较字符串 s1 和 s2 的大小\n";
    cout <<"\t0.退出\n";

    while(1)
    {
        cout <<"\n 请输入你的选择: ";
        cin >> k;
        if(k < 1||k > 5)
            break;
        switch(k)
        {
        case 1:
            cout <<"\n 字符串的长度为: "<< str_len(pSource)<< endl;
            break;
        case 2:
            cout <<"\n 将源字符串复制到目标字符串之后,目标字符串为:";
            cout << str_cpy(pSource,pDestination)<< endl;
            break;
        case 3:
            cout <<"\n 复制前几个字符?";
            cin >> n;
            cout <<"\n 将源字符串前"<< n
                <<"个字符复制到目标字符串后,目标字符串为:";
            cout << str_ncpy(pSource,pDestination,n)<< endl;
            break;
        case 4:
            cout <<"\n 将源字符串连接到目标字符串之后,目标字符串为:";
            cout << str_cat(pSource,pDestination)<< endl;
            break;
        case 5:
            cout <<"\n 源字符串与目标字符串比较结果:";
            if(str_cmp(pDestination,pSource) == 0)
                cout <<"0 源字符串与目标字符串相等\n";
            else
                if(str_cmp(pSource,pDestination)> 0)
                    cout <<"1 源字符串大于目标字符串\n";
                else
                    cout <<" - 1 源字符串小于目标字符串\n";
                break;
        }
    }
```

```
    return 0;
}
```

程序运行结果如图 7-8 所示。

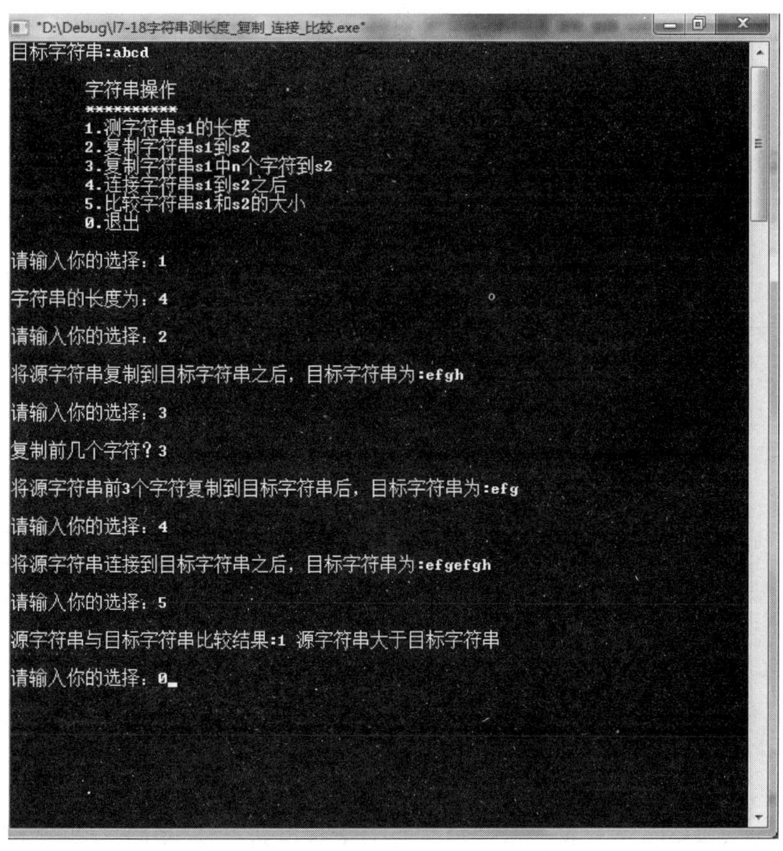

图 7-8　例 7-18 字符串测长度、复制、连接和比较程序运行结果

7.7　小结与知识扩展

7.7.1　小结

通过指针可以直接实现对内存地址的运算。因此，使用指针适合操作在内存中连续存放的数据。在涉及指针的程序设计中，最关键的是获取首地址，并利用循环控制结构配合指针的后移(或前移)，完成对内存单元内容的操作。

1. 指针与数组

明确指针与数组的关系，对理解指针的概念及通过指针实现对内存单元的操作很有帮助。使用指针对数组的操作总结如下。

假设：定义一维数组和一级指针如下：

```
int iArray[10], iValue;
int * iPointer = & iArray[0];
```

这时,以下 4 条语句是等价的:

```
iValue = iArray[5];
iValue = * (iArray  + 5);
iValue = iPointer[5];
iValue = * (iPointer + 5);
```

假设定义二维数组和一级指针如下:

```
int iMatrix[3][4];
int *  iPointer = &iMatrix[0][0];
```

(1) 一维数组名 iMatrix[m](0<m<3)所代表的含义是:
iMatrix[0]等同于 &iMatrix[0][0];
iMatrix[1]等同于 &iMatrix[1][0];
iMatrix[2]等同于 &iMatrix[2][0]。
(2) 二维数组名 iMatrix 的含义是:
iMatrix 等同于 &iMatrix[0]。
(3) 二维数组 iMatrix 中的任何一个元素:
iMatrix [m][n]等同于 * (iPointer+m * 4+n);
iMatrix [m][n]等同于 * (iMatrix[m]+n);
iMatrix [m][n]等同于 * (* (iMatrix+m)+n)。
注意:*iMatrix 的数据类型不是 int * ,而是 int ** 。*
使用指针最关键的是获取首地址。

2. 指针与字符串

指针与字符串实际上就是字符型指针与字符串的关系。在处理字符串时,除了获取字符串的首地址外,以字符型数组元素的值是否为字符串结束符'/0'来判断字符串是否结束最为关键。

3. 指针与函数

函数中许多地方都可以使用指针,如函数参数、函数的返回值,甚至可以定义指向函数的指针,指针与函数的关系如表 7-3 所示。

表 7-3 指针与函数的关系

项　　目	举　　例	指针可以指向	功　　能
指针变量作为参数	int func(int * ,int)	数组名、字符串首地址等	地址传递
指向函数的指针	void (* pFPointer)(int,int)	函数名	调用不同的函数
函数返回类型为指针	int * pFunc(int,int)	某地址	返回某内存地址

7.7.2 malloc()和 free()函数

1. 分配内存函数 malloc()

malloc()函数原型声明为:

```
void * malloc(int size);
```

说明：malloc()向系统申请分配指定 size 字节的内存空间，并返回了指向这块内存的指针，该函数返回类型是 void * 类型。void * 表示未确定类型的指针，C 和 C++ 规定，void * 类型可以强制转换为任何其他类型的指针。如果分配失败，则返回一个空指针（NULL）。关于分配失败的原因，应该有多种，例如空间不足。

从函数声明上可以看出，malloc()和 new 有所不同：new 返回指定类型的指针，并且可以自动计算所需要大小，而 malloc()则必须给出可以得到所要字节数的表达式，并且在返回后强行转换为实际类型的指针。

例如：要求返回类型为 int * 类型，分配内存大小为 sizeof(int)。

（1）使用 new 运算符。

```
int *p;
p = new int;
```

或

```
int *pArray;                        //指针为 int 类型
pArray = new int[100];              //分配大小为 sizeof(int) × 100
```

（2）使用 malloc()函数。

```
int *p;
p = (int *)malloc(sizeof(int));
p = malloc(sizeof(int));            //错误,不能将 void 型指针赋值给 int 指针变量
p = (int *)malloc(1);               //只分配了 1 字节大小的内存空间
```

malloc()也可以达到 new[]的效果，申请出一段连续的内存，方法无非是指定所需要内存的大小。例如，想分配 100 个 int 类型的存储空间：

```
int *p = (int *)malloc(sizeof(int) * 100);
```

另外，有一点不能直接看出的区别是，malloc()只管分配内存，并不能对所得的内存进行初始化，所以得到的一片新内存中，其值将是随机的。

除了分配及最后释放的方法不一样以外，通过 malloc()或 new 得到的指针，在其他操作上都是一致的。

2. 释放内存函数 free()

free()函数原型声明为：

```
void free(void *block);
```

说明：之所以把形参中的指针声明为 void *，是因为 free()可以释放任意类型的指针，而任意类型的指针都可以转换为 void *。例如：

```
int *p = (int *)malloc(4);
*p = 6;
free(p);                            //释放 p 所指的内存空间
```

或

```
int *p = (int *)malloc(sizeof(int) * 100);
```

```
free(p);
```

free()不管指针指向多大的空间,均可以正确地进行释放,这一点比 delete/delete []要方便。不过,必须注意:如果在分配指针时用的是 new 或 new[],那么释放内存时,并不能图方便而使用 free()来释放;反过来,用 malloc()分配的内存,也不能用 delete/delete[]来释放。总之,new/delete、new[]/delete[]、malloc()/free()三对均需配套使用,不可混用。例如:

```
int * p = new int[100];
free(p);                          //错误,p 是由 new 所得
```

7.7.3 常指针

与#define 语句相比较,C++提供了一种更灵活、更安全的方式来定义常量,即使用 const 修饰符来定义常量,例如:

```
const int LIMIT = 100;
```

它类似于语句#define LIMIT 100,但此时这个常量是类型化的,它有自身的地址。

const 也可以与指针一起使用,它们的组合情况较复杂,可简单归纳为三种:指向常量的指针、常指针和指向常量的常指针。

1. 指向常量的指针

指向常量的指针是指一个指向常量的指针变量,例如:

```
const char *name = "chen";        //指向字符常量的指针变量
```

这个语句的含义为:定义一个名为 name 的指针变量,它指向一个字符型常量,初始化 name 为指向字符串"chen"。

由于使用了 const,不允许改变指针所指的常量,因此以下语句是错误的:

```
name[3] = 'a';                    //错误,name 所指的数据不可修改
```

但是,由于 name 是一个指向常量的普通指针变量,不是常指针,因此可以改变 name 的值。例如,下列语句是允许的:

```
name = "zhang";                   //合法
```

该语句赋给了指针另一个常量的地址,即改变了 name 的值。

2. 常指针

常指针是指将指针本身,而不是它指向的对象声明为常量,例如:

```
char * const name = "chen";       //常指针
```

这个语句的含义为:声明一个名为 name 的指针,该指针是指向字符型数据的常指针,即用"chen"的首地址初始化该常指针。

创建一个常指针,就是创建一个不能移动的固定指针,但是它所指的数据可以改变,例如:

```
name[3] = 'a';                    //合法
name = "zhang";                   //错误
```

第一个语句改变了常指针所指的数据，这是允许的；但第二个语句要改变指针本身，是不允许的。

3. 指向常量的常指针

指向常量的常指针是指这个指针本身不能改变，它所指向的数据值也不能改变。声明一个指向常量的常指针，二者都要用 const 修饰，例如：

```
const char * const name = "chen";          //指向常量的常指针
```

这个语句的含义是：声明一个名为 name 的常指针，并且它是一个指向字符型常量的常指针，即用"chen"的首地址初始化该指针。以下两个语句都是错误的：

```
name[3] = 'a';                             //错误,不能改变指针所指的值
name = "zhang";                            //错误,不能改变指针本身
```

7.7.4 链表操作

1. 链表概述

链表是一种动态数据结构，它的特点是用一组任意的存储单元(可以是连续的，也可以是不连续的)存放数据元素。一个简单的链表具有如图 7-9 所示的结构形式。

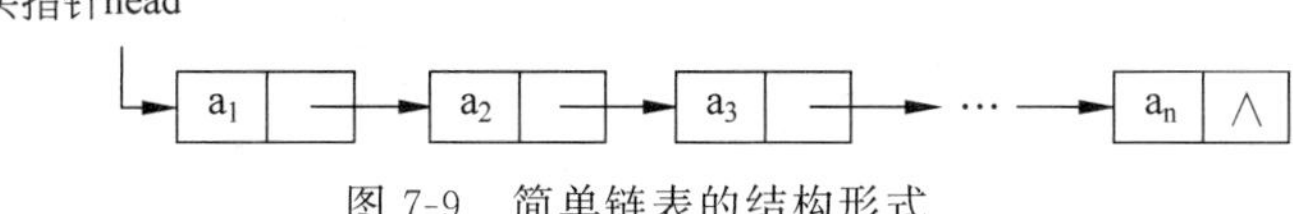

图 7-9 简单链表的结构形式

在链表中，有三个重要地方：头指针、结点、结束结点。特别提示：链表的结束结点的指针域应为 NULL(空地址)。

定义单链表结构的最简单形式如下：

```
struct NODE
{
    int data;
    NODE * next;
};
```

注意：这里的 data 可以采用任何数据类型，包括结构体类型或类类型。

在此基础上，再定义一个链表类 List，其中包含链表结点的插入、删除、输出等功能的成员函数。

```
class List
{
    NODE * head;
public:
    List() {    head = NULL; }
    void InsertList(int aData, int bData);    //链表结点的插入
    void DeleteList(int aData);               //链表结点的删除
    void OutputList();                        //链表结点的输出
    NODE * GetHead(){    return head; }
};
```

2. 链表结点的访问

由于链表中的各个结点是由指针链接在一起的,其存储单元未必是连续的,因此只能从链表的头指针(即 head)开始,用一个指针 p 先指向第一个结点,然后根据结点 p 找到下一个结点。以此类推,直至找到所要访问的结点或到最后一个结点(指针为空)为止。

下面给出上述链表类的输出函数:

```
void List::OutputList()                    //链表输出函数
{
    NODE *current = head;
    while (current!= NULL)
    {
        cout << current -> data <<" ";
        current = current -> next;
    }
    cout << endl;
}
```

3. 链表结点的插入

如果要在链表中的结点 a 之前插入新结点 b,则需要考虑下列几种情况。

(1) 插入前链表是一个空表,这时插入新结点 b 后,链表如图 7-10(a)所示。

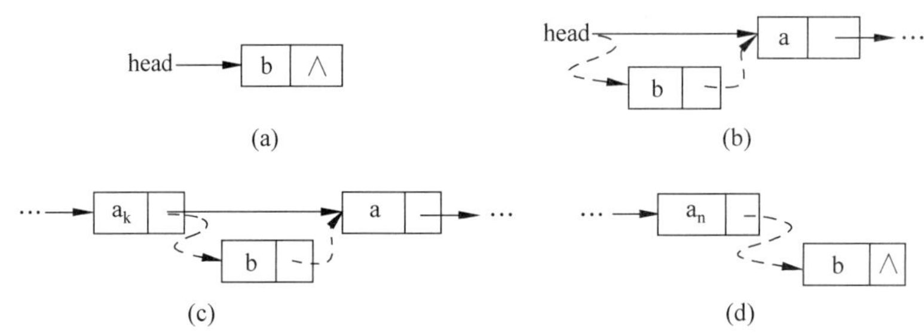

图 7-10　链表的插入

(2) 若 a 是链表的第一个结点,则插入后,结点 b 为第一个结点,如图 7-10(b)所示。其中实线表示插入前的指针,虚线为插入后的指针。

(3) 若链表中存在 a,且不是第一个结点,则首先要找出 a 的上一个结点 a_k,然后使 a_k 的指针域指向 b,再令 b 的指针域指向 a,即可完成插入,如图 7-10(c)所示。

(4) 若链表中不存在 a,则插在最后。先找到链表的最后一个结点 a_n,然后使 a_n 的指针域指向结点 b,而 b 结点的指针域为空,如图 7-10(d)所示。

以下是链表类的结点插入函数,显然其也具有建立链表的功能。

假设 aData 是结点 a 中的数据,bData 是结点 b 中的数据。

```
void List::InsertList(int aData, int bData)
{
    NODE *p, *q, *s;                        //p 指向 a,q 指向 ak,s 指向 b
    s = (NODE *)new(NODE);                  //动态分配一个新结点
    s -> data = bData;                      //设 b 为此结点
    p = head;
    if(head == NULL)                        //(a)若是空表,使 b 作为第 1 个结点
```

```
    {
        head = s;
        s -> next = NULL;
    }
    else
        if(p -> data == aData)                          //(b)若 a 是第一个结点
        {
            s -> next = p;
            head = s;
        }
        else
        {
            while(p -> data!= aData&&p -> next!= NULL) //查找结点 a
            {
                q = p;
                p = p -> next;
            }
            if(p -> data == aData)                      //(c)若有结点 a
            {
                q -> next = s;
                s -> next = p;
            }
            else                                        //(d)若没有结点 a
            {
                p -> next = s;
                s -> next = NULL;
            }
        }
}
```

4. 链表结点的删除

如果要在链表中删除结点 a 并释放被删除的结点所占的存储空间，则需要考虑下列几种情况。

(1) 若要删除的结点 a 是第一个结点，则把 head 指向 a 的下一个结点，如图 7-11(a)所示。

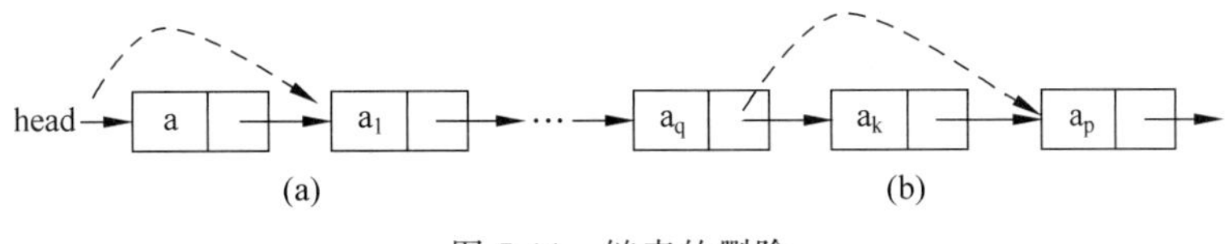

图 7-11　链表的删除

(2) 若要删除的结点 a 存在于链表中，但不是第一个结点，则应使 a 的上一个结点 a_q 的指针域指向 a 的下一个结点 a_p，如图 7-11(b)所示。

(3) 空表或要删除的结点 a 不存在，则不作任何改变。

以下是链表类的结点删除函数。

```
void List::DeleteList(int aData)                //设 aData 是要被删除结点 a 中的数据成员
{
```

```
    NODE * p, * q;
    p = head;
    if(p == NULL)                                       //若是空表
        return;
    if(p -> data == aData)                              //若 a 是第一个结点
    {
        head = p -> next;
        delete p;
    }
    else
    {
        while(p -> data!= aData&&p -> next!= NULL)      //查找结点 a
        {
            q = p;
            p = p -> next;
        }
        if(p -> data == aData)                          //若有结点 a
        {
            q -> next = p -> next;
            delete p;
        }
    }
}
```

【例 7-19】 链表操作。

问题分析：利用以上三个成员函数 InsertList、DeleteList、OutputList，可形成如下的简单链表操作演示程序。

程序代码如下：

```
#include <iostream>
using namespace std;
struct NODE
{   int data;
    NODE  * next;
};
class List
{
    NODE * head;
public:
    List( ) {head = NULL; }
    void InsertList(int aData, int bData);
    void DeleteList(int aData);
    void OutputList( );
    NODE * Gethead( ) {return head; }
};
//链表输出函数
void List::OutputList( )
{
    NODE * current = head;
    while (current!= NULL)
```

```
    {
        cout << current -> data <<"";
        current = current -> next;
    }
    cout << endl;
}
//设 aData 是结点 a 中的数据,bData 是结点 b 中的数据
void List::InsertList(int aData, int bData)
{
    NODE *p, *q, *s;
    s = (NODE *)new(NODE);                    //动态分配一个新结点
    s -> data = bData;                        //设 b 为此结点
    p = head;
    if(head == NULL)                          //若是空表,使 b 作为第 1 个结点
    {
        head = s;
        s -> next = NULL;
    }
    else
        if(p -> data == aData)                //若 a 是第一个结点
        {
            s -> next = p;
            head = s;
        }
        else
        {
            while(p -> data!= aData&&p -> next!= NULL) //查找结点 a
            {
                q = p;
                p = p -> next;
            }
            if(p -> data == aData)            //若有结点 a
            {
                q -> next = s;
                s -> next = p;
            }
            else                              //若没有结点 a
            {
                p -> next = s;
                s -> next = NULL;
            }
        }
}
//设 aData 是要被删除结点 a 中的数据成员
void List::DeleteList(int aData)
{
    NODE *p, *q;
    p = head;
    if(p == NULL)                             //若是空表
        return;
    if(p -> data == aData)                    //若 a 是第一个结点
```

```
    {
        head = p -> next;
        delete p;
    }
    else
    {
        while(p -> data!= aData&&p -> next!= NULL)     //查找结点 a
        {
            q = p;
            p = p -> next;
        }
        if(p -> data == aData)                         //若有结点 a
        {
            q -> next = p -> next;
            delete p;
        }
    }
}
int main( )
{
    List A,B;                                          //定义两个链表对象
    int data[10] = {25,41,16,98,5,67,9,55,1,121};
    A.InsertList(0,data[0]);                           //建立链表 A 的首结点
    for(int i = 1;i < 10;i++)
        A.InsertList(0,data[i]);                       //顺序向后插入
    cout <<"\n 链表 A: ";
    A.OutputList( );
    A.DeleteList(data[7]);
    cout <<"删除元素 data[7]后: \n          ";
    A.OutputList( );
    B.InsertList(0,data[0]);                           //建立链表 B 的首结点
    for(i = 1;i < 10;i++)
        B.InsertList(B.Gethead( ) -> data,data[i]);    //在首结点处顺序向前插入
    cout <<"\n 链表 B: ";
    B.OutputList( );
    B.DeleteList(67);
    cout <<"删除元素 67 后: \n          ";
    B.OutputList( );
    return 0;
}
```

程序运行结果:

```
链表 A:25   41   16   98   5   67   9   55   1   121
删除元素 data[7]后:
        25   41   16   98   5   67   9   1   121
链表 B:121   1   55   9   67   5   98   16   41   25
删除元素 67 后:
        121   1   55   9   5   98   16   41   25
```

习　　题

7-1　填空题

(1) 指针变量用于保存另一变量的________。

(2) 可以初始化指针值的有________或________ 。

(3) 假定 p 是一个指向整数的指针,则用________表示该整数,用________表示指针变量 p 的地址。

(4) 假定 p 是一个指针,则 * p++运算首先访问________ ,然后使________值增 1。

(5) 一个数组的数组名实际上是指向该数组________元素的指针,并且在任何时候都不允许________数组名。

(6) 当实参为一个数组名时,对应的形参必须是________或________。

7-2　选择题

(1) 设有程序段:

```
char ch = 2; int a = 100;
char * pCh = &ch, * pA = (char * )&a;
* pCh = (char)( * pCh + * ((int * )pA));
```

则执行后 ch 的值是[　　]。

A. 200　　B. f　　C. 100　　D. 98

(2) 有如下程序段:

```
void sFun(int * iPointer)
{
    * (++iPointer) = 0;
}
int main()
{
    int pArs[2] = {5,5};
    sFun(pArs);
    cout << pArs[0]<<" , "<< pArs[1];
    return 0;
}
```

则执行程序段后,结果是[　　]。

A. 5,5　　B. 0,5　　C. 5,0　　D. 0,0

(3) 数组名与指针变量的关系是[　　]。

A. 可以通过数组名访问指针变量

B. 可以通过指针变量访问数组名

C. 可以通过指针变量访问数组中的元素

D. 可以通过数组元素访问指针变量

(4) 以下关于字符串同指针的描述中正确的是[　　]。

A. 字符串中的每个字符都是指针

B. 可以使用一个 char * 型指针指向一个字符串

C. 字符串就是指针

D. 只有以 NULL 结尾的字符串才可以使用 char * 型指针指向其开始地址

(5) 以下关于函数、函数名和函数指针的说法正确的是[　　]。

A. 函数同函数指针等同

B. 不同的函数其函数指针类型是相同的

C. 不能使用函数指针调用函数

D. 函数名其实同函数指针等同

7-3　编程题

(1) 应用指针编程实现 10 个整数从大到小排序。

(2) 有 N 个人围成一圈,且按顺序编号,从第一个人开始按 1、2、3 顺序报数,凡报到 3 的人退出圈子,然后从出圈的下一个人开始重复此过程,使用指针编程输出出圈序列。

(3) 应用指针编写字符串连接处理函数。

(4) 输入一行文字,找出其中大写字母、小写字母、空格、数字以及其他字符各有多少。

(5) 应用指针编写一个函数 strcmp(),实现两字符串 s1 和 s2 的比较。如果 s1=s2,则返回值为 0,如果 s1≠s2,当 s1>s2,返回值为 1,反之,当 s1<s2,返回值为-1。

(6) 输入几个国家名称,用指针数组编写程序,实现按国家名称排序,并输出结果。

(7) 建立一个通讯录单链表,包含姓名、地址、邮编、电话,编程实现链表插入、删除和显示。

(8) 编写一个用二分法解方程的通用函数,并对下列方程求解。

① $1-x+x^3=0$

② $\sin(x)-x=0$

(9) 实现一单链表的逆置,并输出逆置前后的结果。

(10) 将两个升序排列的单链表合并成一个降序排列的单链表,并输出合并前后的结果。

第8章 数据的共享与保护

本章要点

- 作用域与生存期。
- 编译预处理。
- 多文件结构。
- 名称空间。

在C++中，数据的共享与保护不仅表现在局部变量和全局变量，例如，函数中形实结合的参数传递，其目的是将主函数中的某些数据共享给子函数。另外，C++面向对象程序设计的封装性和友元也是对数据共享与保护的一种策略。

本章的内容通常在比较复杂的C++程序程序设计中会涉及，这里说的复杂程序是相对之前的简单程序而言，通常指程序代码比较长，并且有函数调用及多文件结构的程序。

8.1 作用域与生存期

通常我们在编程时会产生疑问：程序中定义的标识符是否在程序的任何地方都可以使用？它们是否都在程序的结束时才消失？这些问题都是作用域和生存期要讨论的。

需要特别说明的是：这里所说的标识符是指程序员定义的，如变量、结构体、对象等。

下面以最常用的标识符变量为例进行讲解和分析。

8.1.1 作用域

作用域是指一个变量在程序中的有效区域。作用域按照从小到大的顺序有三种：函数原型作用域、局部作用域和文件作用域。

1. 函数原型作用域

函数原型作用域开始于函数原型声明的左括号(()，结束于右括号())。例如，有如下的函数原型声明语句：

```
double area(double length, double width);
```

该语句表明此求面积的函数有两个形参长和宽，且都是double类型。这里的形参名length和width具有函数原型作用域，是可有可无的。例如，省略形参名后，只有形参类型，此时的函数原型声明语句为：

```
double area(double, double);
```

这两个函数原型声明语句效果是一样的,所以在函数原型声明时,只需要说明形参类型即可。但是,考虑程序的可读性,一般还是在函数原型声明时,给形参指定一个有意义的名称,而且一般是与该函数定义时声明的形参名一致。

2. 局部作用域

局部作用域又称块作用域。当变量的声明出现在由一对花括号({})所括起来的程序块内时,则此块中声明的变量的作用域从声明处开始一直到块结束的花括号为止。

【例 8-1】 局部作用域的变量。

程序代码如下:

```
#include <iostream>
using namespace std;
void fun1( );
int main()
{
    int n = 3;
    for(int i = 0;i < 3;i++)
    {
        int n = 5;
        int m;
        if(i % 2)
            n++;
        cout <<"In loop, n = "<< n << endl;
    }
//  m = n/2;                                    //错误,m 未定义
    cout <<"Out loop, n = "<< n + i << endl;    //i 的作用域可延伸至循环外
    fun1( );
    return 0;
}
void fun1( )
{
//      cout <<"n = "<< n << endl;              //错误,n 未定义
}
```

程序运行结果:

```
In loop, n = 5
In loop, n = 6
In loop, n = 5
Out loop, n = 8
```

在例 8-1 中,函数体 main()是一个块,for 语句之后的循环体又是一个较小的块。变量 n 和 i 的作用域从声明处开始,到它所在的块,即整个函数体 main()结束处为止。循环体内定义的变量 m 的作用域从声明处开始到它所在的块,即循环体结束为止。因此,编译时,循环体外的语句“m=n/2;”会出错,原因是试图在 m 的作用域之外引用 m,而“n+i”是允许的,因为此时引用的 n 和 i 还在它们的作用域内。另外,函数对作用域会有什么影响吗?编译时,函数 fun1()中的语句:

```
cout <<"n = "<< n << endl;
```

将出现一个未定义错误，这同样是因为试图在 n 的作用域之外引用 n。从这里可以看出，局部作用域不能延伸到子函数中。

3. 文件作用域

具有文件作用域的变量是在所有函数定义之外声明的，其作用域从声明点开始，一直延伸至文件尾。一般情况下，程序中所声明的全局变量都具有文件作用域，它们在整个文件中都有效。

4. 可见性

作用域指的是变量的有效范围，可见性从另一个角度表现变量的有效范围。变量的可见性是指在程序的某个位置，该变量可以被有效地引用。因此，形象地称其为可见性。可见性遵循的一般规则如下。

（1）变量在引用前必须先声明。

（2）在互相没有包含关系的不同作用域中声明同名的变量，同名的变量将互不影响。

（3）如果在两个或多个具有包含关系的作用域中声明了同名的变量，则外层变量在内层不可见。

下面举例进一步说明文件作用域、局部作用域及其可见性。

【例 8-2】 文件作用域与局部作用域及其可见性。

程序代码如下：

```
#include <iostream>
using namespace std;
int k;
int main()
{
    {
        int k;
        cout <<"auto k = "<< k << endl;
    }
    cout <<"static k = "<< k << endl;
    return 0;
}
```

程序运行结果：

```
auto k = -858993460
static k = 0
```

在上述程序中，主函数之前声明的变量 k 具有文件作用域，它的有效作用范围是整个源代码文件。而主函数内声明的变量 k 具有局部作用域，它的作用范围在内层的花括号内。因此，内层 k 的局部作用域被完全包含在外层 k 的文件作用域中。根据作用域可见性的规则，在具有包含关系的作用域中声明同名变量，外层变量在内层不可见。程序的运行结果验证了这一点。

另外，从以上结果还可以看出，具有文件作用域的变量在没有初始化时，自动被“清零”，而具有局部作用域的变量在没有初始化时，其值是不确定的。

8.1.2 生存期

无论是什么变量都有创建和结束的时刻，变量从创建到结束的这段时期就是它的生存期。在生存期内，变量占有的内存空间只能归它使用，不会被用于存放其他内容。因此，在生存期内，变量将保持它的值不变，直到它被更新为止。当变量的生存期终止时，意味着该变量不再占有内存空间，而它原来占有的内存空间随时可能被派作他用。

生存期与存储区域关系密切，存储区域一般分为代码区（Code Area）、数据区（Data Area）、栈区（Stack Area）和堆区（Heap Area）。显然，代码区用来存放程序代码，而与数据区和栈区相对应的生存期分别为静态生存期和动态生存期。由此可见，C++的存储方案决定了变量的生存期。

1. 静态生存期

静态生存期的含义是变量的生存期与程序的运行期相同。具有静态生存期的变量只要程序开始运行，它就存在，直到程序运行结束，它的生存期也就结束了。

全局变量、静态全局变量和静态局部变量都具有静态生存期。也就是说，具有文件作用域的变量默认具有静态生存期，而在函数内部具有局部作用域的变量默认是不具有静态生存期的，如果想要具有，则必须使用关键字 static 进行特别声明。例如：

```
int n;                                   //全局变量,默认静态生存期
static int m;                            //静态全局变量,也可使用 static 声明
int main()
{
    static int k                         //静态局部变量,必须用 static 声明
    …
}
```

具有静态生存期的变量在内存的数据区分配存储空间。另外，如果具有静态生存期的变量未被赋初值，则它将自动初始化为 0，这点在程序设计中经常会用到。

2. 动态生存期

动态生存期诞生于声明点，而终止于其作用域的结束处。在局部作用域中没有特别说明的变量都默认为具有动态生存期，因此，具有动态生存期的变量都具有局部作用域，但反之则不然，如果在局部作用域内使用 static 将变量声明为静态变量，该变量具有静态生存期。例如：

```
int main()
{
    int i;                               //默认具有动态生存期
    static int k;                        //使用 static 特别声明为具有静态生存期
    …
}
```

具有动态生存期的变量在内存的栈区分配空间。具有动态生存期的变量在初始化之前，其内容都是不确定的，也就是说，具有动态生存期的变量在使用前必须进行初始化，即赋初值。

8.1.3 局部变量和全局变量

1. 局部变量

局部变量包括动态(auto)局部变量、静态(static)局部变量和函数参数。

(1) 动态局部变量是在函数体或程序内声明的变量,具有局部作用域,动态生存期。声明时,变量前可以加 auto,也可以不加,因为这是默认的,所以程序中没有特别说明的变量都是动态变量。当程序运行到此类变量声明处时,会立刻为它分配内存空间,而一旦其生存期结束,系统立即收回这个内存空间,此变量也就立即消失。

(2) 静态局部变量具有局部作用域,静态生存期。此类变量的生存期与程序运行期相同。

(3) 函数的形式参数实质上就是动态局部变量。因此,同样具有局部作用域,动态生存期。

2. 全局变量

全局变量具有文件作用域和静态生存期。在整个程序中,除了在定义有同名局部变量的程序块中,其他地方都可以直接访问全局变量。如果将数据存放在全局变量中,则不同的函数在不同的地方都可以对同一个全局变量进行访问,以实现函数之间的数据共享。

下面举例说明各种不同变量的定义及使用。

【例 8-3】 局部变量和全局变量的定义和使用。

程序代码如下:

```
#include<iostream>
using namespace std;
int i = 1;
int main()
{
    static int a;
    int b = -10;
    int c = 0;
    void other(void);
    cout<<"----main----"<<endl;
    cout<<"i = "<<i<<" a = "<<a<<" b = "<<b<<" c = "<<c<<endl;
    c = c + 8;
    other();
    cout<<"----main----"<<endl;
    cout<<"i = "<<i<<" a = "<<a<<" b = "<<b<<" c = "<<c<<endl;
    other();
    return 0;
}
void other(void)
{
    static int a = 1;
    static int b;
    int c = 5;
    i = i + 2;a = a + 3;c = c + 5;
```

```
    cout <<" ---- other ---- "<< endl;
    cout <<"i = "<< i <<" a = "<< a <<" b = "<< b <<" c = "<< c << endl;
    b = a;
}
```


程序运行结果:

```
---- main ----
i = 1 a = 0 b = - 10 c = 0
---- other ----
i = 3 a = 4 b = 0 c = 10
---- main ----
i = 3 a = 0 b = - 10 c = 8
---- other ----
i = 5 a = 7 b = 4 c = 10
```

读者可以自己试着对上述程序代码进行分析,并给出自己推断的结果,最后与程序运行结果相比对,看看是否一致,以此检测自己是否掌握了本节的知识。

8.2 编译预处理

使用C++进行编程时,可能会遇到这样一些问题:某人编写的程序代码是否可以共享给其他人使用?编写好的源程序能否根据需要选择部分程序代码进行编译?对于这些问题,可以在源程序中包含一些编译指令,告诉编译器对源程序如何进行编译。由于这些指令是在程序编译之前被执行的,所以也称为编译预处理指令。

实际上,编译预处理指令不能算是C++的一部分,但它扩展了C++程序设计的能力,合理地使用编译预处理功能,可以使编写的程序便于阅读、修改、移植和调试。

编译预处理指令与一般的C++语句有所不同,使用时要特别注意。下面给出编译预处理命令共同的语法规则。

(1) 所有的预处理指令在程序中都是以"#"来引导的,例如:

```
#include "stdio.h"
```

(2) 每一条预处理指令必须单独占用一行,例如:

```
#include "stdio.h" #include <stdlib.h>                //错误
```

(3) 预处理指令之后不加分号,例如:

```
#include "stdio.h";                                   //错误
```

C++提供的编译预处理功能主要有以下三种:文件包含、宏定义和条件编译。下面对这三种预处理指令的用法分别进行介绍。

8.2.1 文件包含

预处理指令#include用于包含头文件,其形式有两种。

1. 尖括号形式

```
#include <xxx.h>
```

尖括号形式表示被包含的文件在系统目录中。

2. 双引号形式

```
#include "xxx.h"
```

双引号形式用于被包含的文件不一定在系统目录中，在双引号形式中，可以指出文件路径和文件名。如果在双引号中没有给出绝对路径，则默认为用户当前目录中的文件，此时系统首先在用户当前目录中寻找要包含的文件，若找不到再在系统目录中查找。

对于用户自己编写的头文件，宜采用双引号形式，对于系统提供的头文件，既可以用尖括号形式，也可以用双引号形式。无论采用哪种形式都可以找到被包含的头文件，显然，用尖括号形式更直截了当，效率更高。

8.2.2 宏定义

宏定义指令将一个标识符定义为一个字符串。例如：

```
#define PI 3.14159
```

其中，"#"表示这是一条预处理指令，define 为关键字，PI 称为宏名，也简称为宏，"3.14159"是被定义的字符串。宏定义后，PI 就代表字符串"3.14159"。当源程序被编译的时候，遇到标识符 PI，均以字符串"3.14159"进行替换。宏定义指令用于字符串的替换，因此也常将宏名用指定的字符串替换的过程称为宏替换。

宏替换的功能给编程带来很多方便。因为在程序中，如果某常量出现的次数比较多，就可以为该常量定义一个宏，这样当该常量需要修改时，就不必在程序中对该常量一个个地查找、修改，而只需要修改其宏定义即可。

宏定义指令通常有两种格式：一种是简单的宏定义，另一种是带参数的宏定义。

1. 简单的宏定义

(1) 简单的宏定义形式如下。

```
#define  <宏名>  <字符串>
```

其中，define 是宏定义指令的关键字，<宏名>是一个标识符，<字符串>可以是常量、表达式、格式串等。

当然，可以使用#undef 指令取消宏定义，其形式如下：

```
#undef <宏名>
```

在程序被编译的时候，如果遇到宏名，先将宏名用指定的字符串替换，再进行编译。

【例 8-4】 简单的宏定义。

程序代码如下：

```
#include <iostream>
#define PI 3.14159
using namespace std;
```

```
int main()
{
    int radius;
    cout <<"Input radius:";
    cin >> radius;
    cout <<"Circumference is "<< 2 * PI * radius << endl;
    cout <<"Area is "<< PI * radius * radius << endl;
    cout <<"Cube is "<< 4.0/3.0 * PI * radius * radius * radius << endl;
    return 0;
}
```

例 8-4 中定义了一个宏 PI 为 3.14159,这样程序中所有 PI 出现的地方都用字符串“3.14159”替换,并以此计算出圆的周长(Circumference)、面积(Area)和立方(Cube)。

宏替换实际就是简单的替换。上述程序中的宏 PI 被字符串“3.14159”替换后,main()中的程序代码变为:

```
int main()
{
    int radius;
    cout <<"Input radius:";
    cin >> radius;
    cout <<"Circumference is "<< 2 * 3.14159 * radius << endl;
    cout <<"Area is "<< 3.14159 * radius * radius << endl;
    cout <<"Cube is "<< 4.0/3.0 * 3.14159 * radius * radius * radius << endl;
    return 0;
}
```

程序运行结果:

```
Input radius:10
Circumference is 62.8318
Area is 314.159
Cube is 4188.79
```

现在如果要将 PI 的值改为 3.14,只要修改宏定义即可,修改代码如下:

```
#define PI 3.14
```

实际上,简单的宏定义类似于定义符号常量。在 C++中,使用 const 定义符号常量。例如:

```
const double PI = 3.14;
```

此语句效果上等同于:

```
#define PI 3.14
```

它们都是将标识符 PI 定义为 3.14。但是,这两种定义符号常量的方法还是有区别的。

(2) 符号常量与宏的区别。

① const 声明的符号常量具有类型。这样,C++的编译程序可以进行更加严格的类型检查,具有良好的编译检测性。例如:

```
const double PI = 3.14159;
```

其中,PI 是一个 double 型的常量,而＃define 指令定义的宏则不具有类型,它仅仅被另一个字符串替换,不管内容是否正确。例如:

```
#define PI 3.141,59
```

在预编译时,此简单的宏定义不会产生错误,因为系统仅将后面的"3.141,59"视为一个字符串而不是 double 型的常量。但如果把它作为一个 double 型的常量参与表达式的运算时,则会出现编译错误。例如:

```
double r = 10.0;
double area = PI * r * r;
```

第二个语句经宏替换后,变为:

```
double area = 3.141,59 * r * r;
```

显然,这是错误的。

需要特别说明的是,如果用 const 定义的是一个整型常量,关键字 int 可以省略。因此,下面的两行语句是等价的:

```
const int MAX = 36;
const MAX = 36;
```

② 两者的作用域不同。在函数体内,用 const 定义的符号常量是局部常量,其作用域仅限于该函数体内。而用＃define 定义的宏的作用域是从宏定义处开始,直到该文件末尾处才结束。当然,可以用"＃undef"指令提前终止已定义的宏的作用域。例如:

```
#define A 10                                    //A 的有效范围开始
function()
{
    …
}
#undef A                                        //A 的有效范围结束
function2()
…
```

③ 使用 const 定义符号常量是一个说明语句,以分号结束。而用＃define 定义的宏是一个编译预处理指令,不能用分号结束。如果在宏定义命令后加了分号,将会连同分号一起进行置换。例如:

```
#define PI 3.14159;
```

此时的 PI 所代替的字符串是"3.14159;",而不是所期望的 3.14159。

(3) 简单宏定义时应注意的问题。

① 在书写＃define 命令时,注意<宏名>和<字符串>之间需要用空格分开,而不是用等号连接。例如:

```
#define A 10                                    //正确
#define A = 10                                  //错误
```

② 使用＃define 定义的标识符不是变量,它只用作宏替换,因此不占用内存。

③ 习惯上用大写字母表示<宏名>,这只是一种习惯的约定,其目的是为了与变量名区分,因为变量名通常使用小写字母。

④ 一旦某个标识符被定义为宏名,在取消该宏定义之前,不允许重新对它进行宏定义。

⑤ 宏定义可以嵌套,已定义的宏名可以用来定义新的宏。例如:

```
#define PI 3.141592
#define R 10
#define AREA (PI * R * R)
```

显然,用 const 定义的符号常量比用 define 定义的宏更好理解,且使用更方便。因此,在 C++中,一般都使用 const 定义的符号常量。

2. 带参数的宏定义

(1) 带参数的宏定义形式。

带参数的宏定义形式为:

```
#define  <宏名>(参数表)  <宏体>
```

其中,<宏名>是一个标识符,<参数表>中的参数可以是一个或多个,视具体情况而定。当有多个参数的时候,每个参数之间用逗号分隔。<宏体>是被替换用的字符串,它是由参数表中的参数组成的表达式。例如:

```
#define SUB(a,b) a - b
```

若程序中出现如下语句:

```
result = SUB(2,3);
```

则该语句被替换为:

```
result = 2 - 3;
```

在这样的宏替换过程中,其实只是将参数表中的参数代入宏体的表达式中,这里就是将表达式中的 a 和 b 分别用 2 和 3 代入。若程序中出现如下语句:

```
result = SUB(x + 1,y + 2);
```

则被替换为:

```
result = x + 1 - y + 2;
```

由此可见,带参数的宏定义与函数很相似。如果将宏定义时出现的参数视为形参,而将在程序中引用宏定义时出现的参数视为实参。那么上述的 a 和 b 就是形参,而 2 和 3,以及 x+1 和 y+2 都为实参。其实,宏替换就是用实参来替换<宏体>中的形参。

(2) 带参数的宏定义时应注意的问题。

① 带参数的宏定义应尽量书写在同一行中,如果需要写成多行,需要在行末尾使用续行符“\”结束,并在该符号后按回车键,最后一行除外。

② 在书写带参数的宏定义时,<宏名>与左括号(()之间不能出现空格,否则空格右边的部分都作为宏体。例如:

```
#define SUB (a,b) a - b
```

将把“(a,b) a－b”整体作为被定义的宏 SUB 的替换字符串。

③ 宏体中与参数名相关的字符串适当地加上圆括号是十分必要的，这样能够避免可能产生的错误。例如，对于宏定义：

```
#define SQR(x) x * x                          //不合适
```

若程序中出现语句：

```
m = SQR(a + b);
```

宏替换的结果为：

```
m = a + b * a + b;
```

显然，这不是我们所期望的结果。如果想得到下面的宏替换结果：

```
m = (a + b) * (a + b);
```

应增加必要的括号，将宏定义修改为：

```
#define SQR(x) (x) * (x)                      //合适
```

下面举例说明带参数宏的具体应用。

【例 8-5】 带参数宏的应用。

程序代码如下：

```
#include <iostream>
#define SQR1(a,b) a * b                       //带参数的宏定义
#define SQR2(a,b) (a) * (b)                   //给宏的参数加括号
using namespace std;
int main()
{
    int x = 2, y = 3, result1, result2;
    result1 = SQR1(x + 2, y - 1);
    cout <<"result1 = "<< result1 << endl;
    result2 = SQR2(x + 2, y - 1);
    cout <<"result2 = "<< result2 << endl;
    return 0;
}
```

程序运行结果：

```
result1 = 7
result2 = 8
```

(3) 带参数的宏和带参数的函数的区别。

观察宏替换产生的结果，带参数的宏和带参数的函数在形式上很相似，但它们有本质上的区别。

① 对于带参数的宏，宏调用只是用实参替换形参。而对函数而言，形参和实参是完全独立的变量，当调用发生时，实参的值传递给形参，实现所谓的形实结合。

② 从发生的时间来说，宏调用是在编译时发生的，函数调用是在程序运行时发生的；

宏调用不存在内存单元分配的问题,而函数调用时,会给形参变量分配内存单元,然后将实参的值复制给形参,函数调用结束后,形参变量占用的内存单元自动被释放。

③ 在宏定义中的形参是标识符,而宏调用中的实参可以是表达式。例如:

```
#define SQR2(a,b) (a) * (b)                    //宏定义
result2 = SQR2(x + 2,y - 1);                   //宏调用
```

8.2.3 条件编译

一般情况下,在进行编译时对源程序中的每一行都要编译,但是有时希望程序中某一部分内容只在满足一定条件时才进行编译,如果不满足这个条件,就不编译这部分内容,这就是条件编译。

条件编译主要是在编译时进行挑选,通过注释掉一些指定的代码,以实现多个版本控制,防止对文件重复包含的功能。#if,#ifndef,#ifdef,#else,#elif,#endif 是比较常见的条件编译预处理指令,可根据表达式的值或某个特定宏是否被定义来确定编译条件。

1. 指令意义

#if——表达式非零就对代码进行编译。

#ifdef——如果宏已定义就进行编译。

#ifndef——如果宏未被定义就进行编译。

#else——作为其他预处理的剩余选项进行编译。

#elif——这是一种#else 和#if 的组合选项。

#endif——结束编译块的控制。

2. 常用形式

(1) #if_#endif 形式有以下几种。

```
#if 常数表达式(或#ifdef 宏名   或#ifndef 宏名)
    程序段
#endif
```

如果常数表达式为真,或该宏名已定义或该宏名未定义,则编译后面的程序段;否则就不编译,跳过这段程序。

(2) #if_#else_#endif 形式有以下几种。

```
#if 常量表达式(或#ifdef 宏名   或#ifndef 宏名)
    程序段 1
#else
    程序段 2
#endif
```

如果常数表达式为真,或该宏名已定义或该宏名未定义,则编译程序段 1;否则编译程序段 2。

(3) #if_#elif_#endif 形式如下:

```
#if 常量表达式 1
    程序段 1
#elif 常量表达式 2
```

```
    程序段 2
    …
#elif 常量表达式 n
    程序段 n
#endif
```

注意：这种形式中的#elif 不可以用于#ifdef 和#ifndef 中，但#else 可以。

下面举例说明条件编译在程序设计中的具体应用。

【例 8-6】 条件编译。

程序代码如下：

```
#include <iostream>
using namespace std;

//#if,#else 和#endif 指令
#define DEBUG 1                                   //定义宏 DEBUG 为 1
int main()
{
#if DEBUG
    cout <<"Debugging\n";                         //如果 DEBUG 为真
#else
    cout <<"Not debugging\n";
#endif
    cout <<"Running\n";
    return 0;
}
/*
//#ifdef 和#ifndef 指令
#define DEBUG                                     //定义宏 DEBUG
int main()
{
#ifdef DEBUG                                      //如果 DEBUG 被定义过
    cout <<"Yes\n";
#endif
#ifndef DEBUG                                     //如果 DEBUG 没有被定义过
    cout <<"No\n";
#endif
    return 0;
}

//#elif 指令综合了#else 和#if 指令的作用
#define TWO
int main()
{
#ifdef ONE
    cout <<"1\n";
#elif defined TWO
    cout <<"2\n";
#else
    cout <<"3\n";
```

```
#endif

    return 0;
}
*/
```

8.3 多文件结构

前面已经编写了许多完整的C++程序,这些程序大部分都属于小程序,它们建立单一的源程序(.cpp),经过编译后形成一个目标文件(.obj),然后再经过连接生成可执行程序(.exe)。但是大型程序都需要分成多个文件,其理由包括如下两点。

(1) 避免重复工作。将相关类和函数放在一个特定的文件中,这样可以对不同的文件进行单独编写、编译,最后再连接。

(2) 程序更容易管理。按逻辑功能将程序分解成多个文件,便于安排程序员的任务。

在多文件结构的实现中,预处理指令include起了关键的作用,下面通过一个简单的多文件结构例题说明如何运用多文件结构组织程序。

【例8-7】 多文件结构。

头文件a7-7myfile.h内容如下:

```
#include <iostream>
using namespace std;
void func1()
{
    cout <<"我是函数 1\n";
}
void func2()
{
    cout <<"我是函数 2\n";
}
void func3()
{
    cout <<"我是函数 3\n";
}
```

a7-7多文件结构.cpp文件内容如下:

```
#include "a7-7myfile.h"
#include <stdlib.h>
int main()
{
    cout <<"Hello world!\n";
    func1();
    func2();
    func3();
    system("pause");
    return 0;
}
```

程序运行结果：

```
hello world!
我是函数 1
我是函数 2
我是函数 3
```

C++中面向对象的程序基本上由三部分构成，包括类的声明、类成员的实现和主函数。因此，在实际程序设计中一个源程序至少要划分为三个文件：类声明文件(*.h)、类实现文件(*.cpp)和类的使用文件(*.cpp)，即主函数文件。对于更为复杂的程序，每一个类都有单独的定义和实现文件，这样可以充分利用类的封装特性，在对程序进行调试、修改时，只对其中某一个类的定义和实现进行操作，而其余部分就不用改动。

8.4 命名空间

在 C++程序设计过程中，变量、对象及函数等标识符都需要命名。随着项目的增大，命名相互冲突的可能性也将增加，当使用不同厂商的类库时，也可能导致命名冲突，这些都是命名空间问题。

1. 命名空间的定义

命名空间是指标识符的各种可见范围。C++标准程序库中的所有标识符都被定义于一个名为 std 的命名空间中，而 std 在 iostream 文件中。

2. iostream 与 iostream.h 的区别

iostream 与早期使用的 iostream.h 有什么区别呢? iostream 和 iostream.h 格式不一样，前者没有扩展名。以扩展名为.h 的头文件，C++标准已经明确提出不支持，早前的实现将标准库功能定义在全局命名空间里，声明在带.h 扩展名的头文件里。C++标准为了和 C 区别，也为了正确使用命名空间，规定头文件不使用扩展名.h。因此，当使用 iostream.h 时，相当于在 C 中调用库函数，使用的是全局命名空间；当使用 iostream 时，该头文件没有定义全局命名空间，必须使用 namespace std 才能正确使用命名空间 std 封装的标准程序库中的标识符 cin、cout 等。这就是为什么所有标准的 C++程序都是从以下两条语句开始的。

```
#include <iostream>
using namespace std;
```

3. 全局命名空间

全局命名空间是早期为避免全局命名冲突问题而提出的，现在仍在使用。例如：

```
//file1.h
char func(char);
class String { … };
//file2.h
class String { … };
```

显然，如果按照上述方式进行定义，那么这两个头文件不能包含在同一个程序中，否则 String 类会发生冲突。

4. using 声明和 using 编译指令

我们并不希望每次使用标识符时都对它进行限定。因此,C++提供了两种机制 using 声明和 using 编译指令来简化对命名空间中标识符的使用。

(1) using 声明:使特定的标识符可用。

(2) using 编译指令:使整个名称空间的标识符可用。

例如:

```
using std::cout;                    //using 声明使 cout 可用
using namespace std;                //using 编译指令使 std 整个命名空间的标识符可用
```

5. 使用 C++标准程序库的标识符

由于命名空间的概念,使用 C++标准程序库的任何标识符时,可以有以下三种选择。

(1) 直接指定标识符。例如:

```
std::cout << std::hex << 3.4 << std::endl;
```

(2) 使用 using 声明使特定的标识符可用。例如:

```
using std::cout;                    //using 声明 cout
using std::endl;                    //using 声明 endl
```

这时,以上输出语句可以写成:

```
cout << std::hex << 3.4 << endl;    //using 没有声明 hex
```

(3) 使用 using 编译指令使整个命名空间的标识符可用。例如:

```
using namespace std;
…
cout << hex << 3.4 << endl;
```

显然,第三种方法是最方便的,这时命名空间 std 内定义的所有标识符都有效,就好像它们被声明为全局变量一样。

标准库非常庞大,程序员在选择变量及类的命名或函数命名时就很有可能和标准库中的某个命名相同,所以为了避免这种情况所造成的命名冲突,就把标准库中的一切都放在命名空间 std 中。但这又会带来了一个新问题,无数原有的 C++代码都依赖于使用了多年的伪标准库中的功能,它们都在全局空间下,所以就有了各种各样的头文件,这样既兼容了以前的 C++代码,又支持了新的标准。

命名空间是一种将程序库中的标识符封装起来的方法,它就像在各个程序库中立起一道道围墙。下面举例说明命名空间在避免命名冲突的具体用法。

【例 8-8】 命名空间。

程序代码如下:

```
#include <iostream>
using namespace std;

namespace ns1
{
```

```
    void greeting();
}
namespace ns2
{
    void greeting();
}
void global_greeting();

int main()
{
    {
        using namespace ns1;           //使用 ns1、std、全局三个命名空间
        greeting();
    }
    {
        using namespace ns2;           //使用 ns2、std、全局三个命名空间
        greeting();
    }
    global_greeting();                 //使用 std、全局两个命名空间

    return 0;
}

namespace ns1
{
    void greeting()
    {
        cout <<"Greetings from namespace ns1.\n";
    }
}
namespace ns2
{
    void greeting()
    {
        cout <<"Greetings from namespace ns2.\n";
    }
}
void global_greeting()
{
    cout <<"A Global Greeting!\n";
}
```

程序运行结果：

```
Greetings from namespace ns1.
Greetings from namespace ns2.
A Global Greeting!
```

8.5　小结与知识扩展

8.5.1　小结

无论是简单变量还是类的对象或其他标识符都有作用域和生存期,都必须遵循可见性原则。

作用域是一个变量在程序中的有效区域。C++的作用域有三种:函数原型作用域、局部作用域和文件作用域。

变量从诞生到结束的这段时间就是它的生存期。生存期与存储区域关系密切,它们之间的对应关系如表 8-1 所示。

表 8-1　生存期与存储区域对应关系

生　存　期	存 储 区 域	说　　明
静态生存期	数据区	static
动态生存期	栈区	auto(默认)

变量是否可见主要看其具有什么作用域和什么生存期。常用变量及其作用域和生存期如表 8-2 所示。

表 8-2　常用变量及其作用域和生存期

分　　类		作　用　域	生　存　期
全局变量		文件作用域	静态生存期
局部变量	动态局部变量	局部作用域	动态生存期
	函数形式参数	局部作用域	动态生存期
	静态局部变量	局部作用域	静态生存期
函数原型声明的形式参数		函数原型作用域	动态生存期

在程序编译之前,通过编译预处理指令告诉编译器对源程序如何进行编译,常用的编译预处理指令包括宏定义、文件包含和条件编译等。

采用多文件结构有如下好处。

(1) 将相关类和函数放在一个特定的文件中,可以对不同的文件进行单独编写、编译,最后再连接,避免重复工作。

(2) 程序更容易管理。按逻辑功能将程序分解成多个文件,便于安排程序员的任务。

命名空间是一种将程序库中的标识符封装起来的方法,它就像在各个程序间立起一道道围墙,可以更好地控制名称的作用域。C++标准程序库中的所有标识符都被定义在一个名为 std 的命名空间中,命名空间 std 封装的是标准程序库的标识符,为了和以前的头文件区别,标准程序库一般不加".h"。

8.5.2　命令行参数

在 Windows 操作系统中,执行一个程序有两种方式:一种是双击可执行程序的图标;

另一种是单击左下角的“开始”菜单，选择“运行”选项，在“运行”对话框中输入可执行的命令，如图 8-1 所示。

图 8-1 “运行”对话框

上述的程序启动方式称为“命令行方式启动程序”。在此方式下，程序的名称后面还可以跟一个或若干用空格分隔的字符串。程序的名称和这些字符串都称为“命令行参数”。要在程序中获取命令行参数，程序的 main()需要增加两个参数，如：

```
int main(int argc,char * argv[])
{
    …
    return 0;
}
```

C++编译器允许 main()函数没有参数，或有两个参数(有些实现允许更多的参数，但这只是对标准的扩展)。这两个参数，一个是 int 类型，一个是字符串类型。第一个参数 int argc 表示命令行下输入的以空格分割的命令个数，这个 int 参数被称为 argc(argument count)；第二个参数 char * argv[]或者 char ** argv 是一个指向字符串的指针数组，这个指针数组被称为 argv(argument value)，其每个数组元素存放一个字符型指针，而字符型指针又是可以指向一个字符串的，所以当 int argc=n 时，就表示有 n 个字符串参数，这 n 个字符串分别由 argv[0]～argv[n]来指向。一般情况下，把程序本身的名字赋值给argv[0]，接着，把其后的第一个字符串赋给 argv[1]，以此类推。

main()第一次调用的参数是由别的地方设置好的参数。如果主动调用，则跟别的函数参数没有区别。

【例 8-9】 命令行参数。

sample.cpp 程序代码如下：

```
#include <iostream>
using namespace std;
int main(int argc,char * argv[])
{
    for(int i = 0;i < argc;i++)
        cout << argv[i]<< endl;
    getchar();
```

```
    return 0;
}
```

将上面的程序编译成 sample.exe,然后在命令提示符窗口输入如下命令:

```
D:\Debug\sample paral s.txt "Bill Gates" 4
```

程序运行结果:

```
D:\Debug\sample paral s.txt "Bill Gates" 4
paral
s.txt
Bill Gates
4
```

从本例可以看出,程序从命令行中接收 5 个字符串(包括程序名),并将它们存放在字符数组中,其对应关系如下:

argv[0] ------> sample (程序名)

argv[1] ------> paral

argv[2] ------> s.txt

argv[3] ------> Bill Gates

argv[4] ------> 4

至于 argc 的值,即参数的个数,程序在运行时会自动统计。

8.5.3 异常处理

软件的安全可靠性是非常重要的,一个好的软件不仅要保证软件的正确性,而且应该具有一定的容错能力。也就是说,不仅在正确的环境条件下或用户使用操作正确时,软件运行要正确,而且在环境条件出现意外或用户使用操作不当的情况下,也要力争做到允许用户排除环境错误,继续运行程序,至少要给出适当的提示信息,不能轻易出现死机,更不能出现灾难性的后果。因此,在设计程序时,要充分考虑各种可能出现的意外情况,并给予适当的处理,这就是异常处理。

1. 异常处理机制

在一个大型软件中,由于函数之间有着明确的分工和复杂的调用关系,发现错误的函数往往不具备处理错误的能力。因此,C++语言异常处理机制的基本思想是将异常的检测与处理分离。当在一个函数体中检测到异常条件的存在,却无法确定相应的处理方法时,该函数将引发一个异常,由函数的直接或间接调用者捕获这个异常并处理这个错误。如果程序始终没有处理这个异常,最终它会被传到 C++运行系统,运行系统捕获异常后,通常只是简单地终止这个程序。

由于异常处理机制使得异常的引发和处理不必在同一函数中,这样底层的函数可以着重解决具体问题而不必过多地考虑对异常的处理;上层调用者可以在适当的位置设计对不同类型异常的处理。

异常处理机制通过 throw、try 和 catch 三个语句实现。在一般情况下,被调用函数直接检测到异常条件的存在,并使用 throw 引发一个异常;在上层函数中,使用 try 检测函数确定是否引发异常；检测到的各种异常由 catch 捕获并做出相应的处理，从而使程序从这些异常事件中恢复过来。下面就来具体介绍异常处理的语法。

2. 异常处理的语法

（1）throw 语法。

```
throw <表达式>;
```

当某段程序发现了自己不能处理的异常，就可以使用 throw 语句将这个异常抛给调用者。throw 语句的使用与 return 语句相似，如果程序中有多处要抛异常，应该用不同的表达式类型来互相区别，表达式的值不能用来区别不同的异常。

（2）try 块语法。

```
try
{
    复合语句
}
```

try 语句后的复合语句是代码的保护段。如果预料某段程序代码（或对某个函数的调用）有可能发生异常，就将它放在 try 语句之后。如果这段代码（或被调函数）运行时真的遇到异常情况，其中的 throw 表达式就会抛出这个异常。

（3）catch 语法。

```
catch(异常类型 1  参数 1)
{
    //针对异常类型 1 的处理语句
}
catch(异常类型 2  参数 2)
{
    //针对异常类型 2 的处理语句
}
…
catch(异常类型 n  参数 n)
{
    //针对异常类型 n 的处理语句
}
```

catch 语句后的复合语句是异常处理程序，捕获由 throw 表达式抛出的异常。异常类型声明部分指明语句所处理的异常类型，它与函数的形参相类似，可以是任何有效的数据类型，包括 C++的类。当异常被抛出以后，catch 语句便依次被检查，若某个 catch 语句的异常类型声明与被抛出的异常类型一致，则执行该段异常处理程序。如果异常类型声明是一个省略号（…），catch 语句便处理任何类型的异常，但这段处理程序必须是 try 块的最后一段处理程序。

3. 异常处理执行过程

（1）控制通过正常的顺序执行到达 try 语句，然后执行 try 块内的保护段。

（2）如果在保护段执行期间没有引起异常，那么跟在 try 块后的 catch 语句就不执行，程序从异常被抛出的 try 块后跟随的最后一个 catch 语句后面的语句继续执行下去。

(3) 如果在保护段执行期间或在保护段调用的任何函数中(直接或间接的调用)有异常被抛出,则从通过 throw 创建的对象中创建一个异常对象(这隐含指可能包含一个拷贝构造函数)。在这一点上,编译器能够处理抛出类型的异常,在更高执行上下文中寻找一个 catch 语句(或一个能处理任何类型异常的 catch 处理程序)。catch 处理程序按其在 try 块后出现的顺序被检查。如果没有找到合适的处理程序,则继续检查下一个动态封闭的 try 块。此处理继续下去直到最外层的封闭 try 块被检查完。

(4) 如果匹配的处理器未找到,则 terminate()将被自动调用,而函数 terminate()的默认功能是调用 abort 终止程序。

(5) 如果找到了一个匹配的 catch 处理程序,且它通过值进行捕获,则其形参通过复制异常对象进行初始化。如果它通过引用进行捕获,则形参被初始化为指向异常对象,在形参被初始化之后,"循环展开栈"的过程开始。这包括对那些在与 catch 处理器相对应的 try 块开始和异常丢弃地点之间创建的(但尚未析构的)所有自动对象的析构。析构以与构造相反的顺序进行,然后 catch 处理程序被执行,接下来程序跳转到跟随在处理程序之后的语句。

【例 8-10】 处理除零异常。

```
#include <iostream>
using namespace std;
int Div(int x,int y);                    //整数除法函数原型声明
int main()
{
    try                                  //由于除法运算有可能出现除零异常,因此放在 try 块中
    {
        cout <<"5/2 = "<< Div(5,2)<< endl;
        cout <<"8/0 = "<< Div(8,0)<< endl;
        cout <<"7/1 = "<< Div(7,1)<< endl;
    }
    catch(int)                           //捕获整数异常
    {
        cout <<"Exception of dividing zero."<< endl;
    }
    cout <<"That is ok."<< endl;
    return 0;
}
int Div(int x,int y)
{
    if (y == 0)
        throw y;                         //如果整数为零,抛掷一个整数异常
    return x/y;
}
```

程序运行结果:

```
5/2 = 2
Exception of dividing zero.
That is ok.
```

从运行结果可以看出,当执行下列语句时,在函数 Div()中发生除零异常。

```
cout <<"8/0 = "<< Div(8,0)<< endl;
```

异常被抛掷后，在 main()函数中被捕获，异常处理程序输出有关信息后，程序流程跳转到主函数的最后一条语句，输出“That is ok.”，而函数 Div()中的下列语句没有被执行：

```
cout <<"7/1 = "<< Div(7,1)<< endl;
```

catch 处理程序的出现顺序很重要，因为在一个 try 块中，异常处理程序是按照它出现的次序被检查的。只要找到一个匹配的异常类型，后面的异常处理都将被忽略。例如，在下面的异常处理块中，首先出现的是 catch(…)，它可以捕获任何异常，在任何情况下，其他的 catch 语句都不被检查。因此，catch(…)应该放在最后。

```
//…
try
{
    //…
}
    catch( … )            //错误：后面的两个异常处理程序段不会被检查

{
    //只在这里处理所有的异常
}
catch(const char * str)
{
    cout <<"Caught exception:"<< str << endl;
}
catch(int)
{
    //处理整型异常
}
```

习　题

8-1　选择题

(1) 作用域是指一个变量在程序中的有效区域。按照从小到大的顺序可分为[　　]。

A. 文件作用域、局部作用域和函数原型作用域

B. 局部作用域、函数原型作用域和文件作用域

C. 函数原型作用域、文件作用域和局部作用域

D. 函数原型作用域、局部作用域和文件作用域

(2) 对可见性不准确的描述为[　　]。

A. 变量在引用前必须先声明

B. 在互相没有包含关系的不同作用域中声明同名的变量，变量将互不影响

C. 在局部作用域中全局变量不可见

D. 如果在两个或多个具有包含关系的作用域中声明了同名的变量，则外层变量在内层不可见

(3) 生存期是指变量从创建到结束的这段时期,以下不正确的描述为[　　]。

A. 生存期包括静态(static)生存期和动态(auto)生存期

B. 局部变量只能具有动态生存期

C. 静态生存期的含义是变量的生存期和程序的运行期相同

D. 动态生存期诞生于声明点,而终止于其作用域的结束处

(4) 局部变量是指具有局部作用域的变量,它不包括[　　]。

A. 所有函数外声明的变量　　B. 动态局部变量

C. 函数形式参数　　D. 静态局部变量

(5) 下列正确使用#include 包含头文件 f1.h 的是[　　]。

A. #include [f1.h]　　B. #include "f1.h"

C. #include (f1.h)　　D. #include "f1.h"

(6) 下列对宏不正确的描述为[　　]。

A. 宏定义通过#define 预处理指令完成

B. 使用#undef 预处理指令取消宏定义

C. 宏定义不可以嵌套

D. 宏与符号常量有区别

(7) 程序被编译时,先将宏名用指定的字符串[　　],然后再进行编译。

A. 替换　　B. 检测

C. 定义　　D. 声明

(8) 以下非法的条件编译形式为[　　]。

A. #if_#endif　　B. #if_#else_#endif

C. #if_#elif_#endif　　D. #if_#else

(9) 命名空间的目的是避免[　　]。

A. 数据共享　　B. 数据随意更新

C. 死循环　　D. 命名冲突

(10) 对多文件结构不正确的描述为[　　]。

A. 使用多文件结构可以避免重复工作

B. 多文件结构可使程序更容易管理

C. 使用多文件结构可以统一文件类型

D. 使用多文件结构方便团队合作

(11) 对命名空间不正确的描述为[　　]。

A. using namespace std 使 std 整个命名空间的标识符可用

B. 不能使用 using 声明指定 std 特定的标识符可用

C. 命名空间是指标识符的各种可见范围

D. C++标准程序库中的所有标识符都被定义于一个名为 std 的命名空间中

8-2　简答题

(1) 作用域是什么? 有哪几种作用域?

(2) 什么是可见性? 可见性遵循的一般规则是什么?

(3) 编译预处理有何作用?

(4) C++常用的编译预处理指令有哪些?

(5) 多文件结构有何优点?

(6) 命名空间的作用是什么?

(7) 什么是异常? 什么是异常处理?

(8) 举例说明 throw、try、catch 语句的用法。

第 9 章 输入/输出流与文件操作

本章要点

- I/O 流的概念。
- 输出格式控制。
- 使用流类的成员函数控制输入/输出。
- 串流类与字符串操作。
- 文件流类与文件操作。

9.1 输入/输出流概述

9.1.1 输入/输出流的概念

C++的输入/输出是以字节流的形式实现的，每一个 C++系统都带有一个面向对象的输入/输出软件包，这就是 I/O 流类库。所谓流，是指数据从一个对象流向另一个对象。在 C++程序中，把数据的流动抽象为“流”，数据可以从键盘流入到程序中，也可以从程序中流向屏幕或磁盘文件。一般的输入操作就是指字节从输入设备(如键盘、磁盘、网络连接等)流向内存；而输出操作是指字节从内存流向输出设备(如显示器、打印机、磁盘、网络连接等)。

表 9-1 为 I/O 流类库中各个类的简要说明和类声明所在的头文件名。

表 9-1 I/O 流类列表

类 名	说 明	包含文件
抽象流基类		
ios	流基类	iostream.h
标准流类		
iostream	通用输入/输出流类和其他输入/输出流的基类	iostream.h
istream	通用输入流类和其他输入流的基类	iostream.h
ostream	通用输出流类和其他输出流的基类	iostream.h
istream_withassign	cin 的输入流类	iostream.h
ostream_withassign	cout、cerr 和 clog 的输出流类	iostream.h
文件流类		
fstream	输入/输出文件流类	fstream.h
ifstream	输入文件流类	fstream.h

续表

类　　名	说　　明	包含文件
ofstream	输出文件流类	fstream.h
串流类		
strstream	输入/输出字符串流类	strstream.h
istrstream	输入字符串流类	strstream.h
ostrstream	输出字符串流类	strstream.h
stdiostream	标准 I/O 文件的输入/输出类	stdiostr.h

9.1.2　输入/输出标准流

1. 标准流

在头文件 iostream.h 中，除了类的定义之外，还包括 4 个流对象的说明，它们被称为标准流(或预定义流)。其中，ostream 类通过其派生类 ostream_withassign 支持以下预先定义的流对象。

- cout：标准输出。默认设备为屏幕。
- cerr：标准错误输出。没有缓冲，发送给它的内容立即被输出，默认设备为屏幕。
- clog：标准错误输出。有缓冲，当缓冲区满时被输出，默认设备为打印机。
- cin：标准输入。默认设备为键盘。
- istream 类通过其派生类 istream_withassign 支持预先定义的流对象。

2. 标准流输入/输出的实现

流在使用前需要先建立，使用后需要删除，还要使用一些特定的操作从流中获取数据或向流中添加数据。常用的流操作有以下几种。

(1) 插入操作。“<<”是插入运算符，即输出时向流中添加数据的操作，也就是一般意义上的写操作。

(2) 提取操作。“>>”是提取运算符，即输入时从流中获取数据的操作，也就是一般意义上的读操作。

cout 是 ostream 类的全局对象，它在头文件 iostream.h 中的定义如下：

```
ostream cout(stdout);                //stdout 作为该对象构造时的参数
```

ostream 类对应每种基本数据类型都存在友元，例如：

```
ostream& operator <<(int n);
ostream& operator <<(float f);
ostream& operator <<(const char * psz);
```

cin 是 istream 类的全局对象，istream 类也存在友元，例如：

```
istream& operator >>(int &n);
istream& operator >>(float &f);
istream& operator >>(char * psz);
```

9.2 控制输出格式

在 C++中,有两种方法可以进行格式输出,即使用 I/O 流类库的控制符和 I/O 流类的成员函数控制输出格式。

9.2.1 使用流控制符

C++的输入/输出流类库提供了一些流控制符(也称为流操纵符,manipulators),可以直接嵌入到输入/输出语句中实现对 I/O 格式的控制。它的优点是程序可以直接将控制符插入流中,而不必单独调用。

除了第 2 章中提到的 dec、endl、setw 等外,还有许多其他流控制符,常用的 I/O 流控制符如表 9-2 所示。

表 9-2 常用的 I/O 流控制符

控 制 符	含 义
dec	数值数据采用十进制
hex	数值数据采用十六进制
oct	数值数据采用八进制
ws	提取空白符
endl	插入换行符
ends	插入空字符
setprecision(int)	设置浮点数的数字个数
setw(int)	设置域宽
setfill(char)	设置填充字符
setiosflags(ios::fixed)	固定的浮点显示
setiosflags(ios::scientific)	指数表示(1 位非零整数,小数位数由 precision 设置)
setiosflags(ios::left)	左对齐
setiosflags(ios::right)	右对齐
setiosflags(ios::uppercase)	十六进制大写输出
setiosflags(ios::lowercase)	十六进制小写输出

【例 9-1】 使用流控制符控制输出格式。

程序代码如下:

```
#include <iostream>
#include <iomanip>
using namespace std;
int main()
{
    char *names[ ] = {"Rose","John","Alice","Mary"};
    double values[ ] = {1.44,36.47,625.7,4096.24};
    cout << setfill('*');
```

```
    for(int i = 0;i < 4;i++)
    {
        cout << setw(5)<< names[i]
            << setw(10)<< setprecision(2 + i)<< values[i]<< endl;
    }

    cout <<"\n 八进制输出:"<< endl;
    cout << oct << 256 << setw(6)<< 1024 << endl;
    cout << hex << 256 << setw(6)<< 1024 << endl;
    cout << dec << 0400 << setw(6)<< 1024 << endl;

    cout << setfill(' ');
    cout <<"\n 十六进制输出:"<< endl;
    cout << setbase(8)<< 256 << setw(6)<< 1024 << endl;
    cout << setbase(16)<< 256 << setw(6)<< 1024 << endl;
    cout << setbase(10)<< 0x100 << setw(6)<< 1024 << endl;
    return 0;
}
```

程序运行结果：

```
 * Rose ******* 1.4
 * John ****** 36.5
Alice ***** 625.7
 * Mary **** 4096.2
```

使用 oct、hex 和 dec 控制输出：

```
400 ** 2000
100 *** 400
256 ** 1024
```

使用 setbase()控制输出：

```
400 ** 2000
100 *** 400
256 ** 1024
```

注意：如果要在程序中使用 setw(n)、setbase()、setprecision()或任何其他控制符，必须包括头文件 iomanip.h。

除了使用控制符外，还可以使用流对象 cout 的格式控制成员函数进行输出格式控制。

9.2.2 使用流类成员函数

【例 9-2】 使用流对象 cout 的成员函数控制输出格式。

程序代码如下：

```
#include < iostream >
#include < iomanip >
using namespace std;
int main()
{
```

```
    char * names[ ] = {"Rose","John","Alice","Mary"};
    double values[ ] = {1.44,36.47,625.7,4096.24};

    cout.fill('*');
    for(int i = 0;i < 4;i++)
    {
        cout.width(5);
        cout << names[i];

        cout.width(10);
        cout.precision(2 + i);
        cout << values[i]<< endl;
    }

    return 0;
}
```

程序运行结果：

```
*Rose*******1.4
*John******36.5
Alice*****625.7
*Mary****4096.2
```

在上述的例题中，使用 cout 流对象的成员函数 width(10)控制输出数据的宽度为 10，并使用 fill('*')成员函数为已经指定宽度的域设置星号为填充字符。通常情况下，空格是默认的填充符，当输出的数据不能填满指定的宽度时，系统会自动以空格填充。

在使用流控制符和流类成员函数控制输出格式时，需要特别注意以下几点。

(1) setw()和 width()都不截断数值。如果一个数值需要比 setw(n)确定的字符数更多的字符，则该值将使用它所必要的宽度字符。

(2) setw()和 width()仅影响紧随其后的域，在一个域输出完后，域宽度恢复成它的默认值(必要的宽度)。

无论是使用流控制符还是使用流类成员函数，都可以实现控制输出格式的目的。常用的流控制符和流类成员函数及其对应关系如表 9-3 所示。

表 9-3　常用的流控制符和流格式控制成员函数及其对应关系

流控制符	流格式控制成员函数	含　义
setbase(10)或 dec		数值数据采用十进制
setbase(16)或 hex		数值数据采用十六进制
setbase (8)或 oct		数值数据采用八进制
setfill(c)	fill(char)	设置填充字符
setprecision(n)	precision(int)	设置浮点数的数字个数
setw(n)	width(int)	设置域宽

由表 9-3 可知，流控制符和流格式控制成员函数相互对应，它们只是用法不同，其作用完全相同。

9.3　使用流类成员函数实现输入/输出

当需要对输入/输出操作进行更加精准的控制时，可以通过流对象使用输入/输出流类的成员函数实现，这里重点介绍输入的精准控制。

9.3.1　输入函数

1. getline()成员函数

程序中使用 cin 输入数据时，通常用空白符和回车符将各个数据分隔开。如果输入的是字符串且其间有空格时，只用 cin 将无法正常输入，getline()成员函数可以解决这个问题。

getline()成员函数的功能是允许从输入流中读取多个字符(包括空白符和回车符)，直到输入终止字符并回车(即允许指定输入终止字符)。输入结束后，只读取终止字符前的字符(即在读取完成后，从读取的内容中删除该终止字符)。

getline()成员函数的原型为：

```
istream& getline(char * pch, int nCount, char delim = '\n');
```

其中：pch 是字符型数组，用于存放读取的字符；nCount 是本次读取的最大字符个数；delim 是分隔字符，作为读取一行结束的标志。

需要特别说明的是，当输入的字符超过长度 nCount 时，则只读取 nCount 个字符。

【例 9-3】　输入含有空格的字符串，并为该输入流指定一个终止字符。

问题分析：设置输入终止字符为字符't'，字符个数最多不超过 100 个。注意，程序中输入的字符是大小写敏感的。程序代码如下：

```
#include < iostream >
using namespace std;
int main()
{
    char line[100];
    cout <<"Type a line terminated by 't'"<< endl;
    cin.getline(line,100,'t');
    cout << line << endl;
    return 0;
}
```

程序运行结果：

```
Type a line terminated by 't'
I love China.
I love my mother.
I love China.
I love my mo
```

2. get()成员函数

get()成员函数完成只输入单个字符的操作。

get()成员函数的原型为：

```
char istream::get();
```

【例 9-4】 循环输入单字符，直到输入一个'y'字符，或遇到文件尾。

```
#include <iostream>
using namespace std;
int main()
{
    char c;
    cout <<"Type a character terminated by 'y'"<< endl;
    while(!cin.eof())
    {
        c = cin.get();
        if(c == 'y')
            break;
        cout << c << endl;
    }
    return 0;
}
```

程序运行结果：

```
Type a character terminated by 'y'
a b c y
a
b
c
```

get()成员函数还有一种形式可以输入一系列字符，直到输入流中出现结束符或所读取的字符个数已达到设置的最大字符个数。get()成员函数的函数原型如下：

```
istream& istream::get(char * pch, int nCount, char delim = '\n');
```

【例 9-5】 输入一系列字符，并将前 10 个字符输出。
程序代码如下：

```
#include <iostream>
using namespace std;
int main()
{
    char line[11];
    cout <<"Type a line terminated by return\n>";
    cin.get(line,11);
    cout << line << endl;
    return 0;
}
```

程序运行结果：

```
Type a line terminated by return
> I love China.
```

```
I love Chi
```

从上述程序的运行结果可以看出,虽然输入的字符串为"I love China.",但实际接收的只是"I love Chi",其原因就是 get(line,11)中设置的读字符个数为 11,所以只能接收 11 个字符(包含字符结束符'/0')。

注意:getline()与 get()的第二种形式相同,唯一不同是 getline()函数从输入流中输入一系列字符时包括分隔符(如空白符、回车符等),而 get()函数不包括分隔符。

3. read()成员函数

read()成员函数用于从输入流中读取指定数目的字符,并存放在指定的地址中。例如:

```
char chs[21];
cin.read(chs,20);
```

9.3.2 输出函数

1. put()成员函数

当需要把一个字符插入到输出流中时,可以使用 put( )成员函数。

put()函数的原型为:

```
ostream& put(char ch);
```

【例 9-6】 使用 put()成员函数,在屏幕上显示字母表中的字母。

程序代码如下:

```
#include<iostream>
using namespace std;
int main()
{
    char letter;
    for(letter='A';letter<='Z';letter++)
        cout.put(letter);
    return 0;
}
```

程序运行结果:

```
ABCDEFGHIJKMNOPQRSTUVWXYZ
```

也可以像下面这样在一条语句中连续调用 put()成员函数:

```
cout.put('A').put('\n');
```

该语句在输出字符'A'后输出一个新换行符。还可以用 ASCII 码值表达式调用 put()成员函数:

```
cout.put(65);
```

该语句也输出字符'A'。

2. write()成员函数

write()成员函数用于按要求的长度输出字符串。例如:

```
cout.write("I am a student.",100);
cout.write("I am a student.",4);
```


9.4 串 流 类

常用的输入/输出串流类有 istrstream 和 ostrstream,它们在头文件 strstream.h 中定义。

1. 输入串流类 istrstream

类 istrstream 用于执行串流输入,该类常用的构造函数如下:

```
istrstream(char * pch);
istrstream(char * pch, int nLength);
```

这两个构造函数都比较常用。char * pch 参数是字符型数组,用于接收字符串;int nLength 参数说明数组的大小。当 nLength 为 0 时,表示把 istrstream 类对象连接到由 pch 指向的以空字符结束的字符串。

2. 输出串流类 ostrstream

类 ostrstream 用于执行串流输出,该类常用的构造函数如下:

```
ostrstream();
ostrstream(char * pch, int nLength, int nMode = ios::out);
```

其中,最常用的是第二个构造函数,它有三个参数,第一个参数 char * pch 指出字符型数组,用于指明需输出的字符串,第二个参数 int nLength 说明数组的大小,第三个参数 int nMode 指明打开方式是输出。

下面举例说明输入/输出串流类 istrstream 和 ostrstream 在程序设计中的具体应用。

【例 9-7】 使用串流类进行数据的输入/输出操作。

程序代码如下:

```
#include<iostream>
#include<strstream>
char * ioString(char * );
using namespace std;
int main()
{
    char * str = "100 123.456";
    char * Buf0 = ioString(str);
    cout << Buf0 << endl;
    return 0;
}
char * ioString(char * pString)
{
    istrstream inS(pString,0);
    int iNumber;
    float fNumber;
    inS >> iNumber >> fNumber;            //从串流中读入一个整数和浮点数
    char * Buf1 = new char[27];
    ostrstream outS(Buf1,27);
```

```
    outS <<" iNumber = "<< iNumber          //向串流输出
        <<", fNumber = "<< fNumber << endl;
    Buf1[27] = '\0';
    return Buf1;
}
```

程序运行结果：

```
iNumber = 100, fNumber = 123.456
```

9.5 文件流类及文件操作

9.5.1 文件的概念

1. 文件及文件操作

所谓"文件"是指一组相关数据的有序集合，这个数据集有一个名称，叫作文件名。实际上在前面的各章中已经多次使用了文件，如源程序文件、目标文件、可执行文件、库文件（头文件）等。

文件通常驻留在外部介质（如磁盘等）上。操作系统以文件为单位对数据进行管理，如要找到存在外部介质上的数据，必须先按文件名找到所指定的文件，然后再从该文件中读取数据。反之，如果向外部介质上存储数据，也必须先建立一个文件（如果此文件不存在），才能向它输出数据。

2. 文件的分类

C++ 文件有多种类型，从不同的角度可以对文件做不同的分类。

（1）普通文件和设备文件。从用户的角度看，文件可分为普通文件和设备文件两种。

普通文件是指驻留在磁盘或其他外部介质上的一个有序数据集，可以是源文件、目标文件、可执行程序，也可以是一组待输入处理的原始数据，或者是一组输出的结果。其中，源文件、目标文件、可执行程序可以称作程序文件，输入输出数据可称作数据文件。

设备文件是指与主机相连的各种外部设备，如显示器、打印机、键盘等。在操作系统中，也将外部设备看作文件来进行管理，把它们的输入、输出等同于对磁盘文件的读和写。通常把显示器定义为标准输出文件，一般情况下在屏幕上显示有关信息就是向标准输出文件输出，如前面经常使用的 cout 和 printf()就是这类输出。键盘通常被指定为标准的输入文件，从键盘上输入就意味着从标准输入文件中输入数据，cin 和 scanf()就属于这类输入。

（2）ASCII 码文件和二进制码文件。从文件编码的方式来看，文件可分为 ASCII 码文件和二进制码文件两种。

ASCII 文件也称为文本文件，这种文件在磁盘中存放时，每个字符对应 1 字节，用于存放对应的 ASCII 码值。例如，数 5678 的存储形式如下：

ASCII 码：	001 10101	001 10110	001 10111	001 11000
	↓	↓	↓	↓
十进制码：	5	6	7	8

共占用 4 字节。

ASCII码文件可在屏幕上按字符显示。因此,其内容一目了然。例如,源程序文件.cpp就是ASCII码文件。

二进制文件是按二进制的编码方式来存放的文件。二进制文件虽然也可在屏幕上显示,但其内容无法读懂。例如,数5678的存储形式为:00010110 00101110,只占2字节。

在处理这些文件时,并不区分类型,都看成是字符流,按字节进行处理。输入输出字符流的开始和结束只由程序控制而不受物理符号(如回车符)的控制。因此,也把这种文件称作"流式文件"。

9.5.2 文件的读写操作

文件流类支持对磁盘文件的操作。因为文件不是标准设备,所以文件流类没有像cout那样预先定义的全局对象。常用的文件流类有ifstream和ofstream,在头文件fstream.h中定义。

1. 文件输入流类 ifstream

类ifstream用于执行文件输入,该类有以下几个构造函数:

```
ifstream::ifstream(filedesc fd);
ifstream::ifstream(filedesc fd,char * pch,int nLength);
ifstream::ifstream(const char * szName,          //要打开的文件名
            int nMode = ios::in,                 //打开模式
            int nProt = filebuf::openprot);      //文件保护方式
```

2. 文件输出流类 ofstream

类ofstream用于执行文件输出,该类有以下几个构造函数:

```
ofstream::ofstream(filedesc fd);
ofstream::ofstream(filedesc fd,char * pch,int nLength);
ofstream::ofstream(const char * szName,          //要打开的文件名
            int nMode = ios::out,                //打开模式
            int nProt = filebuf::openprot);      //文件保护方式
```

其中,最常用的都是最后一个构造函数。函数有三个参数,第一个参数char * szName指向要打开的文件名的字符串(文件名说明其路径时,要使用双斜杠,因为C++编译器理解单斜杠为字符转义符),后两个参数int nMode和int nProt分别指定文件的打开模式和文件保护方式。

文件打开模式的具体标志及其功能如表9-4所示。可以用按位或"|"运算符组合这些标志。

表9-4 文件打开模式具体标志及其功能

标　志	功　能
ios::app	打开一个输出文件,用于在文件尾添加数据
ios::ate	打开一个现存文件,用于输入或输出,并查找到结尾
ios::in	打开一个文件,用于输入。对于所有ifstream对象,此模式为隐含
ios::out	打开一个文件,用于输出。对于所有ofstream对象,此模式为隐含

续表

标　志	功　能
os::trunc	打开一个文件。如果它已经存在，则删除其中原有的内容；如果指定了 ios::out，但没有指定 ios::ate、ios::app 和 ios::in，则隐含为此模式
ios::binary	以二进制模式打开一个文件(默认是文本模式)

nProt 是文件保护方式，它的标志及其功能如表 9-5 所示。

表 9-5　文件保护方式及其功能

标　志	功　能
filebuf::openbrot	兼容共享方式
filebuf::sh_read	允许读共享
filebuf::sh_write	允许写共享
filebuf::sh_none	独占，不共享

下面举例说明在程序设计中如何进行文件操作。

【例 9-8】 使用文件流类向文本文件 myfile.txt 中写信息和读信息。

程序代码如下：

```
#include < iostream >
#include < fstream >
using namespace std;
int main( )
{
    //输出:向文件写数据
    ofstream fcout("d:\\temp\\myfile.txt");        //ofstream 可以用 fstream 替换
    if(fcout.fail( ))                              //如果 fail() == 1,文件没有正常打开
    {
        cerr <<"error opening file\n";
        return 0;
    }
    fcout <<"Constructs an ofstream object.\n"
        <<"All ofstream constructors construct a filebuf object.\n";
    fcout.close();                                 //关闭文件

    //输入:从文件读数据.
    ifstream fcin("d:\\temp\\myfile.txt");         //ifstream 可以用 fstream 替换
    if(fcin.fail( ))
    {
        cerr <<"error opening file\n";
        return 0;
    }
    char str[100][20];
    for(int i = 0;i < 11;i++)
    {
        fcin >> str[i];
        cout << str[i]<< endl;
    }
```

```
    fcin.close();

    return 0;
}
```

程序运行结果:

```
Constructs
an
ofstream
object.
All
ofstream
constructors
construct
a
filebuf
object.
```

程序运行后,也可打开 d:\\temp\\myfile.txt,可以看到如下内容:

```
Constructs an ofstream object.
All ofstream constructors construct a filebuf object.
```

注意:

(1) 如果没有指定文件路径,则默认路径为当前路径。

(2) 程序中的 ofstream 和 ifstream 可以用 fstream 替换。

上述程序是对文本文件(.txt)进行读写操作,对数据文件(.dat)等其他类型文件的读写操作与之相类似。下面举例说明。

【例 9-9】 使用文件流类向数据文件 myfile.dat 中写数据和读数据。

程序代码如下:

```
#include<iostream>
#include<fstream>
using namespace std;
int main( )
{
    const int N = 3;
    double a[N];
    int i;

    //输出:向文件写数据
    ofstream fcout("myFile.dat",ios::binary);      //换成 fstream 则打开当前目录下文件失败?
    if(fcout.fail( ))                               //fail() == 1,文件没有正常打开
    {
        cerr <<"error opening file\n";
        return 0;
    }

    cout <<"输入"<< N <<"个数据:"<< endl;
```

```
    for(i = 0;i < N;i++)
    {
        cin >> a[i];
        fcout << a[i]<<' ';                          //或 fcout << a[i]<<','
    }
    fcout.close();

    //输入:从文件读数据.
    system("CLS");                                 //清屏,或使用 system("PAUSE")设置暂停
    ifstream fcin("myFile.dat",ios::binary);
    if(fcin.fail( ))
    {
        cerr <<"error opening file\n";
        return 0;
    }
    cout <<"输出数据:"<< endl;
    for(i = 0;i < N;i++)
    {
        fcin >> a[i];
        cout << a[i]<< endl;
    }
    fcin.close();

    return 0;
}
```

程序运行结果：

```
输入 3 个数据:
16
28
3.14
输出数据:
16
28
3.14
```

注意：上述程序中，在向当前目录下的文件 myfile.dat 写数据时，各数据间应使用分隔符进行间隔，分隔符可以是空格，也可以是逗号等。

9.6 小结与知识扩展

9.6.1 小结

C++的输入/输出是以字节流的形式实现的，每一个 C++系统都带有一个面向对象的输入/输出软件包，即 I/O 流类库。

利用相应流类的对象可以方便地实现输入/输出操作。常见的输入/输出流类及其操作说明如表 9-6 所示。

表 9-6 常见的输入/输出流类及其操作说明

流　类	对　象	输入/输出设备
输入标准流	cin	键盘,标准输入设备
输出标准流	cout	屏幕,标准输出设备
串流类	自定义串流类对象	字符串
文件流类	自定义文件流类对象	文件

C++中有两种方法可以进行格式输出,即使用 I/O 流类库的控制符和 I/O 流类的成员函数控制输出格式,后者一般用于更加精确的输入/输出格式控制。

9.6.2 C 语言的文件操作函数

在 C 语言中用一个指针变量指向一个文件,这个指针称为文件指针。通过文件指针就可对它所指的文件进行各种操作。声明文件指针的一般形式为:

```
FILE * 指针变量标识符;
```

其中,FILE 应为大写,它实际上是由系统定义的一个结构,该结构中含有文件名、文件状态和文件当前位置等信息。例如:

```
FILE * fp;
```

表示 fp 是指向 FILE 结构的指针变量,通过 fp 即可找到存放某个文件信息的结构变量,然后按结构变量提供的信息找到该文件,实施对文件的操作。习惯上将 fp 称为指向一个文件的指针。

在对文件进行读写操作之前要先打开文件,使用完毕要关闭。在 C 语言中,对文件的操作都是由库函数来完成的。

1. 文件打开函数 fopen()

打开文件实际上是建立文件的各种有关信息,并使文件指针指向该文件,以便进行其他操作。

原型: FILE * fopen(const char * path, const char * mode)

功能: 打开文件流。

参数:

path——要打开的文件。

mode——文件使用方式或打开模式。

返回值:

成功——文件指针。

失败——NULL,失败原因被写在 error 全局变量里。

调用的一般形式为:

```
文件指针名 = fopen(文件名,使用文件方式)
```

其中,“文件指针名”必须是被说明为 FILE 类型的指针变量,“文件名”是被打开文件的文件名,是字符串常量或字符串数组。“使用文件方式”是指文件的类型和操作要求。例如:

```
FILE * fp1;
fp1 = ("f1","r");
```

其意义是在当前目录下打开文件 f1,只允许进行“读”操作,并使 fp1 指向该文件。又如:

```
FILE * fp2
fp2 = ("d:\\f2',"rb");
```

其意义是打开驱动器磁盘 d 的根目录下的文件 f2,这是一个二进制文件,只允许按二进制方式进行读操作。两个反斜线“\\”中的第一个表示转义字符,第二个表示根目录。文件的使用方式共有 12 种,它们的符号及其意义如表 9-7 所示。

表 9-7　文件使用方式或打开模式的符号及其意义

文件使用方式	意　义
"rt"	只读打开一个文本文件,只允许读数据
"wt"	只写打开或建立一个文本文件,只允许写数据
"at"	追加打开一个文本文件,并在文件末尾写数据
"rb"	只读打开一个二进制文件,只允许读数据
"wb"	只写打开或建立一个二进制文件,只允许写数据
"ab"	追加打开一个二进制文件,并在文件末尾写数据
"rt+"	读写打开一个文本文件,允许读和写
"wt+"	读写打开或建立一个文本文件,允许读和写
"at+"	读写打开一个文本文件,允许读,或在文件末追加数据
"rb+"	读写打开一个二进制文件,允许读和写
"wb+"	读写打开或建立一个二进制文件,允许读和写
"ab+"	读写打开一个二进制文件,允许读,或在文件末追加数据

对于文件的使用方式有以下几点说明。

(1) 文件使用方式由 r、w、a、t、b、+ 6 个字符拼成,各字符的含义如下。

① r(read):读。

② w(write):写。

③ a(append):追加。

④ t(text):文本文件,可省略不写。

⑤ b(binary):二进制文件。

⑥ +:读和写。

(2) 凡用“r”打开一个文件时,该文件必须已经存在,且只能从该文件读出。

(3) 用“w”打开的文件只能向该文件写入。若打开的文件不存在,则以指定的文件名建立该文件;若打开的文件已经存在,则将该文件删去,重建一个新文件。

(4) 若要在一个已存在的文件中追加新的信息,只能用“a”方式打开文件。但此时该文件必须是存在的,否则将会出错。

(5) 在打开一个文件时,如果出错,fopen()将返回一个空指针 NULL。在程序中可以用这一信息来判别是否完成打开文件的工作,并作相应的处理。因此常用以下程序段打开文件:

```
if((fp = fopen("d:\\f3","rb") == NULL)
{
    printf("\nerror on open d:\\f3 file!");
    getch();
    exit(1);
}
```

上述程序的意义是,如果返回的指针为空,表示不能打开 d 盘根目录下的 f3 文件,则给出提示信息"error on open d:\f3 file!",下一行 getch()的功能是从键盘输入一个字符,但不在屏幕上显示。在这里,该行的作用是等待,只有当用户从键盘敲任意键时,程序才继续执行,因此用户可利用这个等待时间阅读出错提示。敲键后执行 exit(1)退出程序。

(6) 把一个文本文件读入内存时,要将 ASCII 码转换成二进制码,而把文件以文本方式写入磁盘时,也要把二进制码转换成 ASCII 码,因此文本文件的读写要花费较多的转换时间。对二进制文件的读写不存在这种转换。

(7) 标准输入文件(键盘)、标准输出文件(显示器)、标准出错输出(出错信息)是由系统打开的,可直接使用。

2. 文件关闭函数 fclose()

文件一旦使用完毕,应使用文件关闭函数关闭文件,断开指针与文件之间的联系,禁止再对该文件进行操作,以避免文件的数据丢失等错误。

原型:int * fclose(FILE * fp)

功能:将缓冲区中的数据写入文件,然后关闭文件。

参数:

fp——该函数操作的文件指针。

返回值:

成功——0(零)。

失败——EOF(非零值),失败原因被写在 error 全局变量里。

调用的一般形式为:

```
fclose(文件指针)
```

例如:

```
fclose(fp);
```

正常完成关闭文件操作时,fclose()函数的返回值为 0。如返回非零值则表示有错误发生。

3. 文件的读写

对文件的读和写是最常用的文件操作。C 语言中提供了多种文件读写的函数。

字符读写函数:fgetc()和 fputc()。

字符串读写函数:fgets()和 fputs()。

数据块读写函数:fread()和 fwrite()。

格式化读写函数:fscanf()和 fprinf()。

下面分别予以介绍。特别需要指出的是,使用以上函数都要求包含头文件 stdio.h。

(1) 读字符函数 fgetc()。fgetc()函数的功能是从指定的文件中读一个字符。函数的原型为：

```
char fgetc(FILE * fp)
```

例如：

```
char ch = fgetc(fp);                    //从打开的文件 fp 中读取一个字符并送入 ch 中.
```

对于 fgetc()函数的使用有以下几点说明。

① 在 fgetc()函数调用中，读取的文件必须是以读或读写方式打开的。

② 读取字符的结果也可以不向字符变量赋值。例如：

```
fgetc(fp);                              //读出的字符不能保存
```

③ 在文件内部有一个位置指针用来指向文件的当前读写字节，在文件打开时，该指针总是指向文件的第一个字节。使用 fgetc()函数后，该位置指针将向后移动一字节。因此，可连续多次使用 fgetc()函数，读取多个字符。应注意文件指针和文件内部的位置指针不是一回事。文件指针是指向整个文件的，需在程序中定义说明，只要不重新赋值，文件指针的值是不变的。文件内部的位置指针用以指示文件内部的当前读写位置，每读写一次，该指针均向后移动，它不需在程序中定义说明，而是由系统自动设置的。

(2) 写字符函数 fputc()。fputc()函数的功能是把一个字符写入指定的文件中。函数的原型为：

```
char fputc(字符量,FILE * fp)
```

其中，待写入的字符量可以是字符常量或变量。例如：

```
fputc('a',fp);                          //将字符'a'写入 fp 所指向的文件中
```

对于 fputc()函数的使用也要说明几点。

① 被写入的文件可以用写、读写、追加方式打开，用写或读写方式打开一个已存在的文件时将清除原有的文件内容，从文件首开始写入字符。如需保留原有文件内容，希望写入的字符从文件末开始存放，必须以追加方式打开文件。被写入的文件若不存在，则创建该文件。

② 每写入一个字符，文件内部位置指针向后移动一字节。

③ fputc()函数有一个返回值，如写入成功则返回写入的字符，否则返回一个 EOF。可用此来判断写入是否成功。

(3) 读字符串函数 fgets()。fgets()函数的功能是从指定的文件中读一个字符串到字符型数组中。函数的原型为：

```
char * fgets(char * str, int size, FILE * fp)
```

结束读取的条件有三个：

① 遇到换行符，且换行符作为最后一个被读取的字符。

② 遇到文件结束符，且文件结束符作为最后一个被读取的字符。

③ 已经读取了(size−1)个字符。

结束时,在被读进 str 中的最后一个字符后加字符串结束符,文件内的读取位置自动移动到下一个字符处。

对 fgets()函数有两点说明：

① 在读出 n－1 个字符之前,如遇到了换行符或 EOF,则读出结束。

② fgets()函数也有返回值,其返回值是字符型数组的首地址。

(4) 写字符串函数 fputs()。fputs()函数的功能是向文件中写入字符串,但不包括字符串结束符,并将文件内的写位置移动到刚刚被写入字符的下一个位置。函数的原型为：

```
int fputs(const char * str, FILE * fp)
```

其中,str 是要写入文件的字符串,fp 是所操作的文件指针。成功时返回值为非负数,失败时为 EOF。例如：

```
fputs("abcd",fp);                    //将字符串"abcd"写入 fp 所指的文件之中
```

(5) 数据块读函数 fread()。fread()函数的功能是从文件中读取字节流,存到 ptr 指示的缓冲区中,并将文件中的读取位置移动到最后一次被读取的字节流的后面。函数的原型为：

```
size_t fread(void * ptr, size_t size, size_t count, FILE * fp)
```

其中：

ptr——被读出的字节存到它所指向的缓冲区中。

size——一次读取的字节流大小。

count——读取次数。

fp——所操作的文件指针。

返回值：字节流被成功读取的次数,不大于 count。

(6) 数据块写函数 fwrite()。fwrite()函数的功能是向文件中写入字节流,并将文件中的写位置移动到最后一次被写入的字节流后面。函数的原型为：

```
size_t fwrite(const char * ptr,size_t size,size_t count,FILE * fp)
```

其中：

ptr——要被写入的字节流所在的缓冲区地址。

size——一次写入的字节流大小。

count——写入次数。

fp——所操作的文件指针。

返回值：字节流被成功写入的次数。

(7) 格式化读写函数 fscan()和 fprintf()。fscanf()函数、fprintf()函数与前面使用的 scanf()和 printf ()函数的功能相似,都是格式化读写函数。两者的区别在于：fscanf()函数和 fprintf()函数的读写对象不是键盘和显示器,而是磁盘文件。这两个函数的调用格式为：

```
fscanf(文件指针,格式字符串,输入表列);
fprintf(文件指针,格式字符串,输出表列);
```

例如：

```
fscanf(fp,"%d%s",&i,s);
fprintf(fp,"%d%c",j,ch);
```

(8) 文件检测函数。C语言中常用的文件检测函数有以下几个。

① 文件结束检测函数 feof()函数调用格式:

```
feof(FILE *fp);
```

功能:判断文件是否处于文件结束位置,如文件结束,则返回值为1,否则为0。

② 读写文件出错检测函数 ferror()函数调用格式:

```
ferror(FILE *fp);
```

功能:检查文件在用各种输入输出函数进行读写时是否出错。如 ferror 返回值为0表示未出错,否则表示有错。

③ 文件出错标志和文件结束标志置0函数 clearerr()函数调用格式:

```
clearerr(FILE *fp);
```

功能:清除出错标志和文件结束标志,使它们为0值。

习　　题

9-1　填空题

(1) C++的I/O是以________的形式实现的,每一个C++编译系统都带有一个面向对象的输入/输出软件包,这就是________。其中,________是I/O流类的中心概念。

(2) 在C++中,将数据从一个对象流向另一个对象抽象为________,向其中添加数据的操作称为________操作,从其中获取数据的操作称为________操作。

(3) 在C++中,打开一个文件,就是将这个文件与一个________建立关联;关闭一个文件,就取消这种关联。

(4) 在C++中,为了执行自定义类型的I/O操作,程序员可以重载________和________运算符。

9-2　简答题

(1) cerr 和 clog 有何区别?

(2) 在C++中,有哪两种方法可以控制格式输出?它们的用法有何不同?

9-3　阅读下列程序,写出程序运行结果

(1) 程序代码如下:

```
#include<iostream>
#include<fstream>
using namespace std;
int main()
{
    char ch;
    fstream out;
    out.open("text.txt",ios::in|ios::out);
```

```
    out <<"abcdefg";
    out.seekp(0);                          //定位于文件头
    out.get(ch);
    while(ch!= EOF)
    {
       cout << ch;
       out.get(ch);
    }
    cout << endl;
    return 0;
}
```

程序运行结果：

(2) 程序代码如下：

```
#include< iostream>
#include< fstream>
#include< stdlib.h>
using namespace std;
int main()
{
    fstream outfile,infile;
    outfile.open("text.dat",ios::out);
    if(!outfile)
    {
        cout <<"text.dat cannot open!"<< endl;
        abort();
    }
    outfile <<"1234567890"<< endl;
    outfile <<"aaaaaaaaaa"<< endl;
    outfile <<" ********** "<< endl;
    outfile.close();
    infile.open("text.dat",ios::in);
    if(!infile)
      {
        cout <<"text.dat cannot open!"<< endl;
        abort();
    }
    char textline[80];
    int i = 0;
    while (!infile.eof())
    {
        i++;
        infile.getline(textline,sizeof(textline));
        cout << i <<":"<< textline << endl;
      }
    infile.close();
    return 0;
```

```
}
```

程序运行结果：

9-4　阅读下列程序说明和 C++ 程序代码，填空完成程序

下面程序的功能是统计文件 abc.txt 的字符个数，请填空完成程序，并上机运行验证。

```
#include<iostream>
#include<fstream>
#include<stdlib.h>
using namespace std;
int main()
{
    fstream file;
    file.open("abc.txt",ios::in);
    if(___①___)
    {
        cout<<"abc.txt cannot open"<<endl;
        abort();
    }
    char ch;
    int i=0;
    while(!file.eof())
    {
        ___②___;
        ___③___;
    }
    cout<<"文件字符个数: "<<i<<endl;
    ___④___;
    return 0;
}
```

9-5　编程题

(1) 将两个文本文件连接成一个文件。

(2) 设有字符串"123456789"，用串流 I/O 的方法编程逐个读取字符串中的每个字符，直到读完为止，并在屏幕上输出。

(3) 在二进制文件 data.dat 中写入三个记录，显示其内容。然后删除第二个记录，显示删除记录后的文件内容。

(4) 用键盘输入 N 个学生的数据(包括学号、姓名、成绩)存入数据文件 student.dat 中，之后从该数据文件导入数据，按成绩排序并输出结果。

第 10 章　面向对象程序设计

本章要点

- 面向对象程序设计思想。
- 类和对象的定义及其使用。
- 类中数据和函数的共享与保护。

10.1　面向对象程序设计思想

面向对象程序设计(Object Oriented Programming,OOP)是一种计算机编程架构。面向对象程序设计的基本原则是计算机程序由单个能够起到子程序作用的单元或对象组合而成。面向对象程序设计达到了软件工程的三个主要目标：重用性、灵活性和扩展性。为了实现整体运算,每个对象都能够接收信息、处理数据和向其他对象发送信息。

10.1.1　结构化程序设计的不足

结构化程序设计的基本思想是自顶向下,逐步求精,即将复杂的大问题层层分解为许多简单的小问题。在具体程序设计时,整个程序被划分成多个功能模块。

结构化程序设计的特点是“程序＝数据结构＋算法”。其中,用于保存数据的数据结构与各种类型的变量相对应,完成具体功能的算法与函数相对应。在结构化程序设计中,算法和数据结构是分离的,没有直观的手段能够说明一个算法操作了哪些数据结构,一个数据结构又由哪些算法来操作。当数据结构的设计发生变化时,分散在程序各处的所有操作该数据结构的算法都需要修改。结构化程序设计也没有提供手段来限制数据结构可被操作的范围,任何算法都可以操作任何数据结构,很容易造成算法由于编写失误对关键数据结构进行错误的操作而导致程序出现严重错误(bug),甚至崩溃。

结构化程序设计也称为面向过程的程序设计,过程是通过函数来实现的。因此,结构化程序设计归根结底要解决的是如何将整个程序分解为一个个的函数,并且要决定哪些函数之间要互相调用,以及每个函数内部将如何实现。当软件的规模变大时,程序中大量的函数、变量之间的关系也将变得错综复杂。

结构化程序设计的不足主要表现如下。

(1) 结构化程序难以理解和维护。

(2) 结构化的程序不利于修改和扩充。

(3) 结构化的程序不利于代码重用。

总之,随着软件规模的不断扩大,结构化程序设计难以适应软件开发的需要,此时,面向对象程序设计应运而生了。

10.1.2 从结构化程序设计到面向对象程序设计

在结构化程序设计中，确定所采用的数据结构实际就是数据抽象，而设计实现算法的函数实际就是过程抽象。下面举例从数据抽象和过程抽象的角度来说明结构化程序设计和面向对象程序设计的不同。

例如，学生数据包括学号、姓名以及计算机、英语、高数三门课的成绩，编写程序实现以下功能：

(1) 计算每个学生的总成绩。

(2) 输出学生信息。

1. 数据抽象与过程抽象分离的结构化程序设计

```
//数据抽象
struct Student
{
    int no;
    char *name;
    float computer;
    float english;
    float math;
};
//过程抽象
float sum(Student stu)
{
    return stu.computer + stu.english + stu.math;
}
void disp(Student stu)
{
    cout < stu.no << endl;
    cout < stu.name << endl;
    cout < stu.computer << endl;
    cout < stu.english << endl;
    cout < stu.math << endl;
}

int main()
{
    Student  stu1 = {1,"Wutao",19,87,90};
    cout << sum(stu1)<< endl;
    disp(stu1);
    return 0;
}
```

2. 在数据抽象内部组织过程抽象的面向对象程序设计

```
//在数据抽象内部组织过程抽象
class CStudent
{
    int no;
```

```
        char * name;
        float computer;
        float english;
        float math;
    public:
        CStudent(){ … }
        float sum()
        {
            return computer + english + math;
        }
        void disp()
        {
            cout < no << endl;
            cout < name << endl;
            cout < computer << endl;
            cout < english << endl;
            cout < math << endl;
        }
    };

    int main()
    {
        CStudent stu2{1,"Wutao",19,87,90};
        cout << stu2.sum()<< endl;
        stu2.disp();
        return 0;
    }
```

10.1.3 面向对象的概念和方法

要了解面向对象的概念,首先要知道什么是对象。对象在现实世界中是一个实体或一种事物的概念。现实世界中的任何一个系统都是由若干具体的对象构成,作为系统的一个组成部分,对象为其所在的系统提供一定的功能,担当一定的角色,因此可以将对象看作一种具有自身属性和功能的构件。

我们在使用一个对象时,并不关心其内部结构及实现方法,而仅仅关心它的功能和使用方法,也就是该对象提供给用户的接口。例如,对电视机这个对象来说,我们并不关心电视机的内部结构或其实现原理,而只关心如何通过按钮来使用它,这些按钮就是电视机提供给用户的接口,至于电视机内部的结构原理,对用户来说是隐藏的。分析一个系统,也就是分析系统由哪些对象构成,以及这些对象之间的相互关系。

在面向对象方法中,采用与现实世界相一致的方式,将对象定义为一组数据及其相关操作的结合体,其中数据描述了对象的属性,对数据进行处理的操作则描述了对象的功能。所以,可以将对象看作一种具有自身属性和功能的构件,对象将其属性和操作的一部分对外界开放,作为它的对外接口,而将大部分的实现细节隐藏。这就是对象的封装性,外界只能使用上述定义的接口与对象交互。

面向对象方法中引入了类的概念。所谓类,就是同样类型对象的抽象描述,对象是类的实例。类是面向对象方法的核心,对相关的类进行分析,抽取这些类的共同特性,形成基类。

通过继承，派生类可以包含基类的所有属性和操作，还可以增加属于自己的一些特性。同时，通过继承，可以将原来一个个孤立的类联系起来，形成清晰的层次结构关系，称为类族。

一个系统由多个对象组成，其中复杂对象可以由简单对象组合而成，称为聚合。对象之间存在着依存关系，一个对象可以向另一个对象发送消息，也可以接收其他对象的消息，对象之间通过消息彼此联系，共同协作，对象以及对象之间的这种相互作用构成了软件系统的结构。

综上所述，面向对象的方法就是利用抽象、封装等机制，借助于对象、类、继承、消息传递等进行软件系统的软件开发方法。

10.1.4 面向对象程序设计的特点

1. 抽象性

抽象，一般是指从具体的实例中抽取出共同的性质并加以描述的过程。在面向对象方法中，抽象是通过对一个系统进行分析和认识，强调系统中某些本质的特性，而对系统进行的简化描述。

一般，对问题的抽象包括两方面：数据抽象和行为抽象。数据抽象为程序员提供了对对象的属性和状态的描述，而行为抽象则是对这些数据所需要的操作的抽象。

抽象的过程是通过模块化来实现的，即通过分析将一个复杂的系统分解为若干模块，每个模块是对整个系统结构的某一部分的一个自包含的和完整的描述。同时，对模块中的细节部分进行信息隐藏，用户只能通过一个受保护的接口来访问模块中的数据，这个接口由一些操作组成，定义了该模块的行为。

例如，假设我们需要在计算机上实现一个绘制圆形的程序。通过对这个图形的分析，可以看出需要三个数据来描述该圆的位置和大小，即圆心的横、纵坐标以及圆的半径，这就是对该圆形的数据抽象。另外，该程序应该具有设置圆心坐标、设置半径大小、绘制圆形等功能，这就是对它的行为抽象。用 C++语言可以将该图形描述如下。

圆形(CCircle)。

数据抽象：

```
double  x,y,r;
```

行为抽象：

```
get_x();
get_y();
get_area();
draw();
```

抽象是面向对象方法的核心。

2. 封装性

封装是面向对象方法的重要原则。所谓封装，就是将一个事物包装起来，使外界不了解它的详细情况。在面向对象方法中，把某些相关的代码和数据结合在一起，形成一个数据和操作的封装体，这个封装体向外提供一个可以控制的接口，其内部大部分的实现细节则对外隐藏，从而达到对数据访问权限的合理控制。封装可以使程序中各部分之间的相互影响达到最小,并且提高程序的安全性,简化代码的编写工作。

对象是面向对象程序语言中支持并实现封装的机制。对象中既包含数据,即属性,又包含对这些数据进行处理的操作代码,即行为,它们都称为对象的成员。对象的成员可以定义为公有或私有,私有成员即在对象中被隐藏的部分,不能被该对象以外的程序访问;公有成员则提供对象与外界的接口,外界只能通过这个接口与对象发生联系。可以看到,对象有效实现了封装的两个目标——对数据和行为的包装和信息隐藏。

3. 继承性

继承是软件复用的一种方式。通过继承,一个对象可以获得另一个对象的属性,并加入属于自己的一些特性。它提供了创建新类的一种方法,即从现有类创建新类。新类继承了现有类的属性和行为,并通过对这些属性和行为进行扩充和修改,增添自己特有的一些性质。

继承简化了人们对系统的认识和描述。我们可以通过对一些有内在联系的类进行分析,抽象出这些类中所包含的共性,从而形成一般类的概念。在一般类的基础上,增添每个具体的类所具有的特性,形成了各种不同的特殊类。特殊类的对象拥有一般类的全部属性和操作,称为特殊类对一般类的继承。在特殊类中不必考虑继承来的属性和行为,只须着重研究它所特有的性质即可。这就好像在现实世界中,我们已知房子是建筑物这一概念的继承,则房子这一概念具有建筑物的所有特点,同时包含它自身所特有的一些属性。

一个一般类可以派生出多个特殊类,不同的特殊类在一般类的基础上增加了不同的特性。一个类也可以继承多个一般类的特性,称为多继承。

继承是很重要的概念,继承支持多层分类的概念,使得一个个原来彼此孤立的类有效地组织起来,形成层次结构关系。倘若不使用多层分类的概念,对每个对象的清晰描述都要穷尽其特征,而采用继承的概念描述一个对象,只须在一般类特征的基础上加上该对象的一些专有特性即可。

通过继承,可以复用已有的类。如果将开发好的类作为构件放入构件库中,则在开发新系统时就可以直接使用或继承使用,会大大减轻开发人员的工作量。

4. 多态性

多态性是面向对象程序设计的重要特性之一。简单地说,多态性就是“一个接口,多种实现”。在基类中定义的属性和操作被派生类继承之后,可能具有不同的数据类型或表现出不同的行为,称为多态性。也就是说,多态性表现为同一属性或操作在一般类及各特殊类中具有不同的语义。从同一基类派生出来的各个对象具有同一接口,因而能响应同一格式的信息,但不同类型的对象对该信息响应的方式不同,导致产生完全不同的行为。在这里,消息一般是指对类的成员函数的调用,而不同的行为即不同的函数实现。

很明显,实现多态性的好处在于为这类对象提供服务时,不必区分具体是哪种对象,只须发送相同的消息即可,而由各个对象去以适合自身的方式进行不同的响应。

例如,编制绘图程序时,不同的图形绘制的方式是不同的。可以定义一个基类“几何图形”,该类中定义一个“绘图”行为,并定义该类的派生类“直线”“椭圆”“多边形”等,这些类都继承了基类中的“绘图”行为。在基类的“绘图”行为中,由于图形类型尚未确定,所以并不明确定义如何绘制一个图形的方法,而是在各派生类中,根据具体情况需要对“绘图”重新定义。这样,当对不同对象发出同一“绘图”命令时,各对象调用自己的“绘图”程序实现,绘制出不同的图形。

10.2 类和对象

类是面向对象程序设计的基础和核心，也是实现数据抽象的工具。类中的数据具有隐藏性和封装性，类是实现 C++的许多高级特性的基础。类和对象的关系实际上是数据类型和具体变量的关系，程序中可以通过类定义中提供的函数访问该类对象的数据。

10.2.1 类的定义

定义一个类的语法与结构体的定义类似，其一般形式为：

```
class  <类名>
{
private:
    <私有数据成员和成员函数的说明或实现>
public:
    <公有数据成员和成员函数的说明或实现>
};
<各成员函数的实现>
```

其中，class 是定义类时使用的关键字，<类名>是标识符，表示所定义类的名称，类定义体内的函数和变量是这个类的成员，分别称为函数成员和数据成员。

类的函数成员又称为成员函数，用于对数据成员进行处理，又称为“方法”，程序中通过类的成员函数来访问其内部的数据成员，成员函数是类与外部程序之间的接口。一般类中成员函数的原型声明写在类定义体内，用来说明该成员函数的形式参数和返回值类型，而成员函数的实现一般写在类定义体外。通常定义成员函数的形式为：

```
<类型标识符>  <类名>::<成员函数名>(<形参表>)
{
    <函数体>
}
```

同一般函数一样，类的成员函数可以重载，也可以带有默认的形参值。

在函数中有内联函数的概念，我们可以将那些由少数几条简单代码组成，却在程序中被频繁调用的函数定义为内联函数。程序在编译时，将内联函数的函数体插入到每一个调用它的地方，这样在程序运行时就省去了调用这些函数引起的开销，提高了程序的执行效率。我们同样可以将类中的成员函数定义为内联函数，可以采用如下两种方式：一是将成员函数的函数体直接放在类定义中；二是使用 inline 关键字来限定，即在类定义体中说明函数原型时前面加上 inline，或在类定义体外定义这个函数时前面加上 inline。例如，定义长方形类如下：

```
class  CRectangle
{
private:
    int  length,width;
```

```
public:
    CRectangle(int l,int w)
    {     length=l;width=w;     }
    int get_area();
};
inline int CRectangle::get_area()
{
    return  length*width;
}
```

上述长方形类 CRectangle 的定义中,计算面积的函数 get_area()被定义为内联函数。

C++定义类时,可将类的各个成员划分成不同的访问级别,即访问控制属性。有三种访问控制属性:public 表示成员是公有的,private 表示成员是私有的,protected 则表示成员是受保护类型的。公有成员可以由程序中的任何函数访问,而私有成员只允许本类的成员函数访问,任何外部程序对它进行访问都是非法的。可以看到,私有成员是在类中被隐藏的部分,它往往是用来描述该类对象属性的一些数据成员,这些数据成员用户无法访问,只有通过成员函数或某些特殊说明的函数才可引用;公有成员一般是成员函数,它提供了外部程序与类的接口功能,用户通过公有成员访问该类对象中的数据。受保护类型的成员与私有成员在一般情况下含义相同,它们的区别体现在类的继承中对产生的新类的影响不同。

说明类成员访问权限的关键字 public、private 和 protected 在类体内出现的先后次序无关紧要,并可多次出现,但是一个成员只能具有一种访问属性。

10.2.2 对象的定义及其使用

类是一种逻辑抽象概念,定义一个类只是定义了一种新的数据类型,用类定义对象才真正创建了这种数据类型的物理实体。由同一个类创建的各个对象具有完全相同的数据结构,但它们的数据值可能不同。用类定义对象的形式如下:

```
<类名>  <对象名表>
```

其中,<类名>是所定义的对象所属类的名称,<对象名表>中可以有一个或多个对象,<对象名表>的一般形式为:

```
对象名 1(初始值表),对象名 2(初始值表),…, 对象名 n(初始值表)
```

(初始值表)是初始化对象所需要的初始值序列,它们可以是数值、字符等各种常量,甚至可以是另一个已定义的对象,各初始值的类型及初始值的数量需要根据对象所属类的构造函数的形参表而定(详细内容将在后面构造函数部分介绍)。

一旦创建了一个类的对象,程序就可以用类属关系运算符“.”来引用类的公有成员,其一般形式为:

```
<对象名>.<公有数据成员名>
```

或

```
<对象名>.<公有成员函数名(实参表)>
```

例如,在定义一个 CRectangle 类之后可以定义一个 CRectangle 的对象 rect,然后通过对象 c1 实现对成员函数 get_area()的调用。

```
CRectangle rect(10,20);
cout <<"The area of rectangle:"<< rect.get_area()<< endl;
```

需要特别注意：只有用 public 定义的公有成员才能使用类属关系运算符访问，对象中的私有成员是类中隐藏的数据，不允许在类外的程序中被直接访问，只能通过该类的公有成员函数才能访问它们。

【例 10-1】 定义长方形类，通过其成员函数求长方形的面积。

问题分析：长方形类 CRectangle 包含了两个数据成员 length 和 width，除此之外，还包含一个计算长方形面积的成员函数 get_area()。这样，只要在主函数中定义一个 CRectangle 类的对象，然后通过该对象调用公有成员函数 get_area()，即可实现求长方形面积的目的。

程序代码如下：

```
#include <iostream>
using namespace std;
class  CRectangle
{
private:
    int  length,width;
public:
    CRectangle(int l,int w)
    {     length=l;width=w;     }
    inline int get_area();
};
inline int CRectangle::get_area()
{
    return  length*width;
}
int main()
{
    CRectangle rect(10,20);
    cout <<"The area of rectangle:"<< rect.get_area()<< endl;
    return 0;
}
```

程序运行结果：

```
The area of rectangle:200
```

10.2.3 面向对象的标记

在面向对象程序设计中，可以使用面向对象标记图将系统的构成更加直观地表述。面向对象标记图能够准确清楚地描述以下四个问题：类、对象、类及对象的关系和类及对象之间的联系。面向对象的标记方法有很多种，其中统一建模语言(Unified Modeling Language，UML)是目前国际上确定的标准标记方法，它是一种比较完整的支持可视化建模的工具，但是它比较复杂，这里就不做介绍了。

本节介绍一种比较简单和直观的标记方法——Cord/Yourdon标记。Cord/Yourdon标记虽无法对类和对象的成员的访问控制权限进行有效的描述,但这种标记方法图形简单、易于理解,而且可以清晰地表示出类和对象的相互关系和联系。Cord/Yourdon标记中有两类图形符号:表示符号和连接符号。其中,表示符号用来表示类和对象。

Cord/Yourdon标记中用一个圆角矩形来表示类,矩形内部分为三部分:上面部分是类名,中间部分是该类的数据成员,下面部分是该类的成员函数。

图10-1给出了类的标记方法和一个CPoint类的标记实例,CPoint类将在本章的后续部分定义和使用。

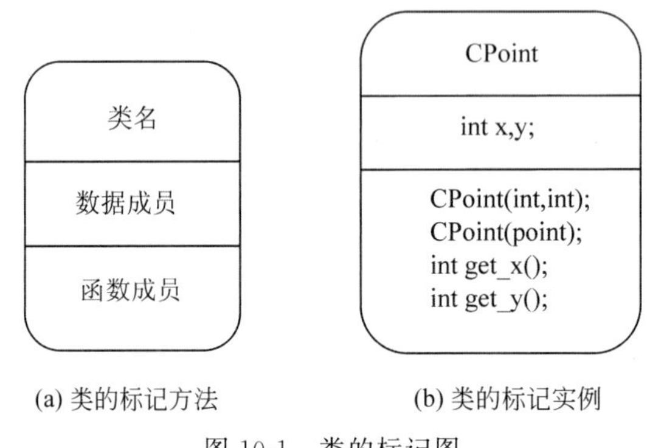

图10-1　类的标记图

对象是类的实例,在Cord/Yourdon标记中,对象是在相应类标记外加一个圆角矩形框,如图10-2所示。p1是Point类的一个对象,表示屏幕上的一个点。

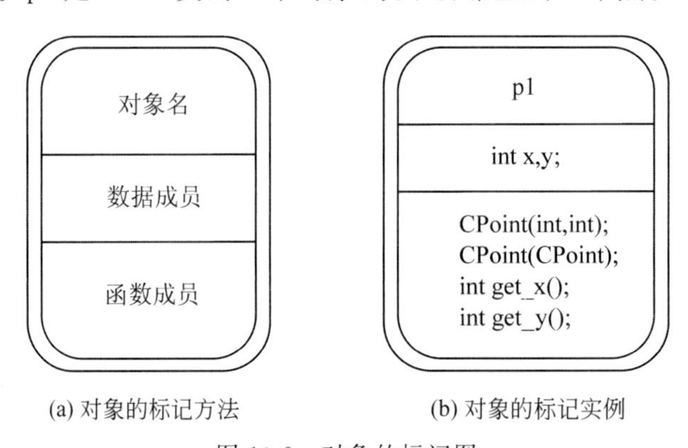

图10-2　对象的标记图

连接符号主要有三种,它们分别表示消息联系、继承关系和包含关系,如图10-3所示。

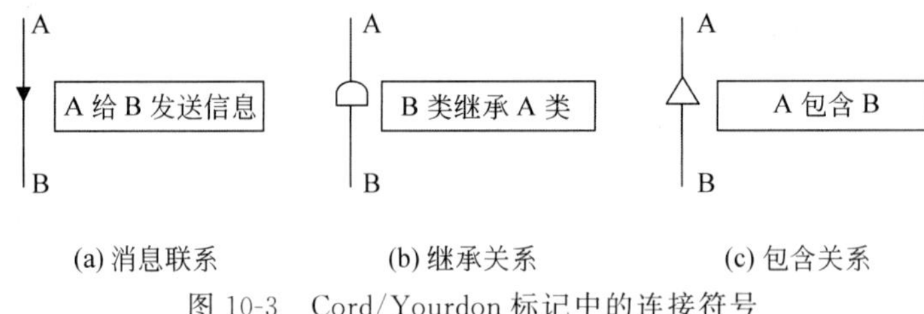

图10-3　Cord/Yourdon标记中的连接符号

10.3 类的构造函数和析构函数

类与对象的关系同简单数据类型与其变量的关系是一样的。在 C++ 中，定义一个简单类型的变量时可以同时给它赋初值，称为变量的初始化。同样，C++ 允许对对象进行初始化操作，即在定义一个对象的同时给它的数据成员赋以初值。在 OOP 中，这种初始化用得非常频繁。实际上，凡是实用程序创建的对象都需要做某种形式的初始化。C++ 在类说明中引进了构造函数，对象所要执行的任何初始化都由构造函数自动完成，构造函数在对象被创建时自动调用。

与构造函数相对应的是析构函数。创建一个对象时，需要给该对象分配内存空间；当这个对象失效时，则释放这些空间。析构函数完成当一个对象使用结束时所要进行的清理工作，当一个对象失效时，析构函数被自动调用。

1. 构造函数

构造函数是在类中定义的一种特殊的成员函数，作用是在对象被创建时使用特定的值构造对象，将对象初始化为一个特定的状态。

构造函数的名字与它所属的类名相同，被定义为公有函数，且没有任何类型的返回值，在创建对象时被自动调用。

构造函数作为类的一个成员函数，具有一般成员函数所有的特性，它可以访问类的所有数据成员，可以是内联函数，可以带有参数表，可以带默认的形参值，也可以重载，以提供初始化类对象的不同方法。

例如，前面定义的 CRectangle 类的构造函数为：

```
CRectangle(int l,int w)     {length = l;width = w;}
```

每个类都必须有构造函数，若类定义时没有定义任何构造函数，编译器会自动生成一个不带参数的默认构造函数，其形式如下：

```
<类名>::<默认构造函数名>(){ }
```

默认构造函数是在未提供显式初始值时用来创建对象的构造函数。因此，默认构造函数没有参数。

2. 复制构造函数

复制构造函数是重载构造函数的一种重要形式，它的功能是使用一个已经存在的对象去初始化一个新创建的同类的对象，它可以将一个已有对象的数据成员的值复制给正在创建的另一个同类的对象。

复制构造函数实际上也是构造函数，具有一般构造函数的所有特性，其名字也与所属类名相同。复制构造函数中只有一个参数，这个参数是对某个同类对象的引用。

复制构造函数一般在以下三种情况下被调用。

(1) 用类的一个对象去初始化该类的另一个对象时。

(2) 函数的形参是类的对象，调用函数进行形参和实参的结合时。

(3) 函数的返回值是类的对象，函数执行完返回调用者时。

特别需要说明的是，每一个类都必须有一个复制构造函数，但不是必须自己定义。如果在类中没有定义,则系统会自动定义一个默认的复制构造函数,该函数自动完成将一个对象的所有数据成员复制到另一个对象中的所有操作。例如,如果没有为上述的 CRectangle 类定义复制构造函数,系统会自动创建一个复制构造函数,其功能与我们自己定义的一样。

3. 析构函数

一个对象失效时,要调用该对象所属类的析构函数。析构函数的功能是用来释放一个对象的空间。析构函数本身并不实际删除对象,而是进行系统放弃对象内存之前的清理工作,使内存可用来保存新的数据,它与构造函数的功能正好相反。

析构函数也是类的成员函数,它的名字是在类名前加字符"~"。析构函数没有参数,也没有返回值。析构函数不能重载,也就是说,一个类中只可能定义一个析构函数。

析构函数可以在程序中被调用,也可由系统自动调用。在函数体内定义的对象,当函数执行结束时,该对象所在类的析构函数会被自动调用;用 new 运算符动态创建的对象,在使用 delete 运算符释放它时,也会自动调用其析构函数。

同样,如果一个类中没有定义析构函数,系统会为它自动生成一个默认的析构函数,该析构函数是一个空函数,什么都不做,其形式如下:

```
<类名>::~<默认构造函数名>(){ }
```

下面通过一个例题来说明复制构造函数的调用情况,以及构造函数和析构函数的调用次序。

【例 10-2】 构造函数、复制构造函数和析构函数的调用情况。

问题分析:定义一个 CPoint 类,表示屏幕上的一个点,类中两个私有成员 x 和 y 分别为该点的横坐标和纵坐标,为了说明复制构造函数和析构函数的调用情况,类中分别定义了构造函数和复制构造函数以及析构函数。程序代码如下:

```
#include <iostream>
using namespace std;
class CPoint
{
private:
    int x,y;
public:
    CPoint(int xx = 0,int yy = 0)                //构造函数定义
    {
        x = xx;
        y = yy;
        cout <<"构造函数被调用"<< endl;
    }
    CPoint(CPoint &p);                           //复制构造函数声明
    ~CPoint(){    cout <<"析构函数被调用"<< endl;    }
    int get_x(){    return  x;    }
    int get_y(){    return  y;    }
};
CPoint::CPoint(CPoint &p)                        //复制构造函数实现
{
    x = p.x;
    y = p.y;
```

```
    cout <<"复制构造函数被调用"<< endl;
}
void f(CPoint p)                        //对象作为函数参数
{
    cout << p.get_x()<<" "<< p.get_y()<< endl;
}
CPoint g()                              //函数返回值为对象
{
    CPoint a(7,33);
    return a;
}
int main()
{
    CPoint a(15,22);                    //调用构造函数初始化对象 a
    CPoint b(a);                        //调用复制构造函数初始化对象 b
    cout << b.get_x()<<" "<< b.get_y()<< endl;
    f(b);
    b = g();
    cout << b.get_x()<<" "<< b.get_y()<< endl;
    return 0;
}
```

程序运行结果：

```
构造函数被调用
复制构造函数被调用
15 22
复制构造函数被调用
15 22
析构函数被调用
构造函数被调用
复制构造函数被调用
析构函数被调用
析构函数被调用
7 33
析构函数被调用
析构函数被调用
```

程序说明：

在上述主程序中，构造函数的调用情况如下。

(1) 当定义对象 a 时，系统调用了构造函数初始化其值，而当定义对象 b 时，则调用复制构造函数，将其值初始化为同 a 一样，此属于复制构造函数的第一种调用情况。

(2) 主程序中调用函数 f()(其形参是一个 CPoint 类的对象)，进行形参与实参的结合，这时系统再次调用复制构造函数，将对象 b 的值复制到形参 p 中，这是复制构造函数调用的第二种情况。

(3) 函数 g()的返回值是一个 CPoint 类的对象，系统为该返回值创建一个临时对象，并调用复制构造函数将局部对象 a 的值复制至其中，函数 g()运行结束后，将此临时对象的值赋予对象 b，这是复制构造函数调用的第三种情况。

有关构造函数和析构函数的调用顺序比较简单,读者可以自己分析。

10.4 类的组合

C++中允许将一个已定义类的对象作为另一个类的数据成员,称为类的组合。例如:

```
class  A
{
    …
};
class  B
{
private:
    A  a;
    …
public:
    …
};
```

其中,B类中的数据成员a就是一个A类的对象,称为对象成员。

对组合类,当创建该类的对象时,其中包含的各个对象成员也将被自动创建,故该类的构造函数应包含对其中对象成员的初始化,一般当所有的对象成员被构造完毕之后,该类的构造函数体才被执行。注意,各个成员对象的构造函数的调用次序与这些对象成员在类中的定义次序一致,而与成员初始化列表中给出的顺序无关。析构函数的执行顺序与构造函数刚好相反。

通常采用成员初始化列表的方法来初始化对象成员。组合类构造函数定义的一般形式为:

```
<类名>::<类名>(形参表):对象成员1(形参表),对象成员2(形参表),…
{
    <一般数据成员初始化语句序列>
}
```

其中,构造函数冒号后的部分:"对象成员1(形参表),对象成员2(形参表),…"称为成员初始化列表,用于完成对组合类中所包含的对象成员的初始化,该表列出了初始化各对象成员所使用的构造函数。

下面通过一个例题来了解组合类中各构造函数的调用顺序。

【例10-3】 组合类中构造函数的调用次序。

程序代码如下:

```
#include <iostream>
#include <math.h>
using namespace std;
class CPoint
{
private:
    int x,y;
```

```
public:
    CPoint(int i = 0,int j = 0){    x = i;y = j;    }
    CPoint(CPoint &p);
    int get_x(){    return x;    }
    int get_y(){    return y;    }
};
CPoint::CPoint(CPoint &p)
{
    x = p.x;
    y = p.y;
    cout <<"CPoint 复制构造函数被调用"<< endl;
}
class CDistance
{
private:
    CPoint p1,p2;
    double dist;
public:
    CDistance(CPoint xp1,CPoint xp2);
    double get_dist(){    return dist;    }
};
CDistance::CDistance(CPoint xp1,CPoint xp2):p1(xp1),p2(xp2)
{
    cout <<"CDistance 构造函数被调用"<< endl;
    double x = double(p1.get_x() - p2.get_x());
    double y = double(p1.get_y() - p2.get_y());
    dist = sqrt(x * x + y * y);
}
int main()
{
    CPoint myp1(1,1),myp2(4,5);
    CDistance myd(myp1,myp2);
    cout <<"The distance is:";
    cout << myd.get_dist()<< endl;
    return 0;
}
```

程序运行结果：

```
CPoint 复制构造函数被调用
CPoint 复制构造函数被调用
CPoint 复制构造函数被调用
CPoint 复制构造函数被调用
CDistance 构造函数被调用
The distance is:5
```

程序说明：

本例中定义了两个类：CPoint 类表示点；CDistance 类表示两点间的距离，该类中包含两个 CPoint 类的对象成员 p1 和 p2，因此 CDistance 是一个组合类。上述程序中有下列几点需要注意。

(1) CDistance 类在其构造函数中初始化对象成员 p1 和 p2,并计算这两点间的距离存放在私有数据成员 dist 中,其值可通过该类的公有成员函数 get_dist()得到。

(2) 在主程序中,当定义 CDistance 类的对象 myd 时,其包含的对象成员 p1 和 p2 首先被建立。

(3) 从程序运行结果可以看出,CDistance 类的构造函数体被执行之前,CPoint 类的复制构造函数被调用 4 次,分别是两个 CPoint 类的对象 myp1 和 myp2 在 CDistance 类的构造函数进行函数参数形实结合和初始化对象成员时调用的。

10.5 类中数据和函数的共享与保护

虽然数据隐藏保证了数据的安全性,但也存在数据和函数的共享与保护问题,类中的静态成员和友元可以解决此问题。

10.5.1 静态成员

静态成员用于解决同一个类的不同对象之间的数据和函数的共享问题。例如,可以抽象出二维点的共性,设计如下的 CPoint 类:

```
class CPoint
{
private:
    int x;
    int y;
    //…
};
```

如果需要统计二维点的总数,这个数据存放在什么地方呢?若以类外的变量来存储总数不能实现数据的隐藏。若在类中增加一个数据成员来存储总数,则必然会在每一个对象中都存储一个副本,不仅冗余,而且每个对象分别维护一个“总数”,势必造成数据的不一致性。因此,比较理想的方案是类的所有对象共同拥有一个用于存储总数的数据成员,这就是下面要介绍的静态数据成员。

在类中,静态成员分为静态数据成员和静态函数成员。

1. 静态数据成员

类的普通数据成员在类的每一个对象中都拥有一个副本。也就是说,每个对象的同名数据成员可以分别存储不同的数值,这也是每个对象拥有自身特征的保证。而静态数据成员是类的数据成员的一种特例,每个类只有一个静态数据成员副本,它由该类的所有对象共同维护和使用,从而实现同一个类的不同对象之间的数据共享。静态数据成员具有静态生存期。

静态数据成员定义和使用时应注意以下几点。

(1) 静态数据成员定义时,应在前面加 static 关键字来说明。例如:

```
static int n;
```

(2) 静态数据成员必须初始化,并且一定要在类外进行,初始化的形式为:

<类型标识符> <类名>::<静态数据成员名> = <值>

例如：

```
int CPoint::n = 0;
```

(3) 静态数据成员属于类，而不属于任何一个对象，所以通常在类外通过类名对它进行引用，一般的引用形式为：

<类名>::<静态数据成员名>

静态数据成员同一般数据成员一样要服从访问控制限制，当静态数据成员被定义为私有成员时，只能在类内直接引用它，在类外无法引用。但当静态数据成员被定义为公有成员或保护成员时，可以在类外通过类名或对象名对它进行引用。

2. 静态函数成员

静态函数成员是使用 static 关键字说明的函数成员。同静态数据成员一样，静态函数成员也属于整个类，由同一个类的所有对象共同维护，为这些对象所共享。静态函数成员可以直接引用该类的静态数据和函数成员，而不能直接引用非静态数据成员，如果要引用，必须通过参数传递的方式得到对象名，再通过对象名来引用。

作为成员函数，静态函数成员的访问属性可以受到类的严格控制。对于公有的静态函数成员，可以通过类名或对象名调用；而一般的非静态函数成员只能通过对象名调用。

下面通过一个例题来说明静态数据成员和静态函数成员的使用。

【例 10-4】 使用静态数据成员和静态函数成员。

程序代码如下：

```
#include <iostream>
using namespace std;
class CPoint
{
private:
    int x,y;
    static int n;                               //静态数据成员
public:
    CPoint(int xx = 0,int yy = 0)
    {     x = xx;y = yy;n++;     }
    CPoint(CPoint &p);
    int get_x() {     return x;     }
    int get_y() {     return y;     }
    static void get_n()                         //静态函数成员
    {     cout <<"ObjectNo = "<< n << endl;     }
};
CPoint::CPoint(CPoint &p)
{
    x = p.x;
    y = p.y;
    n++;
}
int CPoint::n = 0;                              //静态数据成员初始化
```

```
int main()
{
    CPoint::get_n();                          //利用类名引用静态函数成员
    CPoint a(4,5);
    cout<<"Point a,"<<a.get_x()<<","<<a.get_y();
    a.get_n();                                //利用对象名引用静态函数成员
    CPoint b(a);
    cout<<"Point b,"<<b.get_x()<<","<<b.get_y();
    CPoint::get_n();                          //利用类名引用静态函数成员
    return 0;
}
```

程序运行结果:

```
Object id=0
Point a,4,5 ObjectNo=1
Point b,4,5 ObjectNo=2
```

程序说明:

上述程序中,类 CPoint 的数据成员 n 被定义为静态,用来给 CPoint 类的对象计数,每定义一个新对象,n 的值就相应加 1。需要特别说明以下几点。

(1) 静态数据成员 n 的定义和初始化在类外进行,n 的值是在类的构造函数中引用的。

(2) a 对象生成时,调用有默认参数的构造函数。b 对象生成时,调用复制构造函数,两次调用均访问的是 a 和 b 共同维护的该静态成员的副本。

(3) get_n()为静态函数成员,在主函数中,分别采用类名和对象名调用 get_n()。其中,第一次调用 get_n()采用的是类名的形式,此时,由于还没有任何对象生成,所以不能采用对象名的形式,只能采用类名的形式。由此可见,通过类名调用静态函数成员可以输出静态数据成员的初始值,后面的两次 get_n()的调用既可以采用类名的形式,也可以采用对象名的形式。

10.5.2 友元

友元提供了不同类或对象的成员函数之间、类的成员函数与一般函数之间进行数据共享的机制。也就是说,通过友元的方式,一个普通函数或类的成员函数可以访问封装于某一个类中的数据。当然,使用友元也会削弱数据的封装性,导致系统可维护性变差。

在一个类中,声明为友元的外界对象既可以是另一个类的成员函数,也可以是不属于任何类的一般函数,还可以是一个完整的类。

1. 友元函数

如果友元是普通函数或类的成员函数,则称为友元函数。友元函数是在类定义中由关键字 friend 说明的非成员函数。

普通函数声明为友元函数的形式为:

```
friend  <类型标识符> <友元函数名>(参数表)
```

成员函数声明为友元函数的形式为:

```
friend  <类型标识符> <类名>::<友元函数名>(参数表)
```

说明：

(1) 友元函数的声明可以在类定义中的任何位置，既可在 public 区，也可在 protected 区，含义完全一样。

(2) 友元函数的定义一般放在类的外部，最好与类的其他成员函数定义放在一起。如果是普通函数作为友元，也可以放在类中。

【例 10-5】 使用普通函数作为友元函数计算两点的距离。

程序代码如下：

```
#include <iostream>
#include <math.h>
using namespace std;
class CPoint
{
private:
    double x,y;
public:
    CPoint(double xx = 0,double yy = 0) {x = xx;y = yy;}
    double get_x() {     return x;     }
    double get_y() {     return y;     }
    friend double get_distance(CPoint p1,CPoint p2);   //普通函数作 CPoint 的友元
};
double get_distance(CPoint p1,CPoint p2)
{
    return (sqrt((p1.x - p2.x) * (p1.x - p2.x) + (p1.y - p2.y) * (p1.y - p2.y)));
}
int main()
{
    CPoint myp1(1,1),myp2(4,5);
    cout <<"The distance is:"<< get_distance(myp1,myp2)<< endl;
    return 0;
}
```

程序运行结果：

```
The distance is:5
```

程序说明：

上述程序中定义了一个 CPoint 类，两点的距离用普通函数 get_distance()计算。这个函数需要访问 CPoint 类的私有数据成员 x 和 y，为此，将 get_distance()声明为 CPoint 类的友元函数。CPoint 类在声明友元函数时，只给出友元函数原型，友元函数 get_distance()的定义是在类外进行的，即在友元函数中通过对象名直接引用 CPoint 类中的私有数据成员 x 和 y。

本例中的友元函数是一个普通函数，其实这个函数也可以是另外一个类的成员函数，这种友元成员函数的使用和一般友元函数的使用基本相同，只是在使用该友元成员时要通过相应类的对象名访问。

2. 友元类

如果友元是一个类，则称为友元类。友元类的声明形式为：

```
friend  class  <友元类名>
```

说明:

(1) 友元类的声明同样可以在类定义中的任何位置。

(2) 友元类的所有成员函数都称为友元函数。

例如,若 A 类为 B 类的友元类,即在 B 类中声明:

```
friend class A;
```

则 A 类的所有成员函数都是 B 类的友元函数,都可以访问 B 类的私有成员和保护成员。

【例 10-6】 友元类使用问题。

问题分析: 程序实现的是堆栈的压入和弹出。其中有两个类:一个是结点类,它包含结点值和指向上一结点的指针;另一个类是堆栈类,数据成员为堆栈的头指针,它是结点类的友元。

程序代码如下:

```
#include <iostream>
using namespace std;
class CStack;
class CNode
{
    int data;
    CNode * prev;
public:
    CNode(int d,CNode * n)
    {
        data = d;
        prev = n;
    }
    friend class CStack;
};
class CStack
{
    CNode * top;
public:
    CStack( ){top = 0;}
    void push(int i);
    int pop( );
};
void CStack::push(int i)
{
    CNode * n = new CNode(i,top);
    top = n;
}
int CStack::pop( )
{
```

```
    CNode *t = top;
    if(top)
    {
        top = top->prev;
        int c = t->data;
        delete t;
        return c;
    }
    return 0;
}
int main( )
{
    int c;
    CStack s;
    cout <<"输入 3 个将被压栈的整数:";
    for(int j = 0;j < 3;j++)
    {
        cin >> c;
        s.push(c);
    }
    cout <<"出栈的 3 个整数:";
    for(j = 0;j < 3;j++)
        cout << s.pop( )<<" ";
    cout << endl;
    return 0;
}
```

读者可以试着分析上述程序,了解堆栈的压入和弹出过程。

通过声明友元类,友元类的成员函数可以通过对象名直接访问隐藏的数据,达到高效协调工作的目的。但在使用友元时还需要注意以下两点。

(1) 友元关系是不能传递的,B 类是 A 类的友元,C 类是 B 类的友元,C 类和 A 类之间如果没有说明,则没有任何友元关系,不能进行数据共享。

(2) 友元关系是单向的,如果声明 B 类是 A 类的友元,B 类的成员函数则可以访问 A 类的私有成员和保护成员,但 A 类的成员函数却不能访问 B 类的私有成员和保护成员。

10.6 小结与知识扩展

10.6.1 小结

本章从结构化程序设计如何过渡到面向对象程序设计开始,介绍面向对象程序设计的基本知识和方法。

类是面向对象程序设计的核心,是同样类型对象的抽象描述,对象是类的实例。C++定义类时,将类的各个成员划分成三种访问控制属性: public、private 和 protected。类定义的一般形式为：

```
class  <类名>
{
private:
    <私有数据成员和成员函数的声明或实现>
public:
    <公有数据成员和成员函数的声明或实现>
};
<各个成员函数的实现>
```

类一旦确定就可以用于定义相应的对象，其形式为：

```
<类名>  <对象名表>
```

C++在类说明中引进构造函数完成对象的初始化，构造函数在对象被创建时自动调用。析构函数完成当一个对象使用结束时所要进行的清理工作，析构函数是被自动调用的。

对象创建后，程序就可以用类属关系运算符“.”来引用类的公有成员，一般形式为：

```
<对象名>.<公有数据成员名>
```

或

```
<对象名>.<公有成员函数名(实参表)>
```

将一个已定义类的对象作为另一个类的数据成员称为类的组合或组合类，其构造函数应包含对其中对象成员的初始化，各个成员对象的构造函数的调用次序与这些对象成员在类中的定义次序一致，析构函数的执行顺序与构造函数刚好相反。组合类构造函数定义的一般形式为：

```
<类名>::<类名>(形参表):对象成员1(形参表),对象成员2(形参表),…
{
    类的初始化语句序列
}
```

虽然数据隐藏保证了数据的安全性，但也存在数据和函数的共享与保护问题。静态成员用于解决同一个类的不同对象之间的数据和函数的共享问题，友元则提供了不同类或对象的成员函数之间、类的成员函数与一般函数之间进行数据共享的机制。对于既需要共享、又需要防止改变的数据应该使用 const 关键字声明为常量进行保护。

10.6.2 常类型

常类型是指使用 const 声明的类型，变量或对象被声明为常类型后，其值就不能被更新，因此，定义常类型时必须要进行初始化。虽然数据隐藏保证了数据的安全性，但各种形式的数据共享却又不同程度地破坏了数据的安全。因此，对于既需要共享，又需要防止改变的数据，应该声明为常量进行保护。

1. 常引用

使用 const 关键字说明的引用称为常引用，常引用所引用的对象不能被更新。常引用的定义形式为：

```
const  <类型标识符>  &<引用名>
```

需要说明的是，常引用的值不能被更新，所以常引用定义时，必须同时进行初始化。如果用常引用作形参，便不会发生对实参意外的更改。

【例 10-7】 常引用作形参。

程序代码如下：

```
#include <iostream>
using namespace std;
void display(const int &r);                    //常引用作形参
int main()
{
    int d(6);
    display(d);
    return 0;
}
void display(const int &r)
{    cout <<"r = "<<++r << endl;    }
```

程序运行结果：

```
r = 7
```

程序说明：

这段程序编译时会产生一个错误：

```
error C2166: l - value specifies const object
```

如果将最后一条语句改为：

```
{    cout <<"r = "<< 1 + r << endl;    }
```

由此可见，常引用作形参时，函数只能使用而不能更新 r 所引用的对象，因此对应的实参就不会被破坏。

2. 常对象

使用 const 关键字说明的对象称为常对象。常对象的定义形式为：

```
const  <类名>  <对象名>
```

或

```
<类名>  const  <对象名>
```

定义常对象的同时，也要进行初始化，而且该对象以后不能再被更新。

3. 常成员函数

使用 const 关键字说明的函数称为常成员函数。常成员函数定义的形式为：

```
<类型标识符>  <函数名>(参数表) const
```

说明：

(1) const 是加在函数定义后面的类型修饰符，它是函数类型的一个组成部分，因此在实现部分也要带 const 关键字。

(2) const 关键字可以被用于对重载函数的区分。例如:

```
void fun();
void fun() const;
```

(3) 常成员函数不能更新对象的数据成员,也不能调用该类中没有用 const 修饰的成员函数。

(4) 如果将一个对象说明为常对象,则通过该对象只能调用它的常成员函数,而不能调用其他成员函数。

【例 10-8】 常成员函数的运用。

程序代码如下:

```
#include <iostream>
using namespace std;
class CPoint
{
private:
    int x,y;
public:
    CPoint(int i = 0,int j = 0) {x = i;y = j;}
    void disply()                              //成员函数
    {     cout <<"成员函数:   x = "<< x <<",  y = "<< y << endl;     }
    void disply()     const                    //常成员函数
    {     cout <<"常成员函数:x = "<< x <<",  y = "<< y << endl;     }
};
int main()
{
    CPoint obj1(1,2);                          //CPoint 类对象
    obj1.disply();
    const CPoint obj2(3,4);                    //CPoint 类常对象
    obj2.disply();
    return 0;
}
```

程序运行结果:

```
成员函数:   x = 1,   y = 2
常成员函数:x = 3,  y = 4
```

程序说明:

在 CPoint 类中定义了两个同名成员函数 disply(),其中一个是常成员函数。在主函数中定义了两个对象 obj1 和 obj2,其中,对象 obj2 是常对象。通过对象 obj1 调用的是一般的成员函数,通过对象 obj2 调用的是用 const 修饰的常成员函数。

4. 常数据成员

使用关键字 const 不仅可以说明成员函数,还可以说明数据成员。如果在一个类中声明了常数据成员(包括常引用、常对象等),由于常数据成员不能被更新,只能用成员初始化列表的方式通过构造函数对该数据成员进行初始化。

【例 10-9】 常数据成员的使用。

程序代码如下：

```
#include <iostream>
using namespace std;
class CPoint
{
private:
    const int x;                            //常数据成员
    static const int y;                     //静态常数据成员
public:
    const int &r;                           //常引用
    CPoint(int i):x(i),r(x){}               //常数据成员通过初始化列表获得初值
    void disply()
    {     cout<<"x="<<x<<", y="<<y<<", r="<<r<<endl;     }
};
const int CPoint::y=5;                      //静态常数据成员的初始化
int main()
{
    CPoint obj1(1),obj2(2);
    obj1.disply();
    obj2.disply();
    return 0;
}
```

程序运行结果：

```
x=1, y=5, r=1
x=2, y=5, r=2
```

程序说明：

上述程序中说明了三个常数据成员：

```
const int x;                               //常数据成员
static const int y;                        //静态常数据成员
const int &r;                              //常引用
```

注意： 程序中对静态常数据成员 y 的初始化是在类外进行的，其他两个常数据成员 x 和 r 的初始化则通过构造函数实现。

习　　题

10-1　填空题

静态成员属于________，而不属于________，它由同一个类的所有对象共同维护，为这些对象所共享。静态函数成员可以直接引用该类的________和函数成员，而不能直接引用________。对于公有的静态函数成员，可以通过________或________调用；而一般的非静态函数成员只能通过对象名调用。

10-2 简答题

(1) 面向对象程序设计的特征是什么?

(2) 构造函数和析构函数有什么作用?

(3) 什么叫复制构造函数? 复制构造函数何时被调用?

(4) 什么叫组合类?

(5) 常用的常类型有哪几种? 试分别举例说明。

(6) 什么叫作友元函数? 什么叫作友元类?

10-3 阅读程序题

(1) 以下是一个类中包含另一个类对象成员(类的组合)的例子,试分析以下程序并给出程序运行结果。

```
#include <iostream>
using namespace std;
class CSon
{
    int age;
public:
    CSon() { age = 1; }
    CSon(int i) { age = i; }
    void get_age() { cout <<"儿子的年龄是:"<< age << endl; }
};
class CFather
{
    int age;
    CSon s1,s2;
public:
    CFather(int a1,int a2,int f):s2(a2),s1(a1)
    {
        age = f;
    }
    void get_age()
    {
        cout <<"父亲的年龄是:"<< age << endl;
    }
    CSon &get_s1() { cout <<"第一个"; return s1; }
    CSon &get_s2() { cout <<"第二个"; return s2; }
};
int main()
{
    CFather f(10,5,38);
    f.get_age();
    f.get_s1();
    f.get_age();
    f.get_s2();
    f.get_age();
```

```
    return 0;
}
```

程序运行结果：

(2) 分析以下程序并给出程序运行结果。

```
#include <iostream>
#include <string>
using namespace std;
class CStudent
{
private:
    char name[10];
    int age;
public:
    CStudent(char * in_name, int in_age)
    {
        strcpy(name,in_name);
        age = in_age;
    }
    int get_age(){return age;}
    char * get_name(){return name;}
    friend int compare(Student &s1,CStudent &s2)
    {
        if(s1.age > s2.age)
            return 1;
        else if(s1.age == s2.age)
            return 0;
        else return -1;
    }
};
int main()
{
    CStudent stu[] = {CStudent("王红",18),CStudent("吴伟",19),
                      CStudent("李丽",17)};
    int i,min = 0,max = 0;
    for(i = 1;i < 3;i++)
    {
        if(compare(stu[max],stu[i]) == -1)
            max = i;
        else if(compare(stu[max],stu[i]) == 1)
            min = i;
    }
    cout <<"最大年龄:"<< stu[max].get_age()
        <<",姓名:"<< stu[max].get_name()<< endl;
```

```
    cout <<"最小年龄:"<< stu[min].get_age()
        <<",姓名:"<< stu[min].get_name()<< endl;
    return 0;
}
```

程序运行结果:

10-4 完成下列程序

(1) 下面是一个计算器类的定义。完成该类的实现,并在主函数中先将计算器给定初值 99,然后进行两次加 1,一次减 1;最后显示计算器的值。

```
class CCounter
{
    int value;
public:
    CCounter(int number);
    void increment();                    //给原值加 1
    void decrement();                    //给原值减 1
    int get_value();                     //取得计数值
    void put_value();                    //输出计算器值
}
...
```

(2) 下列程序接收若干用户的姓名和电话,然后输出。

```
#include <iostream>
#include <string>
#include <iomanip>
using namespace std;
const int N = 5;
class CPerson
{
    char name[10];
    char num[10];
public:
    void get_data(____①____)
        {strcpy(name,na);strcpy(num,nu);}
    void put_data(CPerson pn[N]);
};
void put_data(CPerson pn[N])
{
    int i;
    for(i = 0;i < N;i++)
    {
        cout.width(10);
        ____②____
        cout.width(10);
        ____③____
    }
```

```
}
int main()
{
    char * na[5] = {"li","zh","li","zh","li"};
    char * nu[5] = {"2331111","2331111","2331111","2331111","2331111"};
    CPerson obj[5];
    for(int i = 0;i < 5;i++)
        obj[i].get_data(na[i],nu[i]);
    ____④____ * pt = obj;
    ____⑤____;
    return 0;
}
```

10-5 编程题

(1) 定义一个名为 CCircle 的圆形类，其属性数据为圆的半径，用于计算圆的面积。编写主函数，计算一个内径和外径分别为 5 和 8 的圆环的面积。

(2) 定义一个名为 CComplex 的复数类，其属性数据为复数的实部和虚部，要求定义构造函数和复制构造函数，并能够输出复数的值。

(3) 定义一个字符串类 CString，使其至少具有内容(contents)和长度(length)两个数据成员，并具有显示字符串、求字符串长度等功能。

(4) 定义一个 CCat 类，拥有静态数据成员 counter，用来记录 CCat 的个体数目；拥有静态成员函数 HowMany( )，用来存取 counter。设计程序并测试 CCat 类，体会静态数据成员和静态成员函数的用法。

(5) 定义一个 CStudent 类，输入几个学生的姓名以及高数、英语和计算机的成绩，然后按总分从高到低排序。

(6) 设计一个队列操作类，用友元实现入队和出队。

(7) 实现一单链表的逆置，并输出逆置前后的结果。

第 11 章　继　承　性

本章要点

- 继承与派生的基本概念。
- 类的继承方式。
- 派生中成员的标识与访问。

继承是面向对象程序设计的重要机制。程序员利用继承机制可在已有类的基础上构造新类,这一性质使得类支持分类的概念。如果不使用分类,则需要对每一个对象都定义其所有的性质,而使用分类后,可以只定义某个对象的特殊性质,其他性质可以从上一层"继承下来"。

多数面向对象的语言支持多态性。多态性是指同一个接口可以通过多种方法调用。通俗地说,多态性是指用一个相同的名字定义不同的函数,这些函数的执行过程不同,但有相似的操作,即用同样的接口访问不同的函数。在实际的系统设计阶段,当设计人员决定把某一类型的活动用于一个给定的对象时,并不关心这个对象如何解释这个活动以及这个方法如何实现,而只关心这个活动对这个对象所产生的作用。利用多态性程序员可以通过向一个对象发送消息来完成一系列的操作,而不用关心软件系统是如何实现这些操作的。

11.1　继承与派生

在面向对象的程序设计中,大量使用了继承和派生。例如定义不同的窗口,因为窗口具有共同的特征,如窗口标题、窗口边框及窗口的最大化、最小化等,这时可以先定义一个窗口类(系统的类库中已存在),然后以这个窗口类作为基类派生出其他不同的窗口类,而不必将每一个窗口定义一遍。继承是新的类从已有类得到已有的特性。从另一个角度来看,从已有类产生新类的过程就是类的派生。已有的类称为基类或父类,产生的新类称为派生类或子类。派生类同样也可以作为基类再派生新的类,由此形成了类的层次结构。

类的派生实际是一种演化、发展过程,即通过扩展、更改和特殊化,从一个已知类出发建立一个新类。通过类的派生可以建立具有共同关键特征的对象家族,从而实现代码的重用,这种继承和派生的机制对于已有程序的发展和改进是极为有利的。

11.1.1　派生类的定义

在 C++中,派生类的一般定义形式为:

```
class  <派生类名>:[继承方式]  <基类名>
{
```

```
    <派生类成员说明>
};
```

其中：

（1）class 为类定义的关键字，用于告诉编译器下面定义的是一个类。

（2）派生类名为新生成的类名。

（3）继承方式为规定了如何访问从基类继承的成员。继承方式关键字为 private、public 和 protected，分别表示私有继承、公有继承和保护继承。如果不显式地给出继承方式关键字，系统默认为私有继承(private)。类的继承方式指定了派生类成员以及类外对象对于从基类继承来的成员的访问权限，这将在后文中详细介绍。

（4）派生类成员：除了从基类继承的所有成员之外，新增加的数据和函数成员。

11.1.2 派生类生成过程

在 C++程序设计中，进行派生类的定义，给出该类的成员函数的实现之后，整个类就算完成了，这时可以由它所生成的对象进行实际问题的处理。仔细分析派生新类这个过程，其实际是经历了三个步骤：吸收基类成员、改造基类成员、添加新的成员。面向对象的继承和派生机制，其最主要的目的是实现代码的重用和扩充。因此，吸收基类成员是一个重用的过程，而对基类成员进行调整、改造以及添加新成员是对原有代码的扩充过程，二者是相辅相成的。下面以某公司人员管理系统为例，分别对这几个步骤进行解释。基类 CEmployee 和派生类 CTechnician 定义如下：

```
class CEmployee
{
protected:
    char * name;                          //姓名
    int individualEmpNo;                  //个人编号
    int grade;                            //级别
    float accumPay;                       //月薪总额
    static int employeeNo;                //本公司职员编号目前最大值
public:
    CEmployee();
    ~ CEmployee();
    void pay();                           //计算月薪函数
    void promote();                       //升级函数
    void displayStatus();                 //显示人员信息
};
class CTechnician:public CEmployee
{
private:
    float hourlyRate;                     //每小时酬金
    int workHours;                        //当月工作时数
public:
    CTechnician();                        //构造函数
    void pay();                           //计算月薪函数
    void displayStatus();                 //显示人员信息
};
```

1. 吸收基类成员

在类的继承中,第一步是将基类的成员全盘接收,这样派生类就包含了它的所有基类中除构造和析构函数之外的所有成员(在派生过程中,构造函数和析构函数都不被继承)。这里派生类 CTechnician 继承了基类 CEmployee 中除构造函数和析构函数之外的所有成员,即 5 个数据成员:name、individualEmpNo、grade、accumPay 和 employeeNo;3 个函数成员:pay()、promote()和 displayStatus()。经过派生过程,这些成员便存在于派生类之中了。

2. 改造基类成员

对基类成员的改造包括两方面:一是基类成员的访问控制问题,主要依靠派生类定义时的继承方式来控制;二是对基类数据或函数成员的覆盖,就是在派生类中定义一个和基类数据或函数同名的成员。例如,这个例子中的 Pay()和 displayStatus()。如果派生类定义了一个和某个基类成员同名的新成员(如果是成员函数,则参数表也要相同,参数不同的情况属于重载),派生的新成员覆盖了外层同名成员。这时,在派生类中或通过派生类的对象直接使用成员名就只能访问到派生类中定义的同名成员,称为同名覆盖。在上述程序中,派生类 CTechnician 中的 pay()和 displayStatus()函数覆盖了基类 CEmployee 中的同名函数。

3. 添加新的成员

派生类新成员的加入是继承与派生机制的核心,是保证派生类在功能上有所发展的关键。我们可以根据实际情况的需要,给派生类添加适当的数据成员和函数成员,实现必要的新增功能。例子中的派生类 CTechnician 中就添加了数据成员 hourlyRate 和 workHours。由于在派生过程中,基类的构造函数和析构函数是不能被继承的,因此需要在派生类中重新加入新的构造函数和析构函数实现一些特别的初始化和清理工作,例如,派生类 CTechnician 的构造函数 CTechnician()。

继承的目的是发展,派生类继承了基类的成员,实现了原有代码的重用,这只是一部分,而代码的扩充才是最主要的,只有通过添加新的成员,加入新的功能,类的派生才有实际意义。

11.1.3 多层次派生

到目前为止,我们所讨论的都是每个类只有一个基类,而在现实世界中事情却不仅如此。例如,沙发床(CSleeperSofa)是一个沙发,也是一张床,如果已经定义了沙发(CSofa)和床(CBed)两个类,那么 CSleeperSofa 应同时继承 CSofa 和 CBed 的特征。

1. 多继承

在派生类的定义中,基类名可以有一个,也可以有多个。如果只有一个基类名,则这种继承方式称为单继承;如果有多个基类名,则这种继承方式称为多继承,这时的派生类同时得到多个已有类的特征。

在多继承中,各个基类名之间用逗号隔开。多继承的定义语法为:

```
class  <派生类名>:[继承方式] 基类名 1,[继承方式] 基类名 2,…,[继承方式] 基类名 n
{
    <派生类成员说明>
};
```

例如,定义一个名为 CSleeperSofa 的派生类,该类从基类 CSofa 和 CBed 派生而来。

```
class CSofa
{
    …
};
class CBed
{
    …
};
class CSleeperSofa:public CSofa, public CBed
{
    …
};
```

在面向对象程序设计中,多继承应用非常广泛,如用户界面所使用的窗口、滚动条、尺寸框以及各种类型的按钮等,所有这些都是通过类来支持的,如果将这些不同的类进行合并,就可以产生许多新的类,例如,把窗口和滚动条进行合并产生一个带有滚动条的窗口,实现窗口的翻滚,这个可翻滚的窗口就是通过多继承得到的。

2. 类族

在派生过程中,派生出来的新类也同样可以作为基类再继续派生新的类,此外,一个基类可以同时派生出多个派生类。也就是说,一个类从父类继承的特征也可以被其他新的类所继承,一个父类的特征,可以同时被多个子类继承。如此就形成了一个相互关联的类的家族,称为类族。在类族中,直接参与派生出某类的基类称为直接基类;基类的基类甚至更高层的基类称为间接基类。

图 11-1 所示为一个单继承的多层类族。其中,A 类派生出 B 类,B 类又派生出 E 类,则 B 类是 E 类的直接基类,A 类是 B 类的直接基类,而 A 类可以称为 E 类的间接基类。

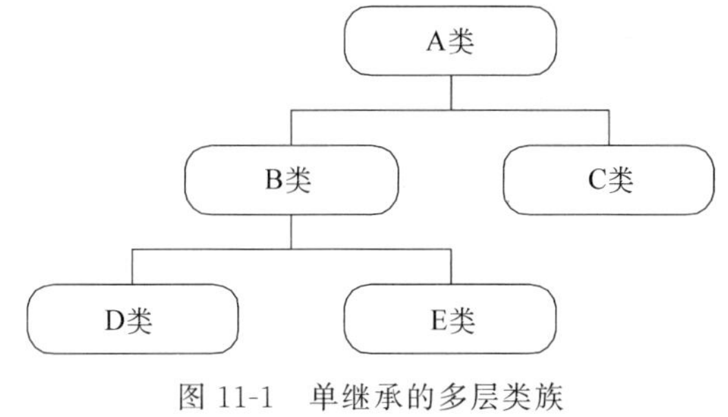

图 11-1　单继承的多层类族

11.2　类的继承方式

在面向对象程序中,基类的成员可以有 public(公有)、protected(保护)和 private(私有)三种访问属性。在基类内部,本身的成员可以对任何一个其他成员进行访问,但是通过基类的对象,则只能访问基类的公有成员。

派生类继承了基类的全部数据成员和除了构造函数、析构函数之外的全部函数成员,但是这些成员的访问属性在派生的过程中依据采用继承方式的不同是可以调整的。

类的继承方式有public(公有继承)、protected(保护继承)和private(私有继承)三种,对于不同的继承方式,会导致基类成员原来的访问属性在派生类中有所变化。表11-1列出了不同继承方式下基类成员各访问属性的变化情况。其中,第一行的访问属性是成员在基类中的访问属性,其他的访问属性表示基类成员在派生类中的访问属性。

表11-1 访问属性与继承方式

继承方式	访问属性		
	public	protected	private
public	public	protected	private
protected	protected	protected	private
private	private	private	private

特别需要说明的是,基类私有成员虽然在派生类中仍为私有成员,但它们与派生类中新增加的私有成员有所不同,派生类的成员或是建立派生类对象的模块都无法访问到它们。

这里所说的访问来自两方面:一是派生类中的新增函数成员对从基类继承的成员的访问;二是在派生类外部(非类族的成员),通过派生类的对象对从基类继承的成员的访问。

11.2.1 公有继承

当类的继承方式为public时,基类的public和protected成员的访问属性在派生类中不变,而基类的private成员仍保持私有属性。也就是说,派生类的其他成员可以直接访问基类的公有成员和保护成员。其他外部使用者只能通过派生类的对象访问继承的公有成员,而无论是派生类的成员,还是派生类的对象都无法访问从基类继承的私有成员。公有继承时,派生类基本保持了基类的访问属性,因此公有继承使用得比较多。

【例11-1】 从CVehicle(汽车)公有派生CCar(小汽车)类。

程序代码如下:

```
#include <iostream>
using namespace std;
class CVehicle                              //基类 CVehicle 类的定义
{
private:                                    //私有数据成员
    int wheels;
protected:                                  //保护数据成员
    float weight;
public:                                     //公有函数成员
    CVehicle(int in_wheels, float in_weight)
    {      wheels = in_wheels;weight = in_weight;      }
    int get_wheels(){return wheels;}
    float get_weight(){return weight;}
```

```
};
class CCar:public CVehicle                    //派生类 CCar 类的定义
{
private:                                      //新增私有数据成员
    int passenger_load;
public:                                       //新增公有函数成员
    CCar(int in_wheels,float in_weight,int people = 5)
        :CVehicle(in_wheels,in_weight)
    {    passenger_load = people;    }
    int get_wheels(){return CVehicle::get_wheels();}
    int get_passengers(){return passenger_load;}
};
int main()
{
    CCar myCar(4,1000);                       //定义 CCar 类的对象
    cout <<"The message of myCar(wheels,weight,passengers):"<< endl;
    cout << myCar.get_wheels()<<",";          // get_wheels()是派生类重新定义的公有函数
    cout << myCar.get_weight()<<",";          // get_weight()是从基类继承的公有函数
    cout << myCar.get_passengers()<< endl;
    return 0;
}
```

程序运行结果：

```
The message of myCar(wheels,weight,passengers):
4,1000,5
```

程序说明：

上述程序中，定义了基类 CVehicle。派生类 CCar 继承了 CVehicle 类的全部成员(构造函数和析构函数除外)。因此，在派生类中，实际所拥有的成员是从基类继承的成员与派生类新定义的成员的总和。在主函数 main()中首先定义了一个派生类的对象 myCar，对象生成时，调用构造函数(关于派生类的构造函数将在后文中说明)实现初始化，然后通过派生类的对象访问派生类的公有函数 get_passengers()(派生类新添加的)和函数 get_wheels()(派生类重新定义的)，也访问了派生类从基类继承来的公有函数 get_weight()。

通过此例题，可以比较直观地看到：一个基类以公有方式产生了派生类之后，派生类的成员函数以及派生类的对象是如何访问从基类继承的不同访问属性的成员的。

11.2.2 保护继承

在保护继承中，基类的 public 和 protected 成员都以保护成员的身份出现在派生类中，而基类的 private 成员不可访问。具体地说，基类中的保护成员只能被基类的成员函数或派生类的成员函数访问，不能被派生类以外的成员函数访问。

采用保护继承方式重做例 11-1，这时基类 CVehicle 的定义和主函数 main()保持不变，派生类 CCar 的定义修改如下：

```
class CCar:protected CVehicle
```

```
{
private:
    int passenger_load;
public:
    CCar(int in_wheels,float in_weight,int people=5):
        CVehicle(in_wheels,in_weight)
    {     passenger_load=people;      }
    int get_wheels(){return CVehicle::get_wheels();}     //重新定义 get_wheels()
    float get_weight(){return weight;}                   //重新定义 get_weight()
    int get_passengers(){return passenger_load;}
};
```

这时,基类原有的外部接口(如基类的 get_wheels()和 get_weight()函数)被派生类封装和隐蔽。在保护继承情况下,为了保证基类的部分外部接口特征能够在派生类中存在,就必须在派生类中重新定义同名的成员函数 get_wheels()和 get_weight(),根据同名覆盖的原则,在主函数中自然调用的是派生类的函数。程序的运行结果同例 11-1 的程序运行结果。

11.2.3 私有继承

当类的继承方式为 private 继承时,基类中的 public 成员和 protected 成员都以私有成员的身份出现在派生类中,而基类的 private 成员在派生类中不可访问。也就是说,基类的 public 成员和 protected 成员被继承后作为派生类的 private 成员,派生类的其他成员可以直接访问它们,但是在类外部通过派生类的对象无法访问。特别需要注意的是,基类的 private 成员无论是派生类的成员还是通过派生类的对象,都无法访问从基类继承的私有成员。

保持例 11-1 中其他代码不变,只将继承方式改为私有,编译之后看看有何问题,并试着修改程序,使程序的运行结果同例 11-1 的运行结果。

显然,经过私有继承之后,所有基类的成员都成为了派生类的私有成员或不可访问的成员,如果进一步派生,则基类的全部成员都无法在新的派生类中被访问,这相当于终止了基类功能的继续派生。因此,一般情况下私有继承的使用比较少。

总之,在派生中,通过继承方式可以改变成员的访问属性。按访问属性的不同,成员可以归纳为以下四种。

(1) 不可访问的成员。这是从基类私有成员继承而来的,派生类或是建立派生类对象的模块都无法访问它们,如果从派生类继续派生新类,也是无法访问的。

(2) 私有成员。包括从基类继承的非私有成员(私有继承时),以及派生类中新增加的私有成员,在派生类内部可以访问,但是在建立派生类对象的模块中则无法访问,当继续派生时,就变成了新的派生类中的不可访问成员。

(3) 保护成员。可能是新增或是从基类继承的成员,派生类内部成员可以访问,建立派生类对象的模块无法访问,进一步派生时,在新的派生类中可能成为私有成员(私有继承时)或保护成员(公有继承或保护继承时)。

(4) 公有成员。派生类、建立派生类的模块都可以访问,继续派生时,可能是新派生类中的私有成员(私有继承时)、保护成员(保护继承时)或公有成员(公有继承时)。

11.3　派生类的构造函数和析构函数

基类的构造函数和析构函数是不能被继承的。如果基类没有定义构造函数，派生类也可以不定义构造函数，全部采用默认的构造函数，这时新增成员的初始化工作可以用其他公有函数完成；如果基类定义了带有形参表的构造函数，派生类就必须加入新的构造函数，提供一个将参数传递给基类构造函数的途径，保证在基类进行初始化时能够获得必要的数据。同样，对派生类对象的清理工作也需要加入新的析构函数。

1. 派生类的构造函数

派生类对象的初始化也是通过派生类的构造函数实现的。具体来说，就是对该类的数据成员赋初值。派生类的数据成员是由所有基类的数据成员与派生类新增的数据成员共同组成的，如果派生类新增成员中包括内嵌的其他类的对象，那么派生类的数据成员中实际上还间接包括了这些对象的数据成员。因此，初始化派生类的对象时，要对基类数据成员、新增数据成员和成员对象的数据成员进行初始化。因此，派生类的构造函数需要以合适的初值作为参数，隐含调用基类和新增的内嵌对象成员的构造函数来初始化它们各自的数据成员，然后再加入新的语句对新增普通数据成员进行初始化。

派生类构造函数定义的一般语法形式为：

```
<派生类名>::<派生类名>(参数总表):基类名 1(参数表 1),…,基类名 n(参数表 n),
        内嵌对象名 1(内嵌对象参数表 1),…,内嵌对象名 m(内嵌对象参数表 m)
{
    <派生类新增数据成员初始化语句序列>
}
```

其中：(1) 派生类的构造函数名与派生类名相同。

(2) 参数总表需要列出初始化基类数据、新增内嵌对象数据及新增一般成员数据所需要的全部参数。

(3) 冒号之后列出需要使用参数进行初始化的基类名和内嵌成员名及各自的参数表，各项之间用逗号分隔。

需要注意的是，当一个派生类同时有多个基类时，对于所有需要给予参数进行初始化的基类，都要显式给出基类名和参数表。对于使用默认构造函数的基类，可以不给出类名。同样，对于对象成员，如果是使用默认构造函数，也不需要写出对象名和参数表。

派生类构造函数的执行顺序一般是先祖先(基类)，再客人(内嵌对象)，后自己(派生类本身)。

需要特别指出的是，当多继承时，即派生类有多个基类时，基类构造函数调用的顺序是按照定义派生类时基类的排列顺序进行的，而与它们在定义派生类构造函数中的顺序无关。当派生类中有多个内嵌成员对象时，内嵌成员对象构造函数的调用顺序则是按照对象在派生类的定义语句中出现的先后顺序进行的，和派生类构造函数中列出的顺序无关。

2. 派生类的析构函数

派生类的析构函数的功能与没有继承关系的类中析构函数的功能一样，也是在对象消亡之前进行一些必要的清理工作。在派生过程中，基类的析构函数不能继承，如果需要析构函数,就要在派生类中重新定义。析构函数没有类型,也没有参数,和构造函数相比,情况略为简单。在前面的例子中,都没有显式定义过某个类的析构函数,在这种情况下,系统会自动为每个类都生成一个默认的析构函数,以完成清理工作。

派生类的析构函数的定义方法与没有继承关系的类中析构函数的定义方法完全相同,只要在函数体中把派生类新增的非对象成员的清理工作完成即可,系统会自己调用基类及成员对象的析构函数对基类及对象成员进行清理。但它的执行顺序和构造函数正好相反,是先自己(派生类本身),再客人(内嵌对象),后祖先(基类)。具体来讲,首先对派生类新增普通成员进行清理,然后对派生类新增的对象成员进行清理,最后对所有从基类继承的成员进行清理。这些清理工作分别是执行派生类析构函数体、调用派生类对象成员所在类的析构函数和调用基类析构函数。

下面来看一个比较复杂的含有派生类构造函数和析构函数的例题,体会构造函数和析构函数的语法规则和调用顺序。

【例 11-2】 有三个基类 CBase1、CBase2 和 CBase3,它们都有自己的构造函数和析构函数,其中 Base3 有一个默认的构造函数,即不带参数的构造函数,其余两个的构造函数都带有参数。类 CDerive 由这三个基类经过公有派生而来。派生类新增加了三个私有对象成员 memberBase1、memberBase2 和 memberBase3,它们分别是 CBase1、CBase2 和 CBase3 类的对象。另外,派生类定义了自己的构造函数,而没有定义析构函数,即采用默认的析构函数。

程序代码如下:

```
#include <iostream>
using namespace std;
class CBase1                                            //基类 CBase1,构造函数有参数
{
public:
    CBase1(int i){cout <<"constructing CBase1 "<< i << endl;}
    ~ CBase1(){cout <<"destructing CBase1"<< endl;}      //CBase1 的析构函数
};
class CBase2                                            //基类 CBase2,构造函数有参数
{
public:
    CBase2(int j){cout <<"constructing CBase2 "<< j << endl;}
    ~ CBase2(){cout <<"destructing CBase2"<< endl;}      //CBase2 的析构函数
};
class CBase3                                            //基类 CBase3,构造函数无参数
{
public:
    CBase3(){cout <<"constructing CBase3"<< endl;}
    ~ CBase3(){cout <<"destructing CBase3"<< endl;}      //CBase3 的析构函数
};
class CDerive:public CBase2,public CBase1,public CBase3  //派生新类
{
private:                                                //派生类新增私有对象成员
    CBase1 memberCBase1;
    CBase2 memberCBase2;
```

```
    CBase3 memberCBase3;
public:                                                     //派生类的构造函数
    CDerive(int a,int b,int c,int d)
        :CBase1(a),memberCBase2(d),memberCBase1(c),CBase2(b){}
};
int main()
{
    CDerive object(2,4,6,8);
    return 0;
}
```

程序运行结果：

```
constructing CBase2 4
constructing CBase1 2
constructing CBase3
constructing CBase1 6
constructing CBase2 8
constructing CBase3
destructing CBase3
destructing CBase2
destructing CBase1
destructing CBase3
destructing CBase1
destructing CBase2
```

程序说明：

上述程序中，构造函数的参数表中给出了基类及内嵌成员对象所需的全部参数，在冒号之后，分别列出了各个基类及内嵌对象名和各自的参数。需要注意的是，首先，这里并没有列出全部基类和成员对象，由于 CBase3 类只有默认构造函数，所以不需要给它传递参数。因此，基类 CBase3 及 CBase3 类成员对象 memberCBase3 不必列在派生类的构造函数中。其次，基类名和成员对象名的顺序是随意的。这里派生类构造函数的函数体为空，实际上，它只是起到了传递参数和调用基类及内嵌对象构造函数的作用。

现在来分析 CDerive 类的构造函数的执行情况，它首先调用基类的构造函数，然后调用内嵌对象的构造函数。基类构造函数的调用顺序即在派生类定义时说明的顺序，因此，应该是首先调用 CBase2，然后调用 CBase1，最后调用 CBase3。而内嵌对象构造函数的调用顺序是按照成员对象在类中说明的顺序，应该是首先调用 CBase1，然后调用 CBase2，最后调用 CBase3。析构函数的执行顺序刚好和构造函数的执行顺序相反。程序运行的结果完全证实了这种分析。

11.4 派生中成员的标识与访问

类的派生经过吸收基类成员—改造基类成员—添加新成员的过程，可以形成一个具有层次结构的类族。在类族中派生类的访问有两个问题需要解决：一是唯一标识问题，二是可见性问题。对于在不同的作用域定义的标识符，可见性原则是：若存在两个或多个具有包含关系的作用域，外层定义的标识符如果在内层没有定义同名标识符，那么它在内层仍可见;如果内层定义了同名标识符,则外层标识符在内层不可见,这时称内层标识符覆盖了外层同名标识符,称为同名覆盖。可见性通过成员本身的属性体现,即只能访问一个能够唯一标识的可见成员。如果通过某一个表达式能调用的成员不止一个,则存在二义性,C++通过作用域分辨符避免二义性。

11.4.1 作用域分辨符

作用域分辨符就是我们经常见到的"::",它可以用来限定要访问的成员归属于哪个类,一般的使用形式为:

<类名>::<数据成员名>
<类名>::<成员函数名>(参数表)

在类的派生层次结构中,基类的成员和派生类新增的成员都具有类作用域,二者的作用范围不同,是相互包含的两个层,派生类在内层。这时,如果派生类定义了和某个基类成员同名的新成员(如果是成员函数,则参数表也要相同,参数不同的情况属于重载),派生的新成员覆盖了外层同名成员,直接使用成员名只能访问派生类的成员。如果加入作用域分辨符,并使用基类名来限定,就可以访问基类的同名成员。

11.4.2 多继承中作用域的分辨

在多继承中,如果某个派生类的部分或全部的直接基类是从另一个共同的基类派生而来,在这些直接基类中,从上一级基类继承的成员就拥有相同的名称。因此,派生类中也就会产生同名现象,对这种类型的同名成员需要使用作用域分辨符来唯一标识,而且必须用直接基类进行限定。观察下面的例题。

【例 11-3】 基类 CLevel1 有数据成员 n1 和函数成员 fun1(),由 CLevel1 公有派生 CLevel21 和 CLevel22 两个类,再以 CLevel21 和 CLevel22 作为基类共同公有派生新类 CLevel3,它们的派生关系及派生类的结构如图 11-2 所示。

问题分析:

现在来讨论同名成员 n1 和 fun1()的标识与访问问题。间接基类 CLevel1 的成员经过两次派生之后,通过不同的派生路径以相同的名字出现在派生类 CLevel3 中。这时,如果使用基类名 CLevel1 来限定,同样无法表明成员到底是从 CLevel21 还是 CLevel22 继承而来,因此,必须使用直接基类 CLevel21 或 CLevel22 的名称来限定,才能唯一标识和访问成员。

程序代码如下:

```
#include <iostream>
using namespace std;
class CLevel1                                      //定义基类 CLevel1
{
public:
    int n1;
    void fun1(){cout <<"This is CLevel1,n1 = "<< n1 << endl;}
};
class CLevel21:public CLevel1                    //定义派生类 CLevel21
{
```

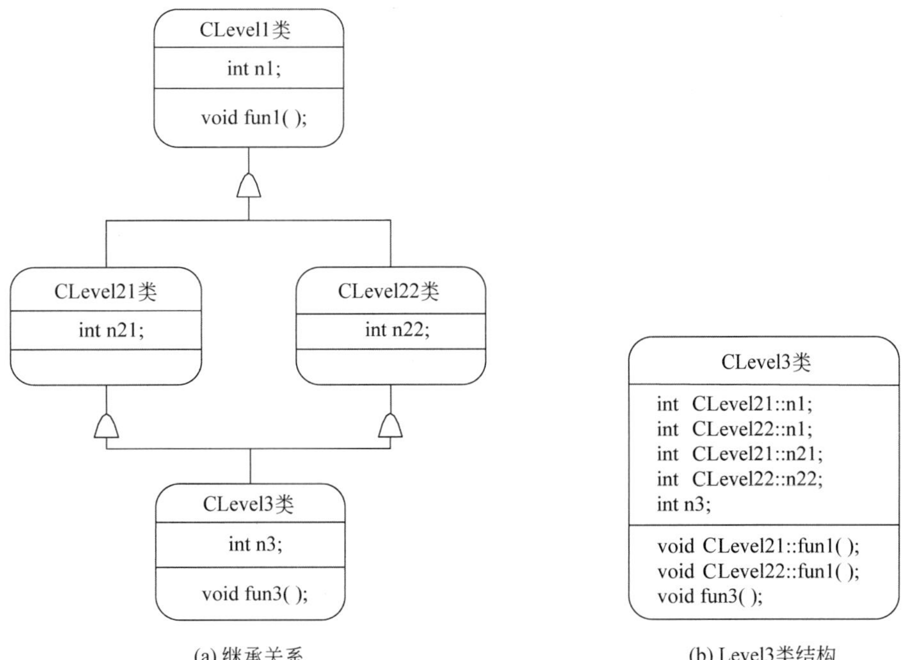

图 11-2 多继承情况下派生类 CLevel3 的继承关系和成员结构

```
public:
    int n21;
};
class CLevel22:public CLevel1                   //定义派生类 CLevel22
{
public:
    int n22;
};
class CLevel3:public CLevel21,public CLevel22   //定义派生类 CLevel3
{
public:
    int n3;
    void fun3(){cout <<"This is CLevel3,n3 = "<< n3 << endl;}
};
int main()
{
    CLevel3 obj;
    obj.n3 = 1;                                 //对象名.成员名方式

    obj.fun3();
    obj.CLevel21::n1 = 2;                       //通过直接基类 CLevel21::使用 n1
    obj.CLevel21::fun1();                       //通过直接基类 CLevel21::使用 fun1()
    obj.CLevel22::n1 = 3;                       //通过直接基类 CLevel22::使用 n1
    obj.CLevel22::fun1();                       //通过直接基类 CLevel22::使用 fun1()
    return 0;
}
```

程序运行结果:

```
This is CLevel3,n3 = 1
This is CLevel1,n1 = 2
This is CLevel1,n1 = 3
```

程序说明:

在程序主函数中,创建了一个派生类的对象 obj,如果只通过成员名称来访问该类的成员 n1 和 fun1(),则系统无法唯一确定要引用的成员。这时,必须使用作用域分辨符,通过直接基类名来确定要访问的从基类继承的成员。

在这种情况下,派生类对象在内存中同时拥有成员 n1 及 fun1()的两份同名副本。对于数据成员来说,两个 n1 可以分别通过 CLevel21 和 CLevel22 调用 CLevel1 的构造函数进行初始化,可以存放不同的数值,也可以使用作用域分辨符通过直接基类名限定来分别进行访问。但是,在很多情况下,我们只需要一个这样的数据副本,同一成员的多份副本增加了内存的开销。C++提供了虚基类技术来解决这一问题,这部分内容将在后文中介绍。

11.5 对象指针

1. 对象指针的定义

对象指针也称为类的指针变量,它是一个用于保存该类对象在内存中存储空间首地址的指针型变量,同普通数据类型的指针变量有相同的性质。定义一个类的指针变量的语法形式如下:

<类名>　*<指针变量名>

取得一个对象在内存中首地址的方法同取得变量在内存中首地址的方法一样,都是通过取地址运算符“&”。同样,已知一个对象的指针,要访问该对象的方法仍然可以使用指向运算符“ * ”。

如果已知一个对象的指针,要访问该对象中的成员,其方法同结构体变量的指针是相似的,既可以使用运算符“ * ”先取得该对象的实际“值”,再使用成员运算符“.”访问数据成员和成员函数,也可以使用运算符“ ->”直接访问该指针所指向的对象的数据成员和成员函数。例如:

```
CStudent Stu1;
CStudent * pStu = &Stu1;
 * pStu.SetInfo();
pStu -> DisplInfo();
```

其中,SetInfo()和 DispInfo()都是类 CStudent 的成员函数。

说到对象指针,就必须说说 this 指针,它是每个对象中隐藏的指针,当一个对象生成后,这个对象的 this 指针就指向内存中保存该对象数据的存储空间的首地址。

在类的成员函数中可以使用 this 指针,this 指针就好像类的一个自动隐藏的私有成员一样。this 指针可以形象地用如下定义来说明。

```
class CMyClass
```

```
{
private:
    CMyClass * this;
     …
public:
    CMyClass();
     …
};
```

实际上,不必像上面那样定义 this 指针,this 指针对一个对象来说是由系统自动生成的,它是默认的。

2. 引入派生类后的对象指针

前文介绍了一般对象的指针,它们各自独立,之间没有联系,相互不能混用。引入派生类后,由于派生类是由基类派生而来,派生类和基类之间息息相关。因此,指向派生类和基类的指针也是相关的。在引入了派生概念后,任何被说明为指向基类对象的指针都可以指向它的公有派生类。观察下面例题。

【例 11-4】 引入派生类后的对象指针。

程序代码如下:

```
#include <iostream>
#include <string>
using namespace std;
class CString
{
    char * name;
    int length;
public:
    CString(char * str)
    {
        length = strlen(str);
        name = new char[length + 1];
        strcpy(name, str);
    }
    void show(){cout << name << endl;}
};

class CDe_string:public CString
{
    int age;
public:
    CDe_string(char * str, int age):CString(str)
        {CDe_string::age = age;}
    void show()
    {
        CString::show();
        cout <<"the age is:"<< age << endl;
    }
};
int main()
```

```
{
    CString s1("Smith"), * ptr1;         //定义 CString 类对象 s1 及指针 ptr1
    CDe_string s2("Jean",20), * ptr2;    //定义 CDe_string 类对象 s2 及指针 ptr2
    ptr1 = &s1;                          //将 ptr1 指向 s1 对象
    ptr1 -> show();                      //调用 CString 类的成员函数
    ptr1 = &s2;                          //将 ptr1 指向 CString 类的派生类 CDe_string 的对象 s2
    ptr1 -> show();                      //调用 s2 对象所属的基类的成员函数 show()
    ptr2 = &s2;                          //将 ptr2 指向 CDe_string 类对象 s2
    ptr2 -> show();                      //调用 CDe_string 类的成员函数 show()
    return 0;
}
```

程序运行结果：

```
Smith
Jean
Jean
the age is:20
```

程序说明：

在上述程序中，虽然 ptr1 指针已经指向了 s2 对象(ptr1 = &s2)，但是它所调用的函数(ptr1-> show())仍然是其基类对象的成员函数，这是使用时常要特别注意的问题。

在使用引入派生类之后的对象指针时，要特别注意下面几点。

(1) 可以用一个定义指向基类对象的指针指向它的公有派生的对象，若试图指向它的私有派生的对象则是被禁止的。

(2) 不能将一个定义为指向派生类对象的指针指向其基类的对象。

(3) 定义为指向基类对象的指针，当其指向派生类对象时，只能利用它来直接访问派生类中从基类继承的成员，不能直接访问公有派生类中的成员。若想访问其公有派生类的成员，可以将基类指针的显式类型转换为派生类指针来实现。

在公有继承前提下，除了派生类对象的地址可以赋给指向基类的指针，派生类的对象也可以赋值给基类对象，还可用派生类的对象初始化基类的引用。也就是说，在需要基类对象的任何地方都可以使用公有派生类的对象来替代，这就是所谓的赋值兼容规则，在替代之后，派生类对象就可以作为基类的对象使用，但只能使用从基类继承的成员。

11.6 小结与知识扩展

11.6.1 小结

面向对象的继承和派生机制的目的是实现代码的重用和扩充。派生类的一般定义形式为：

```
class  <派生类名>:[继承方式]  <基类名>
{
    <派生类成员说明>
};
```

通过分析派生类生成的过程，可以更明确如何定义派生类。派生类生成的三个步骤：

(1) 吸收基类成员。

在类继承中，第一步是将基类的成员全盘接收，这样派生类实际上就包含了它的所有基类中除构造函数和析构函数之外的所有成员(在派生过程中，构造函数和析构函数都不被继承)。

(2) 改造基类成员。

对基类成员的改造包括两方面：一是基类成员的访问控制问题，主要依靠派生类定义时的继承方式来控制；二是对基类数据或函数成员的覆盖，就是在派生类中定义一个和基类数据或函数同名的成员。

(3) 添加新的成员。

派生类新成员的加入是继承与派生机制的核心，是保证派生类在功能上有所发展的关键。可以根据实际情况的需要，给派生类添加适当的数据成员和函数成员，实现必要的新增功能。

类的继承方式有三种：public(公有继承)、protected(保护继承)和 private(私有继承)，对于不同的继承方式，会导致基类成员原来的访问属性在派生类中有所变化(见表 11-2)。

在多继承中，作用域分辨符“::”用来限定要访问的成员归属于哪个类，一般的使用形式为：

```
<类名>::<数据成员名>
<类名>::<成员函数名>(参数表)
```

派生类的构造函数需要以合适的初值作为参数，隐含调用基类和新增的内嵌对象成员的构造函数来初始化它们各自的数据成员，再加入新的语句对新增普通数据成员进行初始化。

对象指针用于保存该类对象在内存中存储空间首地址的指针型变量，引入派生概念后，任何被说明为指向基类对象的指针都可以指向它的公有派生类，但对象指针在使用时也存在一些限制。

11.6.2 虚基类解决“二义性”

在多继承中，如果某个派生类的部分或全部直接基类是从另一个共同的基类派生而来，在这些直接基类中，从上一级基类继承的成员就拥有相同的名称。因此，派生类中也就会产生同名现象，这时派生类对象在内存中同时拥有非直接基类中成员的两份同名副本。为了正确标识从不同直接基类继承的成员，可以使用作用域分辨符通过直接基类名限定来分别访问继承的不同成员。另外，C++还提供了虚基类技术来解决这一问题，具体做法是将共同基类设置为虚基类，这样从不同的路径继承的同名数据成员在内存中就只有一个副本，同一个函数名也只有一个映射，所以也可以解决同名成员的唯一标识问题。

1. 虚基类的声明

虚基类的定义是在派生类的定义过程中进行的，其语法形式为：

```
class  <派生类>:virtual [继承方式]  <基类名>
```

上述语句声明基类为派生类的虚基类。在多继承情况下，虚基类关键字 virtual 的作用范围和继承方式与一般派生类的定义一样,只对紧跟其后的基类起作用。虚基类声明之后,虚基类的成员在进一步派生过程中和派生类一起维护同一个内存数据副本。

【例 11-5】 用虚基类的方法重做例 11-3。

程序代码如下:

```
#include <iostream>
using namespace std;
class CLevel1                                    //定义基类 CLevel1
{
public:
    int n1;
    void fun1(){cout <<"This is CLevel1,n1 = "<< n1 << endl;}
};
class CLevel21:virtual public CLevel1            //定义派生类 CLevel21,CLevel1 为虚基类
{
public:
    int n21;
};
class CLevel22:virtual public CLevel1            //定义派生类 CLevel22,CLevel1 为虚基类
{
public:
    int n22;
};
class CLevel3:public CLevel21,public CLevel22    //定义派生类 CLevel3
{
public:
    int n3;
    void fun3(){cout <<"This is CLevel3,n3 = "<< n3 << endl;}
};
int main()
{
    CLevel3 obj;
    obj.n3 = 1;
    obj.fun3();
    obj.n1 = 2;                                  //采用虚基类后,直接使用
    obj.fun1();                                  //"对象名.成员名"方式
    return 0;
}
```

程序运行结果:

```
This is CLevel3,n3 = 1
This is CLevel1,n1 = 2
```

程序说明:

这里与例 11-3 不同的是,派生时声明 CLevel1 为虚基类,再以 CLevel21 和 CLevel22 作为基类共同公有派生产生了新类 CLevel3,在派生类中,没有添加新的同名成员(如果有同名成员,同样遵循同名覆盖规则),这时在 CLevel3 类中,通过 CLevel21 和 CLevel22 两条派生路径继承的基类 CLevel1 中的成员 n1 和 fun1()只有一份副本。

使用虚基类之后，在 CLevel3 派生类中只有唯一的数据成员 n1 和函数成员 fun1()。在建立 CLevel3 类对象的模块中，直接使用“对象名.成员名”方式就可以唯一标识和访问这些成员。

2. 虚基类及其派生类的构造函数

虚基类的初始化与一般的多继承的初始化在语法上是一样的，但构造函数的调用顺序不同。它的调用顺序如下。

(1) 虚基类的构造函数在非虚基类之前调用。

(2) 若同一层次中包含多个虚基类，这些虚基类的构造函数按它们说明的顺序调用。

(3) 若虚基类由非虚基类派生而来，则先调用基类构造函数，再调用派生类的构造函数。

习　　题

11-1　填空题

(1) 派生新类的过程经历三个步骤：________，________，________。

(2) 在类族中，直接参与派生出某类的基类称为________；基类的基类甚至更高层的基类称为________。

(3) 在继承中，如果只有一个基类，则这种继承方式称为________；如果基类名有多个，则这种继承方式称为________。

(4) 在下列访问属性与继承方式的表格空白处填写“能”或“否”。(注：表中的对象和成员函数都是派生类的)

继承方式	访问属性					
	public		protected		private	
	对象能否访问	成员函数能否访问	对象能否访问	成员函数能否访问	对象能否访问	成员函数能否访问
public						
protected						
private						

11-2　简答题

(1) 类有几种继承方式？比较各方式派生类对基类成员的继承性。

(2) 在创建派生类对象时，构造函数和析构函数执行的顺序是怎样的？

(3) 什么叫作虚基类？它有什么作用？

11-3　阅读程序题

(1) 分析下列程序，并写出程序运行结果。

```
#include <iostream>
using namespace std;
class B
```

```
{
int x1,x2;
public:
    void Init(int n1,int n2){x1 = n1;x2 = n2;}
    int inc1(){return ++x1;}
    int inc2(){return ++x2;}
    void disp(){cout <<"B,x1 = "<< x1 <<",x2 = "<< x2 << endl;}
};
class D1:B
{
    int x3;
public:
    D1(int n3){x3 = n3;}
    void Init(int n1,int n2){B::Init(n1,n2);}
    int inc1(){return B::inc1();}
    int inc2(){return B::inc2();}
    int inc3(){return ++x3;}
    void disp(){cout <<"D1,x3 = "<< x3 << endl;}
};
class D2:public B
{
    int x4;
public:
    D2(int n4){x4 = n4;}
    int inc1()
    {
        int temp = B::inc1();
        temp = B::inc1();
        temp = B::inc1();
        return B::inc1();
    }
    int inc4(){return ++x4;}
    void disp(){cout <<"D2,x4 = "<< x4 << endl;}
};
int main()
{
    B b;
    b.Init(-2,-2);
    b.disp();
    D1 d1(3);
    d1.Init(5,5);
    d1.inc1();
    d1.disp();
    D2 d2(6);
    d2.Init(-4,-4);
    d2.disp();
    d2.inc1();
    d2.inc2();
    d2.disp();
    d2.B::inc1();
    d2.disp();
```

```
return 0;
}
```

程序运行结果：

(2) 下列程序中，基类 B 和派生类 D1、D2 中都含有私有成员、保护成员和公有成员，D1 类是基类 B 的派生类，D2 是 D1 的派生类。试分析下列程序的访问权限。

```
#include <iostream>
using namespace std;
class B
{
private:
    int n1;
protected:
    int k1;
public:
    B(){n1 = 0;k1 = 1;}
void fun1(){cout << n1 << k1 << endl;}
};
class D1:public B
{
private:
    int n2;
protected:
    int k2;
public:
    D1(){n2 = 10;k1 = 11;}
    void fun2(){cout << n1 << k1 << endl; cout << n2 << k2 << endl;}
};
class D2:public D1
{
private:
    int n3;
protected:
    int k3;
public:
    D2(){n3 = 20;k3 = 21;}
    void fun3(){cout << n1 << k1 << endl;cout << n2 << k2 << endl; cout << n3 << k3 << endl;}
};
int main()
{
    B bobj;
    D1 d1obj;
    D2 d2obj;
    bobj.fun1();
    d1obj.fun2();
    d2obj.fun3();
```

```
    return 0;
}
```

① 回答下列问题：

- 派生类D1中成员函数fun2()能否访问基类B中的成员fun1()、n1和k1?
- 派生类D1的对象能否访问基类B中的成员fun1()、n1和k1?
- 派生类D2中成员函数fun3()能否访问直接基类D1中的成员fun2()、n2和k2? 能否访问基类B中的成员fun1()、n1和k1?
- 派生类D2的对象能否访问直接基类D1中的成员fun2()、n2和k2? 能否访问基类B中的成员fun1()、n1和k1?

② 以上程序中有错,请改正并上机验证。

(3) 下面是一个有关虚基类及其派生类的初始化的程序。如果虚基类中定义有非默认形式(即带形参)的构造函数,在整个继承结构中,直接或间接继承虚基类的所有派生类,都必须在构造函数的成员初始化表中列出对虚基类的初始化。

```
#include <iostream>
using namespace std;
class B1
{
public:
    int n1;
    B1(int in_n1){n1 = in_n1;cout <<"B1,n1 = "<< n1 << endl;}
};
class B21:virtual public B1
{
public:
    int n21;
    B21(int a):B1(a){n21 = a;cout <<"B21,n21 = "<< n21 << endl;}
};
class B22:virtual public B1
{
public:
    int n22;
    B22(int a):B1(a){n22 = a;cout <<"B22,n22 = "<< n22 << endl;}
};
class B3:public B21,public B22
{
public:
    int n3;
    B3(int a):B1(a),B21(a),B22(a){n3 = a;cout <<"B3,n3 = "<< n3 << endl;}
};
int main()
{
    B3 obj(5);
    return 0;
}
```

① 如果程序运行结果为：

```
B1,n1 = 5
B22,n22 = 5
B21,n21 = 5
B3,n3 = 5
```

应该如何修改上述程序？

② 如果将 B3(int a)：B1(a),B21(a),B22(a){n3=a;cout<<"B3,n3="<<n3<<endl;}中的 B21(a)和 B22(a)的位置调换，程序的运行结果是否会有变化？

11-4 完成下列程序

(1) 下列是一个从 CPoint 类私有派生新的矩形 CRectangle 类的程序。填空完成程序，并上机运行验证。

```
#include <iostream>
#include <math.h>
using namespace std;
class CPoint
{
private:
    float x,y;
public:
    void initP(float xx = 0, float yy = 0){x = xx;y = yy;}
    void move(float xOff,float yOff){____①____; }
    float get_x(){return x;}
    float get_y(){return y;}
};
class CRectangle: ____②____
{
private:
    float w,h;
public:
    void initRect(float xx, float yy,float ww,float hh)
    {____③____;w = ww;h = hh;}
    float get_h(){return h;}
    float get_w(){return w;}
};
int main()
{
    CRectangle rect;
    rect.initRect(2,3,20,10);
    rect.move(3,2);
    cout <<"The data of rect(x,y,w,h):"<< endl;
    cout << rect.get_x()<<","
         << rect.get_y()<<","
         << rect.get_w()<<","
         << rect.get_h()<< endl;
    return 0;
}
```

程序运行结果：

```
The data of rect(x,y,w,h):
5,5,20,10
```

(2) 下列程序中定义一个圆类 CCircle 和一个桌子类 CTable，另外定义一个圆桌类 CRoundTable，它是由 CCircle 和 CTable 两个类派生的，要求定义一个圆桌类对象，并输出圆桌的高度、面积和颜色。填空完成程序，并上机运行验证。

```
#include <iostream>
#include <string>
using namespace std;
class CCircle
{
    double radius;
public:
    CCircle(double r){radius = r;}
    double get_area(){return ____①____;}
};
class CTable
{
    double height;
public:
    CTable(double h){ height = h;}
    double get_height(){return height;}
};
class CRoundTable:public CTable,public CCircle
{
    char *color;
public:
    CRoundTable(double h,double r,char c[]): ____②____
    {
        color = new char[strlen(c) + 1];
        ____③____;
    }
    char *get_color(){return color;}
};
int main()
{
    CRoundTable rt(0.8,1.0,"白色");
    cout <<"圆桌数据:"<< endl;
    cout <<"圆桌高度:"<< rt.get_height()<< endl;
    cout <<"圆桌面积:"<< rt.get_area()<< endl;
    cout <<"圆桌颜色:"<< rt.get_color()<< endl;
    return 0;
}
```

11-5　编程题

(1) 定义一个水果类和树类，并描述它们的一些特征，在此基础上派生出果树类。

(2) 编写程序，定义一个 CShape 基类，再派生出 CRectangle 和 CCircle 类，二者都由 get_area()函数计算相应图形的面积。

(3) 编写程序，实现输入和输出学生和教师的数据。学生数据包括学号、姓名、班号和三科成绩；教师数据包括编号、姓名、职称和部门。要求定义一个 CPerson 类作为学生数据操作类 CStudent 和教师数据操作类 CTeacher 的基类。

第12章 多 态 性

本章要点

- 多态及其实现原理。
- 运算符重载。
- 虚函数的定义及使用。

多态性是面向对象程序设计的重要特性之一。简单地说，多态性就是“一个接口，多种实现”，是同一种事物表现出的多种形态。

12.1 多 态 概 述

12.1.1 多态性的基本概念

1. 多态性概念

多态性是指同一个接口可以通过多种方法调用。通俗地说，多态性是指用一个相同的名字定义不同的函数，这些函数的执行过程不同，但有相似的操作，即用同样的接口访问不同的函数。在实际的系统设计阶段，当设计人员决定把某一类型的活动用于一个给定的对象时，并不关心这个对象如何解释这个活动以及这个方法如何实现，而只关心这个活动对这个对象所产生的作用。

2. 多态性的作用

利用多态性，程序员可以通过向一个对象发送消息来完成一系列操作，而不用关心软件系统是如何实现这些操作的。因此，多态性的作用如下。

(1) 使程序代码更为精简。

(2) 提高程序的可扩充性和可维护性。

3. 多态性的分类

从实现的角度来讲，面向对象的多态性可以分为静态多态和动态多态两种。静态多态是在编译的过程中确定同名操作的具体操作对象；动态多态是在程序运行过程中动态地确定操作所针对的具体对象。这种确定操作具体对象的过程称为联编，也称为绑定(binding)。

12.1.2 联编与多态的实现方式

联编是指计算机程序自身彼此关联的过程，也就是把一个标识符和一个存储地址联系在一起的过程。

按照联编进行阶段的不同，联编方法可以分为两种：静态联编和动态联编。这两种联编过程分别对应着多态的两种实现方式。

1. 静态联编

联编工作在编译、连接阶段完成的情况称为静态联编。在编译、连接过程中，系统可以根据类型匹配等特征确定程序中操作调用与执行该操作的代码的关系，即确定某一个同名标识要调用哪一段程序代码。例如，函数重载和运算符重载都属于静态联编。

2. 动态联编

和静态多态相对应，联编工作在程序运行阶段完成的情况称为动态多态。在编译、连接过程中无法解决的联编问题，要等到程序运行之后再确定。例如，虚函数就是通过动态联编完成的。

12.1.3 多态的实现原理

依据实现的方式，多态性可以分为静态多态和动态多态两种，它们之间有一定的相似性，但是应用范围和效率都有所不同。

1. 静态多态的实现原理

C++中的静态多态是通过静态联编实现的，具体表现为重载。重载包括函数重载和运算符重载，而运算符重载本质上是函数重载。

函数重载也称多态函数。C++编译系统允许为两个或两个以上的函数取相同的函数名，但是形参的个数或形参的类型至少有一个不同，编译系统会根据实参和形参的类型及个数的最佳匹配，自动确定调用函数。

2. 动态多态的实现原理

C++中的动态多态是通过在基类的函数前加上 virtual 关键字，在派生类中重写该函数，程序运行时将会根据对象的实际类型调用相应的函数。如果对象类型是派生类，则调用派生类的函数；如果对象类型是基类，则调用基类的函数。

12.2 运算符重载

运算符重载是多态性的重要表现。C++中预定义的运算符的操作对象只能是基本数据类型。实际上，对于很多用户自定义的类型(如类)，也需要有类似的运算操作。例如，定义一个复数类 CComplex：

```
class CComplex
{
private:
    int real,imag;
public:
    ...
};
```

可以这样定义复数类 CComplex 的对象：

```
CComplex k1(1,1),k2(3,3)
```

如果需要对 k1 和 k2 进行加法运算,该如何实现呢? 我们当然希望能使用"+"运算符写出表达式"k1+k2",但这在编译的时候会出错,因为编译器不知道该如何完成这个加法。这时候,我们就需要自己编写程序来说明"+"在作用于 CComplex 类对象时,该实现什么样的功能,这就是运算符重载。运算符重载是对已有的运算符赋予多重含义,使同一个运算符作用于不同类型的数据,执行不同类型的行为。

在运算符重载的实现过程中,首先把指定的运算表达式转化为对运算符函数的调用,运算对象转化为运算符函数的实参。然后根据实参的类型确定需要调用的函数,这个过程是在编译过程中完成的。

12.2.1 运算符重载的规则和形式

1. 运算符重载的规则

运算符是在 C++系统内部定义的,它们具有特定的语法规则,如参数说明、运算顺序、优先级别等。因此,运算符重载时必须要遵守一定的规则。

(1) C++中的运算符除了少数几个[类属关系运算符(.)、作用域分辨符(::)、成员指针运算符(*)、sizeof 运算符和三目运算符(?:)]之外,全部可以重载,但只能重载 C++中已有的运算符,不能臆造新的运算符。

(2) 重载之后运算符的优先级和结合性都不能改变,也不能改变运算符的语法结构,即单目运算符只能重载为单目运算符,双目运算符只能重载为双目运算符。

(3) 运算符重载后的功能应当与原有功能相类似。

(4) 重载运算符的含义必须清楚,不能有二义性。

2. 运算符重载的形式

运算符重载的形式有两种:重载为类的成员函数和重载为类的友元函数。

运算符重载为类的成员函数的一般语法形式为:

```
<函数类型>  operator  <运算符>(形参表)
{
    <函数体>
}
```

运算符重载为类的友元函数的一般语法形式为:

```
friend  <函数类型>  operator  <运算符>(形参表)
{
    <函数体>
}
```

其中:

(1) 函数类型指定了重载运算符的返回值类型,也就是运算结果类型。

(2) operator 是定义运算符重载函数的关键字。

(3) 运算符是要重载的运算符名称。

(4) 形参表给出重载运算符所需要的参数和类型。

(5) friend 是对于运算符重载为友元函数时,在函数类型说明之前使用的关键字。

特别需要注意的是,当运算符重载为类的成员函数时,函数的参数个数比原来的操作数个数要少一个(后置"++""--"除外);当重载为类的友元函数时,参数个数与原操作数个数相同。原因是重载为类的成员函数时,如果某个对象使用了重载的成员函数,自身的数据可以直接访问,就不需要再放在参数表中进行传递,少了的操作数就是该对象本身。而重载为友元函数时,友元函数对某个对象的数据进行操作,就必须通过该对象的名称来进行,因此,使用的参数都要进行传递,操作数的个数就不会有变化。

12.2.2 运算符重载为成员函数

运算符重载实质上就是函数重载,当运算符重载为成员函数之后,它就可以自由地访问本类的数据成员了。实际使用时,总是通过该类的某个对象来访问重载的运算符。如果是双目运算符,一个操作数是对象本身的数据,由 this 指针指出;另一个操作数则需要通过运算符重载函数的参数表来传递。如果是单目运算符,操作数由对象的 this 指针给出,就不再需要任何参数。下面分别介绍这两种情况。

1. 双目运算符重载(oprd1 B oprd2)

对于双目运算符 B,如果要重载 B 为类的成员函数,使之能够实现表达式 oprd1 B oprd2。假设 oprd1 和 oprd2 为 A 类的对象,则应当把 B 重载为 A 类的成员函数,该函数只有一个形参,形参的类型是 A 类。经过重载之后,表达式 oprd1 B oprd2 相当于函数调用 oprd1.operator B(oprd2)。

2. 单目运算符重载

1) 前置单目运算符重载(U oprd)

对于前置单目运算符 U,如"-"和"++"等,如果要重载 U 为类的成员函数,使之能够实现表达式 U oprd。假设 oprd 为 A 类的对象,则 U 应当重载为 A 类的成员函数,函数没有形参。经过重载之后,表达式 U oprd 相当于函数调用 oprd.operator U()。

例如,前置单目运算符"++"重载的语法形式为:

```
<函数类型> operator ++();
```

使用前置单目运算符"++"的语法形式为:

```
++<对象>;
```

2) 后置单目运算符重载(oprd V)

对于后置运算符 V,如"++"和"--",如果要将它们重载为类的成员函数,使之能够实现表达式 oprd ++或 oprd --。假设 oprd 为 A 类的对象,那么运算符就应当重载为 A 类的成员函数,这时函数要带有一个整型(int)形参。重载之后,表达式 oprd++ 和 oprd-- 相当于函数调用 oprd.operator++(0)和 oprd.operator --(0)。

例如,后置单目运算符"++"重载的语法形式为:

```
<函数类型> operator ++(int);
```

使用后置单目运算符"++"的语法形式为:

```
<对象>++;
```

【例 12-1】 使用运算符重载为成员函数的方法,实现复数加法、前置自增和后置自减运算。

问题分析：复数的加减法是实部和虚部分别相加减，运算符的两个操作数都是 CComplex 类的对象，因此，可以把双目运算符(+)重载为 CComplex 类的成员函数，重载函数只有一个形参，类型同样也是 CComplex 类对象。前置单目运算符(++)重载为 CComplex 类的成员函数，重载函数没有形参。后置单目运算符“--”重载为 CComplex 类的成员函数，重载函数有一个形参。

程序代码如下：

```
#include <iostream>
using namespace std;
class CComplex
{
private:
    int real, imag;
public:
    CComplex(int r = 0, int i = 0) {real = r;imag = i;}
    int get_real(){return real;}
    int get_imag(){return imag;}

    CComplex operator + (CComplex);              //成员函数重载运算符" + "
    CComplex operator ++();                      //成员函数重载运算符"++"为前置
    CComplex operator --(int);                   //成员函数重载运算符"--"为后置
};
CComplex CComplex::operator + (CComplex q)
{
    return  CComplex (real + q.real, imag + q.imag);
}
CComplex CComplex::operator ++()
{
    return  CComplex (++real, ++imag);
}
CComplex CComplex::operator --(int)
{
    return  CComplex (real--, imag--);
}
int main()
{
    CComplex k1(3,3),k2(2,2),k3,k4,k5(1,1);      //定义 CComplex 类的对象
    k3 = k1 + k2;                                //两复数相加
    ++k4;
    k5--;
    cout <<"k1 + k2 =  "<< k3.get_real()<<" +  i"<< k3.get_imag()<< endl;
    cout <<"++k4 = "<< k4.get_real()<<" +  i"<< k4.get_imag()<< endl;
    cout <<"k5-- = "<< k5.get_real()<<" +  i"<< k5.get_imag()<< endl;
    return 0;
}
```

程序运行结果：

```
k1 + k2 = 5 + i5
```

```
++k4 = 1 + i1
k5-- = 0 + i0
```

可以看出，除了在函数定义及实现时使用了关键字 operator 之外，运算符重载成员函数与类的普通成员函数没有区别。在使用时，可以直接通过运算符和操作数的方式来完成函数调用。

12.2.3 运算符重载为友元函数

运算符也可以重载为类的友元函数，这样它就可以自由地访问该类的任何数据成员。这时，运算所需要的操作数都需要通过函数的形参表来传递。在参数表中形参从左到右的顺序就是运算符操作数的顺序。但是，有些运算符（如“＝”“()”“[]”“->”）不能重载为友元。

1. 双目运算符重载为友元函数 oprdl B oprd2

对于双目运算符 B，如果 oprd1 和 oprd2 为 A 类的对象，则应当把 B 重载为 A 类的友元函数，该函数有两个形参，且两个形参的类型都是 A 类，经过重载之后，表达式 oprd1 B oprd2 相当于函数调用 operator B(oprd1，oprd2)。

2. 单目运算符重载为友元函数

1）前置单目运算 U oprd

对于前置单目运算符 U，如“-”等，如果要实现表达式 U oprd，假设 oprd 为 A 类的对象，则 U 可以重载为 A 类的友元函数，函数的形参类型为 A 类，经过重载之后，表达式 U oprd 相当于函数调用 operator U(oprd)。

2）后置单目运算符重载为友元函数 oprd V

对于后置运算符 V，如“++”和“--”，如果要实现表达式 oprd++或 oprd--，假设 oprd 为 A 类的对象，那么运算符就可以重载为 A 类的友元函数，这时函数的形参有两个，一个形参的类型是 A 类；另一个形参的类型是整型(int)。重载之后，表达式 oprd ++和 oprd -- 相当于函数调用 operator ++(oprd，0)和 operator --(oprd，0)。

【例 12-2】 使用运算符重载为友元函数的方法，实现两个复数的相减运算、前置自增和后置自减运算。

程序代码如下：

```
#include <iostream>
using namespace std;
class CComplex
{
private:
    int real, imag;
public:
    CComplex(int r = 0, int i = 0) {real = r;imag = i;}
    int get_real(){return real;}
    int get_imag(){return imag;}

    friend CComplex operator - (CComplex,CComplex);//友元函数重载运算符"-"
    friend CComplex operator ++(CComplex &);       //友元函数重载运算符"++"为前置
    friend CComplex operator --(CComplex &);       //友元函数重载运算符"--"为后置
                                                   //参数必须用引用
```

```
};
CComplex operator ++(CComplex &q)
{
    return  CComplex(++q.real, ++q.imag);
}
CComplex operator - (CComplex q1,CComplex q2)
{
    return  CComplex(q1.real - q2.real, q1.imag - q2.imag);
}

CComplex operator --(CComplex &q)
{
    return  CComplex(q.real--, q.imag--);
}

int main()
{
    CComplex k1(3,3),k2(2,2),k3,k4,k5(1,1);
    k3 = k1 - k2;                                    //两复数相减
    ++k4;
    k5--;
    cout <<"k1 - k2 = "<< k3.get_real()<<" +  i"<< k3.get_imag()<< endl;
    cout <<"++k4 = "<< k4.get_real()<<" +  i"<< k4.get_imag()<< endl;
    cout <<"k5-- = "<< k5.get_real()<<" +  i"<< k5.get_imag()<< endl;
    return 0;
}
```

程序运行结果：

```
k1 - k2 = 1 + i1
++k4 = 1 + i1
k5-- = 0 + i0
```

可以看到,将运算符重载为类的友元函数时,必须把操作数全部通过形参的方式传递给运算符重载函数。和例 12-1 相比,例 12-1 的主函数只是将两个复数相加改为相减,其他没有任何改动,程序运行的结果除相减外,其他完全相同。

12.2.4 运算符重载实例

前文介绍了一些简单运算符的重载,除此之外,还有以下运算符也常被重载。

1. 比较运算符重载

如：<、>、<=、>=、==、!=。

2. 赋值运算符重载

如：=、+=、-=、*=、/=。

【例 12-3】 比较运算符和赋值运算符重载。

程序代码如下：

```
#include <iostream>
using namespace std;
```

```
class CComplex
{
private:
    float real,imag;
public:
    CComplex(float r = 0, float i = 0) {real = r;imag = i;}
    CComplex(CComplex &);
    ~CComplex(){}
    bool operator == (CComplex);
    bool operator != (CComplex);
    CComplex operator += (CComplex);
    CComplex operator -= (CComplex);
    float get_real(){return real;}
    float get_imag(){return imag;}
};
CComplex::CComplex(CComplex &q)
{
    real = q.real;
    imag = q.imag;
}
bool CComplex::operator == (CComplex q)
{
    if( real == q.get_real() && imag == q.get_imag() )
        return 1;
    else
        return 0;
}
bool CComplex::operator != (CComplex q)
{
    if(real!= q.get_real()&&imag!= q.get_imag())
        return 1;
    else
        return 0;
}
CComplex CComplex::operator += (CComplex q)
{
    this->real += q.get_real();
    this->imag += q.get_imag();
    return *this;
}
CComplex CComplex::operator -= (CComplex q)
{
    this->real -= q.get_real();
    this->imag -= q.get_imag();
    return *this;
}
int main()
{
    CComplex k1(1,2),k2(3,4),k3(5,6);
    cout <<"k1 == k2?   "<<(k1 == k2)<< endl;
    cout <<"k1!= k2?   "<<(k1!= k2)<< endl;
```

```
    k3 += k1;
    cout <<"k3 += k1,k3:  "<< k3.get_real()<<","<< k3.get_imag()<< endl;
    k3 -= k1;
    cout <<"k3 - = k1,k3:  "<< k3.get_real()<<","<< k3.get_imag()<< endl;
    return 0;
}
```

程序运行结果：

```
k1 == k2?  0
k1!= k2?  1
k3 += k1,k3:  6,8
k3 -= k1,k3:  5,6
```

3. 下标运算符重载

下标运算符([ ])通常用于取数组中的某个元素，通过下标运算符重载，可以实现数组下标的越界检测等。下标运算符的重载关键是将下标值作为一个操作数，它的实现较为简单，用字符指针的首地址加下标值，再将相加后的地址返回，这样就实现了读取数组中某个元素的目的。

【例 12-4】 重载下标运算符。

程序代码如下：

```
#include < iostream >
#include < string.h >
using namespace std;
class CWord
{
private:
    char * str;
public:
    CWord(char * s)
    {
        str = new char[strlen(s) + 1];
        strcpy(str,s);
    }
    char &operator [] (int k)
    {
        return * (str + k);
    }
    void disp()
    {
        cout << str << endl;
    }
};

int main()
{
    char * s = "china";
    CWord w(s);
    w.disp();
```

```
    int n = strlen(s);
    while(n >= 0)
    {
        w[n-1] = w[n-1] - 32;
        n--;
    }
    w.disp();
    return 0;
}
```

程序运行结果：

```
china
CHINA
```

4. 逗号运算符重载

逗号运算符(,)是一个双目运算符，和其他运算符一样，也可以通过重载逗号运算符得到期望的结果。由逗号运算符构成的表达式为“左操作数，右操作数”，该表达式返回右操作数的值。

【例 12-5】 重载逗号运算符。

程序代码如下：

```
#include <iostream>
using namespace std;
class  CRectangle
{
private:
    int length,width;
public:
    CRectangle(){};
    CRectangle(int l,int w)
    {
        length = l;
        width = w;
    }

    CRectangle operator , (CRectangle r)
    {
        CRectangle t;
        t.length = r.length;
        t.width = r.width;
        return  t;
    }
    CRectangle operator + (CRectangle r)
    {
        CRectangle t;
        t.length = r.length;
        t.width = r.width;
        return  t;
    }
```

```
    void get_area()
    {
        cout <<"area:"<< length * width << endl;
    }
};
int main()
{
    CRectangle rect1(1,2),rect2(3,4),rect3(5,6);
    rect1.get_area();
    rect2.get_area();
    rect3.get_area();
    rect1 = (rect1,rect2 + rect3,rect3);
    rect1.get_area();
    return 0;
}
```

程序运行结果：

```
area:2
area:12
area:30
area:30
```

12.3 虚 函 数

虚函数是在引入了派生概念以后,用来表现基类和派生类的成员函数之间的一种关系,它是动态多态的基础。

12.3.1 虚函数概述

1. 虚函数的定义

虚函数的定义在基类中进行,它在需要定义为虚函数的成员函数声明中冠以关键字 virtual,从而提供了一种接口界面。当基类中的某个成员函数被声明为虚函数后,此虚函数就可以在一个或多个派生类中被重新定义。在派生类中重新定义时,其函数原型,包括返回类型、函数名、参数个数、参数类型以及参数的顺序都必须与基类中的原型完全相同。

虚函数的定义形式为：

```
virtual  <函数类型>  <函数名>(形参表)
{
    <函数体>
}
```

其中,被关键字 virtual 说明的函数为虚函数。特别要注意的是,虚函数的声明只能出现在类定义中的函数原型声明时,而不能出现在成员的函数体实现的时候。

注意：动态多态只能通过成员函数来调用或通过指针和引用来访问虚函数。如果采用对象名的形式访问虚函数,则将采用静态多态方式调用虚函数,而无须在运行过程中进行调用。

【例 12-6】 通过指针访问虚函数。

程序代码如下：

```
#include <iostream>
using namespace std;
class CBase                                    //定义基类 CBase
{
public:
    virtual void who()                         //定义虚函数
    {     cout <<"this is CBase !"<< endl;     }
};
class CDerive1:public CBase                    //定义基类派生类 CDerive1
{
public:
    void who()                                 //派生类 CDerive1 中重新定义虚函数
    {     cout <<"this is CDerive1 !"<< endl;     }
};
class CDerive2:public CBase                    //定义派生类 CDerive2
{
public:
    void who()                                 //派生类 CDerive2 中重新定义虚函数
    {     cout <<"this is CDerive2 !"<< endl;     }
};
int main()
{
    CBase obj, * ptr;
    CDerive1 obj1;
    CDerive2 obj2;
    ptr = &obj;
    ptr -> who();
    ptr = &obj1;
    ptr -> who();
    ptr = &obj2;
    ptr -> who();
    return 0;
}
```

程序运行结果：

```
this is CBase!
this is Cderive1!
this is CDerive2!
```

程序说明：

在基类中将函数 who()定义为虚函数，在其派生类中就可以重新定义它。在派生类 CDerive1 和 CDerive2 中分别重新定义函数 who()，此虚函数在派生类中重新定义时不再需要使用 virtual 进行声明(virtual 声明只在其基类中出现一次)。当函数 who()被重新定义时，其函数的原型与基类中的函数原型必须完全相同。在函数 main()中，定义了一个指向基类的指针，它也被允许指向其派生类，在执行过程中，不断改变它所指向的对象，ptr-> who

()就能调用不同的版本,虽然都是 ptr-> who()语句,但是,当 ptr 指向不同的对象时,所对应的执行函数就不同。由此可见,虚函数充分体现了多态性,并且,因为 ptr 指针指向哪个对象是在执行过程中确定的,所以体现的又是一种动态的多态性。

2. 虚函数与重载的关系

在一个派生类中重新定义基类的虚函数是函数重载的另一种特殊形式,它不同于一般的函数重载。

一般的函数重载,只要函数名相同即可,函数的返回类型及其参数可以不同。但当重载一个虚函数时,也就是说,在派生类中重新定义此虚函数时,则要求函数名、返回类型、参数个数、参数类型以及参数的顺序都要与基类中原型完全相同,不能有任何不同。

另外,在多继承中,由于派生类是由多个基类派生而来的,因此,虚函数的使用则不像单继承那样简单。若一个派生类,它的多个基类中有公共的基类,在公共基类中定义一个虚函数,则多重派生以后仍可以重新定义虚函数,也就是说,虚特性是可以传递的。

12.3.2 虚函数的限制

如果将所有的成员函数都设置为虚函数,这当然是很有益的。它除了会增加一些额外的资源开销,没有其他坏处。但设置虚函数时需要注意以下几点。

(1) 只有成员函数才能声明为虚函数。因为虚函数仅适用于有继承关系的类对象,所以普通函数不能声明为虚函数。

(2) 虚函数必须是非静态成员函数。因为静态成员函数不受限于某个对象。

(3) 内联函数不能声明为虚函数。因为内联函数不能在运行中动态确定其位置。

(4) 构造函数不能声明为虚函数。多态是指不同的对象对同一消息有不同的行为特性。虚函数作为运行过程中多态的基础,主要是针对对象的,而构造函数是在对象产生之前运行的,因此,虚构造函数是没有意义的。

(5) 析构函数可以定义为虚函数。析构函数的功能是在该类对象销毁之前进行一些必要的清理工作,析构函数没有类型,也没有参数,和普通成员函数相比,虚析构函数的情况略为简单。

12.3.3 虚析构函数

虚析构函数的定义形式为:

```
virtual ~<类名>( )
```

例如:

```
class B
{
public:
    //…
    virtual ~B();
};
```

如果一个类的析构函数是虚函数,那么由它派生而来的所有子类的析构函数也是虚函数。析构函数置为虚函数之后,在使用指针引用时可以实现动态多态,即通过使用基类的指针可以调用相应的析构函数对不同的对象进行清理工作。

如果某个类不包含虚函数，那一般是表示它将不作为一个基类来使用。当一个类不准备作为基类使用时，使析构函数为虚函数一般不是一个好主意，因为它会为类增加一个虚函数表，使得对象的体积翻倍，还有可能降低其可移植性。

无故地声明虚析构函数和永远不去声明一样是错误的。实际上，当类里包含至少一个虚函数的时候才去声明虚析构函数。

12.3.4 纯虚函数和抽象类

一个抽象类至少带有一个纯虚函数。

1. 纯虚函数

纯虚函数首先是虚函数，并且在基类中没有定义具体的操作内容，它要求各派生类根据实际需要定义自己的实现内容。纯虚函数的定义形式为：

```
virtual  <函数类型>  <函数名>(参数表) = 0
```

纯虚函数与一般虚函数成员的原型在形式上的不同就在于后面加了“=0”，表明在基类中不用定义该函数，它的实现部分——函数体留给派生类去做。

2. 抽象类

含有一个以上纯虚函数的类称为抽象类。抽象类的主要作用是通过它为一个类族建立一个公共的接口，使它们能够更有效地发挥多态特性。使用抽象类时需注意以下几点。

(1) 抽象类只能用作其他类的基类，不能建立抽象类对象。抽象类处于继承层次结构的较上层，一个抽象类自身无法实例化，而只能通过继承机制，生成抽象类的非抽象派生类，再实例化。

(2) 抽象类不能用作参数类型、函数返回值或显式转换的类型。

(3) 可以定义一个抽象类的指针和引用。通过指针或引用，可以指向并访问派生类对象，以实现访问派生类的成员。

(4) 抽象类的类中需要定义纯虚析构函数。

抽象类派生出新的类之后，如果派生类给出所有纯虚函数的函数实现，这个派生类就可以定义自己的对象，因而不再是抽象类；反之，如果派生类没有给出全部纯虚函数的实现，这时的派生类仍然是一个抽象类。

【例 12-7】 使用形状抽象类，通过重新定义求面积的虚函数，求长方形和圆的面积。

问题分析：在基类 CShapes 中将成员函数 get_area()说明为纯虚函数，这样基类 CShapes 就是一个抽象类。我们虽然无法定义 CShapes 类的对象，但是可以定义 CShapes 类的指针和引用。CShapes 类经过公有派生产生了 CRectangle 类和 CCircle 类。使用抽象类 CShapes 类型的指针，当它指向某个派生类的对象时，可以通过它访问该对象的虚成员函数。

程序代码如下：

```
#include <iostream>
using namespace std;
const double PI = 3.14159;
```

```
class CShapes                                   //抽象基类 CShapes 定义
{
protected:
    int x,y;
public:
    void setvalue(int xx,int yy = 0){x = xx;y = yy;}
    virtual void get_area() = 0;                //纯虚函数成员
};

class CRectangle:public CShapes                 //派生类 CRectangle 定义
{
public:                                         //虚成员函数
    void get_area(){cout <<"The area of rectangle is :"<< x * y << endl;}
};

class CCircle:public CShapes                    //派生类 CCircle 定义
{
public:                                         //虚成员函数
    void get_area(){cout <<"The area of circle is :"<< PI * x * x << endl;}
};
int main()
{
    CShapes *ptr[2];                            //定义抽象基类指针
    CRectangle rect1;
    CCircle cir1;
    ptr[0] = &rect1;                            //指针指向派生类 CRectangle 的对象
    ptr[0] -> setvalue(5,8);
    ptr[0] -> get_area();
    ptr[1] = &cir1;                             //指针指向 CCircle 类对象
    ptr[1] -> setvalue(10);
    ptr[1] -> get_area();
    return 0;
}
```

程序运行结果：

```
The area of rectangle is :40
The area of circle is :314.159
```

程序分析：

程序中类 CShapes、CRectangle 和 CCircle 属于同一个类族，抽象类 CShapes 通过纯虚函数为整个类族提供了通用的外部接口语义。通过公有派生而来的子类给出了纯虚函数的具体函数体实现，因此是非抽象类。这时可以定义非抽象类的对象，同时根据赋值兼容规则，抽象类 CShapes 类型的指针也可以指向任何一个派生类的对象，通过基类 CShapes 的指针可以访问正在指向的派生类 CRectangle 和 CCircle 类对象的成员，这样就实现了对同一类族中的对象进行统一的多态处理。

另外，程序中派生类的虚成员函数 get_area()并没有用关键字 virtual 显式说明，因为它们与基类的纯虚函数具有相同的名称及参数和返回值，由系统自动判断确定其为虚成员函数。

12.4 小结与知识扩展

12.4.1 小结

多态性是指同一个接口可以通过多种方法调用。联编是指计算机程序自身彼此关联的过程，按照联编进行阶段的不同，联编方法可以分为两种：静态联编和动态联编。这两种联编过程分别对应着多态的静态和动态两种实现方式。

C++中预定义的运算符的操作对象只能是基本数据类型，而对于很多用户自定义的类型(例如类)需要有类似的运算操作，因此需要对运算符进行重载。运算符重载是通过静态联编实现的，是典型的静态多态，它是对已有的运算符赋予多重含义，使同一个运算符作用于不同类型的数据，执行不同类型的行为。

虚函数是在引入了派生概念以后，用来表现基类和派生类的成员函数之间的一种关系，它是动态多态的基础。虚函数的定义在基类中进行，它在需要定义为虚函数的成员函数声明中冠以关键字 virtual，从而提供了一种接口界面。虚函数的定义形式为：

```
virtual  <函数类型>  <函数名>(形参表)
{
    <函数体>
}
```

纯虚函数首先是虚函数，并且在基类中没有定义具体的操作内容，它要求各派生类根据实际需要定义自己的实现内容。纯虚函数的定义形式为：

```
virtual  <函数类型>  <函数名>(参数表) = 0
```

含有一个以上纯虚函数的类称为抽象类。抽象类的主要作用是通过它为一个类族建立一个公共的接口，使它们能够更有效地发挥多态特性。

12.4.2 重载 new 和 delete 运算符

通过重载 new 和 delete 运算符，可以克服 new 和 delete 的不足，使其按要求完成对内存的管理。

【例 12-8】 重载 new 和 delete 运算符 。

问题分析：这是一个较为简单的重载 new 和 delete 运算符的程序。其中，new 运算符通过函数 malloc()实现，它的操作数是申请内存单元的字节数；delete 运算符通过函数 free()实现，它的操作数是一个指针，即告诉系统释放哪里的单元。

程序代码如下：

```
#include <iostream>
#include <malloc.h>
using namespace std;
class  CRectangle
{
private:
    int length,width;
```

```
    public:
        CRectangle(int l,int w)
        {
            length = l;
            width = w;
        }
        void * operator new(size_t size)
        {
            return  malloc(size);
        }
        void operator delete(void * p)
        {
            free(p);
        }
        void get_area()
        {
            cout <<"area:"<< length * width << endl;
        }
    };
    int main()
    {
        CRectangle * pRect;
        pRect = new CRectangle(5,9);
        pRect -> get_area();
        delete pRect;
        return 0;
    }
```

程序运行结果:

```
area:45
```

习　　题

12-1　填空题

(1) C++中的运算符除了________________________之外,全部可以重载,但只能重载 C++中已有的运算符,不能臆造新的运算符。

(2) 如果用普通函数重载双目运算符,需要________个操作数;普通函数重载单目运算符,需要________个操作数。如果用友元函数重载双目运算符,需要________个操作数;用友元函数重载单目运算符,需要________个操作数。

(3) 当基类中的某个成员函数被说明为虚函数后,此虚函数就可以在一个或多个派生类中被重新定义,在派生类中重新定义时,其函数原型,包括________、________和________,以及________和________都必须与基类中的原型完全相同。

12-2　简答题

(1) 什么叫多态性,C++中是如何实现多态的?

(2) 函数重载与虚函数有哪些相同与不同之处?

(3) 什么叫抽象类？抽象类有何作用？

12-3　编程题

(1) 定义一个 CShape 抽象类，在此基础上派生出 CRectangle 和 CCircle 类，二者都用函数 GetPerim()计算相应对象的周长。

(2) 编写程序，定义一个矩阵类，通过重载“+”“-”“*”，实现矩阵的相加、相减和相乘。

(3) 编写程序，先设计一个链表 list 类，再从链表类派生出一个集合类 set，在集合类中添加一个记录元素个数的数据项。要求可以实现对集合的插入、删除、查找和显示。

参考文献

[1] Stephen Prata. C++Primer Plus(第 6 版)中文版[M]. 北京：人民邮电出版社，2013.

[2] [美]Deitel，P J Deitel. C++大学基础教程[M]. 张引，译. 5 版. 北京：电子工业出版社，2011.

[3] 郭炜. 新标准 C++程序设计教程[M]. 北京：清华大学出版社，2012.

[4] 周霭如，林伟健. C++程序设计基础[M]. 4 版. 北京：电子工业出版社，2013.

[5] 罗建军. C/C++语言程序设计案例教程[M]. 北京：清华大学出版社，2010.

图书资源支持

感谢您一直以来对清华版图书的支持和爱护。为了配合本书的使用，本书提供配套的资源，有需求的读者请扫描下方的“书圈”微信公众号二维码，在图书专区下载，也可以拨打电话或发送电子邮件咨询。

如果您在使用本书的过程中遇到了什么问题，或者有相关图书出版计划，也请您发邮件告诉我们，以便我们更好地为您服务。

我们的联系方式：

地　　址：北京市海淀区双清路学研大厦 A 座 714

邮　　编：100084

电　　话：010-83470236　010-83470237

客服邮箱：2301891038@qq.com

QQ：2301891038（请写明您的单位和姓名）

资源下载：关注公众号“书圈”下载配套资源。

资源下载、样书申请

书圈

获取最新书目

观看课程直播